国家社科基金项目(项目编号:19BG107)

中国冠饰设计研究

丁凌云　王宝成　著

中国商业出版社

图书在版编目(CIP)数据

中国冠饰设计研究 / 丁凌云，王宝成著. -- 北京 ：
中国商业出版社，2025. 6. -- ISBN 978-7-5208-3390-5

Ⅰ. TS941.742.2

中国国家版本馆 CIP 数据核字第 20253U1T28 号

责任编辑：蔡　凯

中国商业出版社出版发行

（www. zgsycb. com　100053　北京广安门内报国寺 1 号）

总编室：010－63180647　　编辑室：010－83114579

发行部：010－83120835/8286

新华书店经销

北京精印堂文化传媒有限公司印刷

＊

787 毫米×1092 毫米　16 开　18.5 印张　350 千字

2025 年 6 月第 1 版　2025 年 6 月第 1 次印刷

定价：75.00 元

＊　＊　＊　＊

（如有印装质量问题可更换）

序

　　中国冠饰，作为服饰文化的重要组成部分，承载着丰富的历史信息和深厚的文化内涵。自古以来，冠饰不仅是身份地位的象征，更是审美情趣和时代精神的体现，与国家制度、社会习俗、身份等级、个人道德有着紧密关系。社会的变迁形成了利益不同的等级和阶层，除了武器外，统治者还需要一种能让人们遵循意志、维持秩序的东西，礼法制度便应运而生，由此，衣冠制度的意义也不再只是御寒蔽体或装饰美化，而是具有丰富的社会价值。从帝王的冕旒到士大夫的巾帽，从民间的花翎到戏曲中的凤冠，冠饰设计的演变，无一不映射着中国社会的历史变迁和文化进步的轨迹。作为有"衣冠礼仪之邦"美誉的中国，冠饰不仅是礼仪文明的重要表现形式，还是世界文化的璀璨明珠。因此，随着时代发展，冠饰越来越受到人们重视，在冠饰设计中蕴含的意义也逐渐展现在人们面前。

　　在古代中国，冠饰不仅仅是一种简单的装饰，它承载着深厚的文化意义和社会价值。冠饰的设计和佩戴规则严格遵循着当时的礼制，反映了古代社会的等级制度和礼仪规范。例如，在周朝，冠饰的使用就有着严格的规定，不同级别的官员和贵族所佩戴的冠饰在材质、形状和装饰上都有所不同，这些差异直接体现了他们的社会地位和权力大小。随着历史的发展，冠饰的设计也在不断演变。在汉朝，冠饰开始出现了更为复杂和精美的设计，如龙凤图腾的使用，这些图案象征着皇权的至高无上。到了唐朝，冠饰的样式更加多样化，不仅皇室和贵族有精美的冠饰，文人雅士也开始追求个性化的帽饰，如文士帽、东坡帽等，这些冠饰的设计不仅体现了个人的文化品位，也反映了当时社会对知识和文化的重视。此外，冠饰的设计也受到了外来文化的影响。例如，随着丝绸之路的开通，中西文化交流日益频繁，一些外来的冠饰元素也被引入中国传统的冠饰设计中，使得冠饰的样式更加丰富多彩。在原始社会，冠饰的设计虽然简单，但已经体现了人们对美的追求和对身份的象征。原始人们利用自然界中的材料，如动物的骨骼、牙齿、羽毛，甚至是植物的果实和叶子，通过简单的加工，制作出既实用又具有装饰性的头饰。这些原始的冠饰，虽然在材质和工艺上无法与后来的宫廷冠饰相比，但它们在人类文化发展史上占有重要的地位，是人类文明进步的见证。总的来说，冠饰的设计和使用在中国历史上经历了漫长的发展过程，从简单的原始头饰到复杂的宫廷冠饰，从单一的功能性到丰富的文化内涵，冠饰的变化不仅反映了社会风尚和文化思潮的演变，也展现了中华民族在冠饰设计上的卓越创造力和深厚的审美情趣。因此，探讨和研究中国冠饰设计是一件十分有意义的事情。

《中国冠饰设计研究》首先深入探讨了中国冠饰设计的历史脉络、艺术特征及其在不同历史时期的社会文化意义。通过对古代文献的梳理、出土文物的分析以及民间传统的考察，我们试图构建一个多维度的冠饰研究框架，揭示冠饰设计背后的文化逻辑和审美理念。作为人们设计过程的成果，冠饰体现了人类的创造能力，体现了工艺技术的进步速度，还体现了时代发展和审美变化。通过对冠饰设计进行研究，我们认为冠饰不仅仅是一种服饰品，也是对社会秩序的构建和组织，对社会礼仪习俗的映射，对古代冠饰的设计要在美化使用对象的同时，又规范着伦理纲纪，这在中国古代历史长河中，具有重要的社会意义。

本研究也重点关注冠饰设计在现代社会的传承与创新。面对全球化和现代化的挑战，如何保护和传承这一宝贵的文化遗产，同时使其适应现代社会的审美需求和生活方式，是我们必须思考的问题。伴随着时代的进步，冠饰相关元素在日常生活中出现的频率越来越高，冠饰设计的思想和方法逐渐走进大众视野，冠饰制作更为便捷。在这些条件下，冠饰设计领域的全球化愈发明显，不仅有效地促进了冠饰设计产生新的发展，还增加了不同时代、不同地域、不同文化下的碰撞和火花。诚然，世界各地都具有悠久的冠饰文化和丰富的冠饰造型，为中国冠饰设计注入了源源不断的新活力，但在这股浪潮的推动下，有些设计者不顾根源、不追溯历史，极为快速地产出大量成果，出现一大批盲目的流水线作品，甚至造成了大量雷同元素的滥用。这不仅会导致中国冠饰历史的断层，还会导致民族特色的流失，更有可能模糊大众对中国冠饰的审美意识。因此，通过研究，我们期待为冠饰设计的现代转化提供理论支持和实践指导，让这一古老的艺术焕发新的生命力。

在此，我们感谢所有为冠饰研究作出贡献的学者和艺术家，他们的辛勤工作为我们的研究提供了宝贵的资料和深刻的见解，让我们在冠饰设计领域得到了充分的认识和分析。我们也期待本研究能够激发更多人对中国传统文化的兴趣和热爱，提高更多人的文化自信心和认同感，共同推动中华优秀传统文化实现创造性转化、创新性发展。

前　言

　　中国古代冠饰不仅是服饰文明的重要组成部分，也是中华民族被誉为"衣冠礼仪之邦"的主要原因之一。《论语·冠义》载："故冠而后服备，服备而后容体正、颜色齐、辞令顺。故曰：'冠者，礼之始也。'是故古者圣王重冠。"可见冠饰在中国古代服饰礼仪文明建设中具有重要地位。随着社会不断变迁，服饰礼仪制度也在不断发展，具有丰富的内涵和完整的体系，人们通过首服"昭文章，明贵贱，辨等列，顺少长，习威仪"。

　　在等级制度盛行的古代，冠饰往往会用作不同身份的象征，使其在实用性的基础上，又增添了象征性的意义。作为全身从上至下中"最高"和"最先"的部分，冠饰占据着重要地位，它不仅是古代区分官与民的重要标志，也是标识统治者官位等级的必要手段。在名目繁杂的冠饰种类和设计中，处处表达着中国古代美学，并将传统文化、时代背景与权力象征融入其中，与社会习俗、个人修养有直接联系。

　　由于自然环境的差异和民族风俗习惯的不同，民族冠帽的发展也具有不同的审美情趣和造型形式，使其显示出独特的魅力，表现出不同区域文化的风格和特点。

　　综上所述，数千年来中华民族衣冠文化的发展历程不仅折射出古代物质文明与精神文明的发展轨迹，也勾勒出中华民族延绵不断的生活画卷。无论是冠饰本身所具有的艺术审美价值还是承载的历史文化价值，都具有极为重要的学术和理论意义。对中国古代冠饰设计进行深入挖掘和研究，不仅可以进一步弘扬中国古代美学，增强国人文化认同感和归属感，还有助于将中国传统文化元素与现代审美相结合，丰富冠饰造型的艺术表现形式。

目 录

上篇 冠饰设计发展历史

中篇　冠饰设计的文化内涵

下篇　冠饰图谱

上篇·冠饰设计发展历史

第一章　冠饰的起源

第一节　冠饰的概念

中国自古便以"衣冠上国"自居，衣裳和冠长久以来都是华夏民族引以为傲的文明体现。《春秋左传正义》中有言："中国有礼仪之大，故称夏；有服章之美谓之华。"[①] 随着封建王朝的建立，冠服制度的产生发展与等级制度的确立相伴而生。《礼记·冠义》中记载"冠者，礼之始也。"[②] "冠饰"，顾名思义，"冠"乃头上戴的帽子；"饰"即冠上的装饰物品。冠是用于卷束、束敛头发的饰物，是弁、冕等的总称。《说文解字》中对于"冖"部的解释为："冠，絭也，所以絭发，弁冕之总名也。冠有法制，故从寸。"[③] 可见冠在最初的时候是用来束发的，冠的持续发展与演变赋予了它更多的含义。"冖"在《说文解字》的含义为"覆盖"，"一，覆也。从一下垂也"；"元"通常在古义中表示"首"。由此看来，冠主要表示覆盖在人们头上的一种装饰品。"冠有法制，故从寸"，通过这句话我们能够进一步了解冠除了具有装饰性，还具有等级性的特点。冠有法律制度以及严格的等级要求，如表1-1所示。

表1-1　冠饰相关概念

图示	定义	拆解	特点
	冠，絭也，所以絭发，弁冕之总名也。冠有法制，故从寸。	"冖"：覆盖 "一"：表示覆盖 "元"：通古义表示"首" "寸"：等级性特征	装饰性 等级性

①李学勤.春秋左传正义［M］.北京：北京大学出版社，2004.

②王梦鸥.礼记今注今译（上）［M］.天津：天津古籍出版社，1987.

③（汉）许慎.说文解字注［M］.（清）段玉裁，注.上海：上海古籍出版社，1981.

在衣冠服饰礼仪中，冠饰属于极为重要的一个部分，在古时候，人们只戴帽子，不戴冠饰。《尚书大传·略说》中曾有记载："周公对成王云"古人冒而句领。此外，在《淮南子·氾论训》也提出了："古者有鍪而绻领，以王天下者矣。"并注释了："古者，盖三皇以前也。鍪，头着兜鍪帽，言未知制冠时也。"[①] 在石器时代，生产力水平不足，出于狩猎生活需要和经验，树叶树皮、兽皮、羽毛等用作遮阳御寒、抵挡蚊虫叮咬、伪装的工具，冠饰也由此接踵而来[②]。陕西省西安市半坡仰韶文化遗址出土的新石器时代人面鱼纹彩陶盆即可印证（如表1-2所示）。此碗内部主要分为鱼和人面两种图案，人面部分我们可以清楚地看到头部饰有装饰，类似于冠饰。《后汉书·舆服志》中有对上古时期衣帽的记载："上古穴居而野处，衣毛而冒皮。"意为古人穴居野处，靠天然体毛御寒，将毛皮缝制成形，用于头部。以后圣人用丝麻制成服饰，观鸟兽冠角制成冠冕，作为首饰。原始社会祖先为了适应社会生活加之对于自然的崇拜，渴望得到神灵的庇佑。《礼记·冠义》疏引《世本》云："黄帝造旃冕，冕起于黄帝也。"[③] "冕"字意为插羽的冠饰。可见上古时期的神灵崇拜、祖先崇拜是古人为寻求庇护而找到的慰藉。正如《礼记·王制》中"有虞氏皇而祭"。冠饰逐渐成为王朝统治的工具。

表1-2 人面鱼纹彩陶盆

图示	线描图	解释
		人面鱼纹绘于盆的内壁，人面呈圆形，人面上绘三角形的鼻子，圆大的双眼，嘴上衔一条鱼，头上顶着锥状物，似帽子，又似发髻。
现藏于中国国家博物馆		

冠服制度伴随着社会制度的变迁和发展而确立，大致在夏商时期初步确定，至周代趋于完备。到了周朝，中国的冠服制度已趋于完备，特设立掌管王侯服饰的官职"司服"来全权统筹。周朝礼乐制度的兴起，在春秋进一步完善，冠饰逐渐成为等级制度的象征。由此《礼记》中记载委貌、章甫、毋追分别是三代王周、殷、夏的玄冠名称。据《仪礼·士冠礼》[④]记载，早在"三皇五帝"的远古时代，古人就发明和应用了冠。男性借助冠饰区别等级，利用这个尊贵的装饰物号令天下，所以对冠饰的研究能在一定程度上反映当时的社会情况。[⑤]早期男性首服着冠以体现身份，而女性无冠，仅能以首饰装饰发髻。到了唐代，命妇有了礼

---

①（汉）刘安等. 淮南子［M］.（汉）高诱，注. 上海：上海古籍出版社，1989.

②（南朝宋）范晔. 后汉书［M］. 北京：中华书局，2007.

③（元）陈澔. 礼记［M］. 金晓东，校点. 上海：上海古籍出版社，2016.

④贺涛评点. 仪礼［M］. 贺氏家刻.

⑤高雨青. 宋代女性冠饰研究［D］. 郑州大学，2016.

冠，虽然有人说"唐代妇女冠服是男子冠服的陪衬"，但也说明了冠饰的进步与发展。

在《说文·冒部》中介绍："冒，小儿及蛮夷头衣也。"可见帽子的主要作用是抵御寒冷，没有身份的象征。但是冠是在适应束发发型的前提下形成的，以前是加在髻上的发罩，因此，在《白虎通·衣裳篇》中说，冠"巾卷持发"[①]的工具。而在《释名·释首饰》中将冠称作"贯韬发"的工具，在《说文·冖部》中也同样提出冠的主要作用为"所以縘发"[②]。因此在《淮南子·人间训》中提出：冠"寒不能暖，风不能鄣，暴不能蔽"[③]。此外，在《晏子春秋·内篇谏下第二》中同样说道："冠足以修敬。"人们对冠礼的注重在《礼记·冠义》中得到了更清晰的解释，有"凡人之所以为人者，礼义也"之说。

《礼记·冠义》中说："礼义之始在于正容体，齐颜色，顺辞令。容体正，颜色齐，辞令顺，而后礼义备，以正君臣、亲父子、和长幼。君臣正，父子亲，长幼和，而后礼义立。故冠而后服备，服备而后容体正、颜色齐、辞令顺。故曰：冠者，礼之始也。是故古者圣王重冠。"[④]《礼记·冠义》中又说："古者冠礼，筮日筮宾，所以敬冠事，敬冠事所以重礼；重礼，所以为国本也。"在治国之本中引入冠礼。由此可见，古人对加冠礼的重视程度。在中国古代汉族，士族上层的人在 20 岁被加冕为成人，这是他们一生中的第一件大事，因此《礼记·冠义·仪礼》的第一篇即为《士冠礼》。

在材料方面，中国古代最早的王冠也是用上等宝玉制作而成的，如良渚三叉形冠饰、凌家滩王冠等，均出自大型墓葬死者头部，底部有榫和孔，附近有玉簪或骨簪，有的正反还雕刻羽冠獠牙神像（如表 1—3 所示）。以 1970 年江苏吴县灵岩山清人毕沅墓中出土的一件宋代玉冠为例（如图 1—1 所示），玉冠为新疆和田青玉（如图 1—2 所示）精雕细琢而成，质地温润光泽如凝脂，冠如双层绽开的莲花，重叠的莲花瓣舒卷有致，自然曲展中形成冠页，冠下端两侧对钻有双孔，中插润泽澄碧玉簪，恍若碧叶，与青白莲花玉冠深浅相映成趣，构思巧妙，匠心独运。

表 1—3　良渚三叉形冠饰

图示	线描	解释
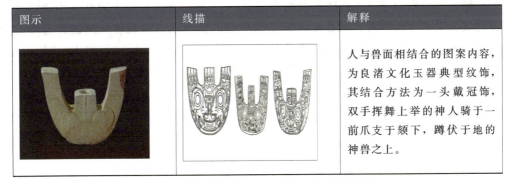		人与兽面相结合的图案内容，为良渚文化玉器典型纹饰，其结合方法为一头戴冠饰，双手挥舞上举的神人骑于一前爪支于颏下，蹲伏于地的神兽之上。

①班固．白虎通义：卷十［M］//朱维铮．中国经学史基本丛书：第一册．上海：上海书店出版社，2012.

②縘发：（縘，读 juàn，束缚）卷发．

③赵宗乙．淮南子译注（下）［M］．孟庆祥，等译注．哈尔滨：黑龙江人民出版社，2003.

④张文修．礼记［M］．北京：北京燕山出版社，1995.

图 1—1　宋代玉冠　　　　　　　　　　　图 1—2　宋代青玉冠饰

第二节　冠饰制度演变与发展

　　服饰对于人类社会有着重要意义。服装的演变与发展不仅是人类社会发展过程中的产物，而且蕴含着人类社会的丰富文化内涵。中国的冠服制度，大约在夏商时期萌芽，到周朝便花繁叶茂。河南安阳妇好墓出土的商代玉人头戴卷筒式巾帽，身穿华丽服装的男子，从其着装可初步判定为富贵人家。此时在夏商时期，冠服制度已经成为体现统治阶级意志、分别等级尊卑的工具。周代已经形成了比较完备的职官制度和服饰礼仪制度，设置了"司服"官职。《周礼·春宫》有云："掌王之吉凶衣服，辨其名物与其用事。王之吉服，祀昊天上帝则服大裘而冕，祀五帝亦如之；享先王则衮冕；享先公、飨射则鷩冕①；祀四望、山川则毳冕；祭社稷、五祀则希冕②；祭群小祀则玄冕。"③ 郑玄在《仪礼·士冠礼》中说："爵弁者，冕之次，其色赤而微黑，如爵头。"④ 不同身份的官员在参与朝政所佩戴的冠饰有所不同，其需身着公服佩戴弁，其中文官戴爵弁，武将戴皮弁（如图 1—3、图 1—4 所示）。冠作为头部常用的服饰装饰，西周时期仅限于士大夫和官僚阶层使用，平民及奴隶等下层人群无权佩戴冠饰，仅可佩戴头巾。

---

　　①鷩冕，是古代中国的一种礼服，其特点是衣服上绘制有华虫、火、宗彝三种图案，裳上刺绣有藻、粉米、黼、黻四种图案。

　　②希冕，汉语词汇，读音为 xī miǎn，解释为希衣之冕。古代帝王祭社稷、五祀时所戴的与希衣相配的礼冠。

　　③崔高维校点．周礼［M］．沈阳：辽宁教育出版社，1997.

　　④阮元（校刻），中华书局编辑部．十三经注疏·仪礼·士冠礼［M］．北京：中华书局，1998.

图1-3　鲁荒王皮弁

图1-4　鲁荒王皮弁

公元前221年秦始皇统一六国后，相继建立了各项制度，其中包括衣冠服制。秦始皇规定常服着通天冠，废周代六冕之制，只着"玄衣纁裳"，百官戴高山冠、法冠和武冠，穿袍服，佩绶①。至汉代，汉袭秦制，汉代参照秦代冠服制度，根据官职级别，制定了完整的汉代冠服制度，以不同的冠饰代表不同的身份地位。《汉官仪》中记载："天子冠通天，诸侯王冠远游，三公、诸侯冠进贤三梁，卿、大夫、尚书、二千石、博士冠两梁，二千石以下至小吏冠一梁。天子、公、卿、特进、诸侯祀天地明堂，皆冠平冕，天子十二旒，三公、九卿、诸侯七，其缨各如其绶色。"可见，天子佩戴通天冠、文职官员朝见皇帝时戴进贤冠、武官佩戴武冠、诸侯佩戴远游冠、御用乐舞人所戴的方山冠等。汉代冠帽种类多样，具有森严的等级划分，平民百姓在通常情况下是不允许佩戴的。《汉官六种》中有言："帻者，古之卑贱执事不冠者之所服也。"其中帻是包头发的巾。在汉代，没有地位的人多数情况下佩戴帻，从而代替冠饰。魏晋南北朝时期，冠服制度基本沿袭秦汉之制，但是在进贤冠的冠梁数目上"以品划分"。根据《晋书·舆服志》的记载："进贤冠……有五梁、三梁、二梁、一梁。人主元服，始加缁布，则冠五梁进贤。三公及封郡公、县公、郡侯、县侯、乡亭侯，则冠三梁。卿、大夫、八座尚书，关中内侯、二千石及千石以上，则冠两梁。中书郎、秘书丞郎、著作郎、尚书丞郎、太子洗马舍人、六百石以下至于令史、门郎、小吏，并冠一梁。"②魏晋时期，少数民族移居至中原，在民族杂居、玄学兴起、社会风气等因素的影响下，戴巾也流行起来，衣冠服饰尽显魏晋风度。文人雅士在当时的社会风气下视庄严的冠帽为累赘，因而偏爱操作简便不受束缚的幅巾，幅巾在色彩上区分贵贱。在形制上幅巾将巾帻后部加高，体积缩小到头顶，称为小冠。后盛行的冠饰为"笼冠"，是用巾帛包头，在小冠上加笼巾，上下皆用，男女皆可戴，因其用黑漆细纱制成，也称之为漆纱笼冠，众侍者佩戴漆纱笼冠，尽显风采。唐代时期，君臣冠饰制度与前朝大致相同，幞头极为流行。幞头由汉代幅巾转换发展而来又因其材质纱罗常为青黑色，又称其为"乌纱帽"。《宋书·五行志》中记载："明

①绶：用来悬挂印佩的丝织带子。
②华梅，等．中国历代《舆服志》研究［M］．北京：商务印书馆，2015.

帝初，司徒建安王休仁制乌纱帽，反抽帽裙，民间谓之'司徒状'，京邑翕然相尚。"乌纱帽原兴起于平民间，到隋朝时期作为官帽流行。到了宋代冠帽佩戴沿袭唐制，幞头仍然极为流行，但在其基础之上得到发展。从外观材质方面看，唐朝幞头多为轻薄纱罗制作而成，其幞脚常被称为软幞或者垂脚，后期逐渐加长，称之为硬幞脚。宋代幞头在此基础之上创新发展，《梦溪笔谈》中记载："本朝幞头，有直脚、局脚、交脚、朝天、顺风，凡五等。"①《宋史·舆服志》说："五代渐变平直。国朝之制，君臣通服平脚……平施两脚，以铁为之。"皇帝和臣下都通用这种平脚幞头。除此之外，宋代大臣朝服还包含佩戴进贤冠、貂蝉冠和獬豸冠三种。1368年朱元璋统一国家，建立明朝，下令明朝参照唐宋冠服制度，但其常服所配冠饰为翼善冠，其演变于之前幞头之上。除明朝皇帝、亲王、郡王等皇室成员配有专属冠服外，翼善冠还成为藩属国朝鲜、安南、琉球等国君主所戴的重要冠冕。官员对于冠的佩戴也有所要求，其主要分为梁冠和乌纱帽两种。明代梁冠制度规定："一品为冠七梁，革带用玉，绶用云凤四色花锦。二品为冠六梁，革带用犀，绶同一品。三品为冠五梁，革带用金，绶用云鹤花锦。四品为冠四梁，绶同三品。五品为冠三梁，革带用银，绶用盘雕花锦。六品、七品为冠二梁，革带用银，绶用练鹊三色花锦。八品、九品为冠一梁，革带用乌角，绶用鸂鶒二色花锦。"由此可见，不同等级官员所着梁冠梁数等冠饰配置有所不同。但对于明代官员乌纱帽的记载，《明史·舆服》有言："文武官常服，洪武三年定：凡常朝视事，以乌纱帽、圆领衫、束带为公服。"② 乌纱帽成为明代官员的显著标志。

公元1644年清军入关，伴随社会发展，冠服制度相比前朝有明显改变，下令"剃发易服"③，全面摒弃汉族冠服制度，使之前的梁冠、乌纱帽被顶戴花翎所取代。顶戴花翎冠制按照季节分类主要分为冬天的暖帽和夏天的凉帽两种，其帽冠形制基本相同，但顶珠和翎枝成为官员区分等级重要所在（如表1—4所示）。

表1—4 历朝历代冠服制度

朝代	帝王	官员	平民
周代	六冕	文官戴爵弁 武将戴皮弁	不可佩戴
秦代	通天冠	高山冠、法冠、武冠	不可佩戴
汉代	通天冠	文官戴进贤、武将戴武冠 诸侯戴远游冠、乐舞者戴方山冠等	不可佩戴
魏晋	沿袭汉制度，按品划梁	小冠	

① （北宋）沈括. 梦溪笔谈［M］. 景菲，编译；支旭仲主编. 西安：三秦出版社，2018.

② （清）张廷玉等. 明史1—38卷［M］. 王天有等，标点. 长春：吉林人民出版社，1995.

③ 剃发易服：指清军入关前后清朝统治者令其统治下的全国各民族改留满族发型，改着满族服饰的政策。

朝代	帝王	官员	平民
隋唐	沿袭前制，偏爱幞头	沿袭前制，偏爱幞头	幞头
宋代	平角幞头	平角幞头、进贤冠、貂蝉冠、獬豸冠	幞头
明朝	翼善冠	梁冠、乌纱帽	
清代	顶戴花翎	顶戴花翎	

第三节　与冠饰相关帽饰文化

根据史书《玉篇》的记载："巾，佩巾也。本以拭物，后人着之于头。"由此可以看出，头巾是古时候劳动人员缠在脖子上用来擦汗的布。因为自然界的风、沙、热、冷对人体头部的攻击，人们会将布逐渐从脖子到头部进行缠绕。在保暖、防热、防风遮雨、保护头部等实用功能的条件下，逐步演变成了帽子的形式。帽子则是一种能够戴在头上的衣服，通常覆盖整个头顶，帽子的主要作用是对头部进行保护，还有一些帽子会有凸出的边缘，可以遮挡阳光。帽子具有遮阳、装饰、增温以及保护头部等功能，种类很多，选择也是有许多讲究的。帽子也可以用来作为装扮进行使用，首先应该结合脸型来选取适当的帽子，戴帽子就像穿衣服一样，尽量发挥其长处，避开自身的弱点。帽子的形状和颜色应该与衣服佩饰等符合，还能用来保护自己的发型，遮盖秃顶，或者当作制服以及宗教服装的一部分。并且帽子可以是不一样的类型，比如高帽、太阳帽等，还有一些帽子有向外延伸的顶篷，称之为帽檐。在不同的文化背景中，戴帽子也具有不同的意义，帽子是古时候的"头衣"，一种十分古老的类型。在古时候，"头衣"还包含了帽子、巾、幞、头、冠、冕、弁等。在《说文解字》①当中并没有收录"帽"这个字，由此能够看出帽子是在东汉以后才出现的。

古代对帽子没有进行清晰的定义，有时在外观上与其他"头衣"相似，缺少十分严格的界限。但一般而言，帽子顶部都是圆形的，由此可以覆盖整个头部，并且容易穿戴和脱下，是人们在日常生活中经常佩戴的。中国戴帽子的历史悠久，最早在春秋战国的时候，人们就开始戴帽子，而且是皮帽子。但到了后来，伴随封建制度的成立以及等级制度的形成，通常是有地位、有身份的人才会戴弁、冠、冕等。到晋代的时候就没有那么严格的要求，通常不当官的士人都可戴帽子。事实上，在三国时期，任何不是官吏的学者都可佩戴帽子，著名的高士管宁在家戴黑布帽子，然而在正式的场合中帽子是不可以佩戴的，往往根据规定戴冠与

---

①《说文解字》，简称《说文》，是由东汉经学家、文字学家许慎编著的语文工具书，是中国乃至世界第一部字典、中国最早的系统分析汉字字形和考究字源的语文辞书，被誉为"天下第一种书"。

帻等。北魏孝文帝南征回京时，发现城中的一些妇女仍然戴着胡帽，因此斥责留守的任城王元澄，问其为何不管，王元澄解释说，只有少数妇女进行佩戴。孝文帝非常生气，将任城王元澄及其他留守官员进行撤职处理，此乃历史上著名的"戴帽子而失官职"事件。这一事件在《魏书》①、《北史》② 中均有记载。由此可见，佩戴帽子具有重要的政治意义。结合《宋书·礼志》中的记载，又可知当时在南方地区，平民百姓已经开始戴帽子，士大夫们也慢慢将帽子作为日常服饰穿着。由于戴帽子具有一定的实用功能，因此北魏文人和官吏逐渐开始佩戴帽子，帽子成为日常生活中常见的服饰。

帽子的种类繁多，魏晋南北朝时期就有白纱帽、突孙帽、乌纱帽、皂帽等；隋唐时期由于各个民族的大融合，帽子成了一种常见的日常服饰，而且和现代的帽子一样，帽子也极容易穿脱。古人戴帽子和现在的人一样，热衷于追求时髦感。周朝时独孤信在狩猎过程中还将帽子微微倾斜，百姓纷纷向他学习，将帽子斜着戴，认为此种佩戴为时髦。隋文帝杨坚在未当上皇帝时，因为脖子上长有肉瘤，怕别人看见，就利用帽子遮住，由此戴帽成为一种潮流，引领当朝风尚。此时则出现了毡帽、压耳帽、席帽、浑脱帽（如图1-5所示），妇女戴的帷帽、胡帽等；到了明清时期，出现了巾管帽、瓦楞帽③（如图1-6所示）、棕结草帽、遮阳大帽、皮帽、狗头帽、凉帽等。由于材料、形状等各不相同，它们通常具有不一样的作用，主要为防风、遮阳、保温、美容等。

图1-5　浑脱帽

图1-6　瓦楞帽

---

①《魏书》是二十四史之一，纪传体题材，是北朝北齐人魏收所著的一部纪传体断代史书。

②《北史》是二十四史之一，是汇合并删节记载北朝历史的《魏书》《北齐书》《周书》《隋书》而编成的纪传体史书。

③瓦楞帽是古代北方游牧民族的传统帽饰。

第二章 原始社会的冠饰文化

在原始社会，即使人类的智力已经远远超过了其他动物，但因为生产力等方面的制约，人类依旧每天都为生存而努力，和凶猛的野兽进行无休止的战斗。面对这种情况，人们通过世世代代积累，获得了大量捕杀野生动物以及躲避危险的经验，在此过程中较为突出的方法就是利用动物的身体充当伪装。这种伪装不但体现在将动物的皮毛变换成皮草融入日常生活工具（例如衣服等），并且使用老虎和熊等凶猛动物的骨头，作为威慑武器恐吓其他动物，以此来规避更多的麻烦，进行更好的狩猎。

在人类社会中，如果一个人可以杀死凶猛的动物，他在部落中的地位将大大提高。把这些动物的骨头做成装饰品，戴在头上，就好比是一种暗示，从而彰显他的勇敢。所以，在原始社会，戴冠饰的通常是男性，而女性则不佩戴冠饰。但原始社会冠饰的形式太过简单，只是单纯的骨架，不管如何打磨美化，也与审美没有太多的关系。与自然的抗争成为他们的日常缩影，由于头发在生活中的不便，衍生出先民对于束发的需求，进而衍生出用于束发的发饰器具。最初人们利用竹木细棍插于发间固定发丝，并称之为笄，距今已有7000多年历史，随着人类对自然的改造，其造型呈现出针形、钉形、扇形、伞头形；其材质也逐步呈现多样性，有石器类骨类、玉石类、蚌壳类、陶类等，骨笄在早期各地遗址中发现数量最为丰富。① 例如甘肃永昌鸳鸯池遗址出土的新石器时期的伞形骨笄（如图2—1左所示），就是用于固定发髻的一种头饰，是整理发髻的工具类发饰，占据史前发饰的半壁江山。此外还有演变为后世京剧中武将专用冠饰的三叉器，以及用于整理头发的梳子，最为典型的便是良渚文化遗址中出土的三叉器（如图2—1中所示），以及山东大汶口遗址中出土的由长方形象牙皮制成且拥有细密梳齿的"8"字形象牙梳（如图2—1右所示）。

①马晨雅.唐代发饰纹样艺术特征提取与设计研究［D］.陕西科技大学，2022.

图 2-1 鸳鸯池遗址新石器时期骨笄；良渚文化遗址三叉器；大汶口遗址 "8" 字形象牙梳

装饰类发饰往往弱化功能性而强化其装饰性，大量出现于新石器时代中晚期，这个时期人类开始将梳背、发簪、发箍、串珠等作为装饰品佩戴于发髻之间，他们在学会制作骨器石器后开始将骨头、石头、贝壳等打磨成薄片并钻上孔洞，用绳子穿起来作为串珠佩戴在头发上。例如大汶口文化遗址中发现的一座墓穴中，有一串由 25 件白色大理岩石和 2 件牙形石矿组成的头饰，还有一串由 31 片大理岩石珠组成的串珠[①]（如图 2-2 所示）。由于对装饰性的需求，人类也逐渐开始将发饰、冠饰等进行纹理刻画、造型镂空雕刻，或是将不同材质不同种类的发饰进行镶嵌组合，形成造型更为独特，工艺更为精美的装饰性发饰。[②]

图 2-2 串珠头饰

后来，伴随人类社会的不断发展与优化，人们不再局限于终日狩猎的赤贫生活，逐渐有能力追求漂亮的衣服。《淮南子》载："冠履之于人，寒不能暖，风不能障，暴不能蔽也。然而冠冠履履者，其所自托者然也。"春秋战国时期，中国的思想文化逐步进入一个迅猛发展的阶段，百家争鸣的时期更为繁荣。面对这样的情况，关于服装的各种观点开始出现，特别是冠饰的重要性不断上升，并且成为服饰中最受重视的部分。

---

①管彦波．民族头饰发生的社会基础与思维基础 [J]．中南民族学院学报（哲学社会科学版），1996（02）：50—53.

②李芽．大汶口墓葬人物服饰形象复原研究 [J]．南都学坛，2016，36（4）：21—27.

第一节 断 发

"断发"也就是剪短（修剪）头发，与"椎髻""披发"具有相似性，它是古代古越人（今苏浙地区及闽、粤、琼、桂地带的先祖）十分流行的发型。古代古越人不仅修剪头发，而且常常改变发型，有时很短，有时很长，这一习俗使得在那时北方中原地区终身不能修剪头发的人们感到非常好奇。在古代，中国北方中原地区的人们认为体毛和皮肤是父母给予的，害怕被破坏（除了剪指甲）。因此，不管是男人还是女人都必须终身保持长发，不能修剪。抛开"断发"之外，还有说"短发""制发""披发""椎髻"等，这些记录的注释存在很多问题，只有正确的解读和区分，才能清楚"断发"的真正含义。探寻古越地区不同的发型和风俗习惯，便可以进一步研究和处理与此密切相关的民族问题。

一、"断发"辨义

《说文解字》中曾提出："断，截也。""断发"中的断，明显是一个动词，其主要意思是将头发剪断。所以"断发"并非古越人的发式，而是古越人拿着不断生长的头发修剪加工的行为，不能体现头发的风格。长头发剪成短头发后，还必须梳成一定的发型。吴越既是古代的国别，也是民族共同体，[1] 具体来说，它是指春秋时建立于长江三角洲地区的句吴、于越二国，中心区域包括今江苏省南部、上海市和浙江省的大部分地区。吴越文化有其鲜明的标志形式，如舟楫、农耕、印纹硬陶、土墩墓、悬棺葬以及好勇尚武、淫祀和断发文身。在汉代之前，中原地区实行以周礼为代表的礼制，对头发的概念与周边蛮族具有极大的差异。华夏人民认为"身体发肤受之父母，不敢毁伤，孝之始也"。尤其是断发文身，因事关族群的标志和象征，先秦典籍多有记载，但除了"求荣""避害"之解说外，对其文化功能大多语焉不详。除了以礼开展必要的修正，此外绝对不能剪发，只能蓄发。在《三国志·魏志武帝纪》[2] 中曾有记载，曹操在行军过程中，马在进入麦田后，违背了自己制定的"士卒无败麦，犯者死"的军令，应该请求自刑，拔出剑割头发，而不是斩首。由此可以看出，对华夏人民来说，头发就好比生命一样珍贵，是一定不可剪断的。

对一些"断发"的记录，我们首先应该进行辨义，区分哪些表示"断发"，哪些代表了头发的长短。一般的"劗发"也就是剪发，"劗与翦相同"，"翦发"就表示"断齐也"，并且一般将翦叫作剪，都是指利用剪刀剪断头发。此外，"劗髦"的髦可以当成鬇也，还可以将其与"剪"同。由于"劗"就是剪的意思，所以翻译成"鬇"较为正确，意思是对鬇发进行剪切，"髡鬇"就是说古越人"结发"也需要修剪，这里的鬇和前面的意思相同，被解释成

---

①陈华文."断发文身"：一种古老的成人礼俗及其标志的遗存 [J].民族研究，1994（01）：60—67.
②[晋] 陈寿.三国志·魏志·武帝纪 [M].[宋] 裴松之，注.北京：中华书局，2011.

"与剪同"；"披发"并非特指"翦也"，主要表示"披发"，代表了古越人的一种发式。"短发"代表了古越人不流行蓄发，流行短发，不仅表示头发的长度，还包括需要剪、断的意思。"椎髻"明显就表示发式，并没有体现是否经过剪截。根据上述的一些古越人"断发"相关的记载，以及不同的释义，我们能够看出这些记载主要反映了三个方面的情形：首先，古越人不留长发，需要进行"断""劗""髡""翦"来处理头发；其次，在实施"断""髡"以后的头发变短了，"短发"主要代表了古越人和古吴人的习惯；最后，古越人的头发在通过"断""髡"以后成为"短发"，还必须梳成各种发式，即为"披发""椎髻"等。所以，古越人"断发"的习俗，并不是单纯地将头发剪掉，还包含了头发长短、发式等这些内容。

二、头发的长短和发式

和古越人一样，吴人也有着"断发文身"的习俗，《左传·哀公七年》曰："太伯端委，以治周礼，仲雍嗣之，断发文身，裸以为饰，岂礼也哉，有由然也。"[①] 这段话较难理解，《史记·吴太伯世家》[②] 为我们作了解释：太伯端委为周太王长子，仲雍为次子。二人为使贤明的弟弟承继王位，逃奔到梅里（今江苏无锡市东南），从"荆蛮"之俗，"断发文身"，相继为蛮人君长，有蛮人千余家来归附，立国号吴，说明吴人有"断发文身"之俗。所以和吴人相关的"短发"记载能够反映出古越人头发的长短。而吴人头发短到怎样的程度呢？在《左传·哀公十一年》中就有一段对其进行了介绍，在公元前 484 年的时候，鲁哀公和吴王夫差进攻齐国，齐国认为会赢，有的命令他们的下属唱丧歌，有的命令部下"具含玉"来表示死战，还有的人命令部下准备绳子，这样当他们斩获吴人首级的时候，"以绳贯其首"。这项记录提出了一个有必要关注的问题：华夏人民的元首不需要绳贯，而吴人的元首为什么需要绳贯？是因为"吴发短"，短到不能和头发本身绑在一起，需要用绳子将其贯穿，才能带去领赏。由此可以看出，吴人与华夏人民头发的长短具有极大的差异。从几个吴人的头不能和头发绑在一起的事实中可以推断出，吴人的头发大概有一尺长，不超过现在的二市尺。而古越人的头发则跟吴人一样，都必须剪成短头发。古越人将头发剪短，并非没有发式。根据文献和考古发现的资料分析，古越地区的发型大致如下。

（一）椎髻

这种发型流行的地区有：吴国地区。在立国之前称吴为"荆蛮"，地处今江苏南部。《吴越春秋》[③] 卷二：吴王寿梦元年（公元前 585 年），朝周适楚观诸侯礼乐，他遇见鲁成公，向他询问周公礼乐。听了鲁成公的介绍，看了《三代咏歌之风》的表演后，吴王寿梦感叹道："孤在夷蛮，徒以椎髻为俗，岂有斯之服哉！"在《后汉书·度尚传》[④] 中也有记载：丹阳人和徐为宣城（今长江以东的安徽宣城地区）的首领。"悉移深林远数椎髻鸟语之人置于

①刘利译，注．左传·哀公七年［M］．北京：中华书局，2007．

②［汉］司马迁，著/杨燕起译，注．史记·三十世家·吴太伯世家［M］．长沙：岳麓书社，2021．

③［东汉］赵晔/崔冶译．《吴越春秋》卷二［M］．北京：中华书局，2023．

④［宋］范晔撰/［唐］李贤等，注．后汉书·度尚传［M］．北京：中华书局，2000．

县下。"根据上述两项记载可知，春秋时期吴国地区有"以椎髻为俗"；东汉时，在偏远山区就有"椎髻鸟语之人"。宣城地区位于江苏省南部，属"荆蛮"与吴国地区，"椎髻鸟语之人"就是指先秦时期吴古越人的后裔。这些考古发现与文献记载一致，苏南新石器时代遗址出土了大量的骨笄。常州市圩墩村墓 11 号墓出土的人骨架头部骨笄五个。骨笄也就是"椎髻"的遗物。南越、西瓯、骆越地区的古越人椎髻见之于《史记》和《汉书·陆贾传》。在《汉书·陆贾传》[①] 和《史记》中都有记载，汉高祖十一年（公元前 196 年），陆贾被派往南越，南越王赵佗"魋结箕倨见陆生"，陆贾对赵佗进行批评"反天性，弃冠带"和古越人一样。赵佗从越俗，"但魋其发而结之"。《史记》[②] 集解引服虔语曰："魋音椎，今兵士椎头结。"索隐亦云："谓为髻一撮似椎而结之。"由此可以看出"魋结"也就是椎髻。前文引自《后汉书·度尚传》[③] 注中，称椎髻为"独髻"。考古学与人种学证实了椎骨的存在。在 1963 年，我国广东省清远县马头岗就出土了一个青铜人头柱，上面有一个高起的髻，证实了"椎髻"的存在。

（二）锤形髻

海南的黎族发式男女有别：男子结髻，有的绑在前额，有的绑在脑后；妇女们中间分发，并在后脑勺结髻。古代古越人男子的"魋结"，以椎之形，结于头上，有的像清远铜柱上的髻，有的像黎族人头上的结髻。妇女的髻和男子的不同，如 1956 年广州动物园鹰岗西汉古墓中出土的鎏金女铜俑头上的"锤形髻"。这一"锤形髻"就好像学者汪宁生在《晋宁石寨山青铜器图象所见古代民族考》中指出的：与"滇"人妇女的"椎髻"相似，"以绯束之"，"垂于后"。"锤头包"是汉代以前流行于中国南方的一种女性发髻，除广东、云南外，广西贵县罗泊湾汉墓、湖南长沙马王堆汉墓均有发现。1976 年在广西贵县罗泊，就发现了西汉早期的一座古墓，其中出土了漆彩画铜竹筒以及铜盘上的人物图像有尖锥式发髻，还有垂于后的"锤形髻"，前者是男人的发式，后者是女人的发式（如表 2-1 所示）。考古资料显示，在古越人地区除了"椎髻"和"锤髻"外，还存在双髻。韶关市曲江区马坝石峡遗址上层出土的青铜匕首，以及香港大屿山石壁遗址出土的青铜匕首，都有相同的人头形象。把两缕头发从头顶上伸出来，在两边卷成一个雷云式的发髻。青铜匕首的历史可以追溯到春秋时期或更早一点（如表 2-1 中标注的双髻）。根据发髻分布的地域，我们可以看出椎髻是古越地区最流行的发型。从北方的吴国地区到南方的岭南地区，有许多部落都有这种风格。除了上述两个地区有明确的记载和考古资料的直接证明外，在浙江、福建一些地方发现的骨笄、梳子也间接体现了这些地方的古越人同样具有椎髻与梳发的习俗。

（三）披发

《淮南子·原道训》[④] 中，东汉高诱就注释了岭南古越人在"披发"的时候被当作：

①［东汉］班固. 汉书·陆贾传 ［M］. 北京：中华书局，2012.

②［汉］司马迁. 史记·三十世家·吴太伯世家 ［M］. 杨燕起，译注. 长沙：岳麓书社，2021.

③［宋］范晔. 后汉书·度尚传 ［M］. ［唐］李贤等，注. 北京：中华书局，2000.

④［西汉］刘安. 淮南子·原道训 ［M］. 陈广忠，译. 北京：中华书局，2023.

"披，蔮也。"这一说法并不正确，古越人具有各种各样的发式，"披发"只是其中的一种。在广西发现的铜鼓花纹图像中，可以看到"披发"的现象。广西贵县罗泊湾西汉一号墓出土的铜鼓、西林县普驮铜鼓墓葬出土的铜鼓上都存在着"披发"的形象（如表2-1所示）。根据图像我们能够看出，脑后的头发要么长要么短，可以清楚地看出已经被"断"或剪掉了。

表2-1　出土文物断发式举例

类别	图例	说明
锥形髻		广州西汉墓出土鎏金女铜俑的"锤形髻"（亦称"项髻"）。
双髻		从左往右依次为广东曲江石峡铜匕首人头像上的"双髻"，香港大屿山石壁铜匕首人头像上的"双髻"。
罗泊湾"锥髻"		1976年在广西贵县罗泊湾，发现的西汉早期的一座古墓，其中出土了漆彩画、铜竹筒以及铜盘，铜盘上的人物图像有尖锥式发髻是男人的发式。
罗泊湾"项髻"		1976年在广西贵县罗泊湾，发现的西汉早期的一座古墓，其中出土了漆彩画、铜竹筒以及铜盘，铜盘上的人物图像垂于后的"锤形髻"是女人的发式。
披发		罗泊湾一号西汉墓铜鼓上的"披发"人，根据图像我们能够看出，脑后的头发要么长要么短。
披发		西林普驮铜鼓上的"披发"人。可以清楚地看出已经被"断"或剪掉了。

第二节　辫　发

辫发是中国古代一种特殊的发型，它有不同的发髻，这是游牧民族的习俗。作为一种发式，在北方以及西北游牧民族中广为流行。考古工作者在公元前七至前一世纪的新疆若羌县罗布泊西北岸古墓内发现一些木制或石制的女俑，她们头戴尖顶帽，长发梳辫。而在公元前八至前二世纪之间的吐鲁番阿拉沟卵石基内，同样留有辫发的遗迹。这些西域古代居民都留着长发，中分两半、每半梳成三至五根小辫子，再合股编成左右两根大辫子，而后将这两根大辫子交结于脑后，插上骨簪或木簪使之固定，并罩一丝质发套。由此可知，古代西域地区的若羌、吐鲁番地区古代居民有较悠久的辫发习俗。类似的发饰在北方或西北游牧民族的社会生活中同样留有遗风。由于生活环境以及生活方式的不同，形成了两种完全不同的发型，一种是游牧民族的辫发垂肩，另一种是农业民族的绾发髻。传统观念表示，辫发在中原地区是金代以后才有的，但中华民族早期就有了辫发，这个被遗忘的辫发历史可以通过文献和考古资料来探索。在中国古代服装史的研究领域中，辫发一直被认为是夷狄发式，即把头发编成辫子，辫子挂在脑后或盘绕在头顶。这一特殊的发型在中原汉族中十分罕见，因此，历史记载也将辫发当作区分华夏和夷狄的重要标志。辫子在历史上一直被当作政治风向标，当金朝南下时，蒙古族人和满族人进入中原，迫使汉人把头发编成辫子。其中，清初剃发的发型最为严格。汉族人为了护发付出了沉重的代价。但是，通过对文献和考古资料的研究不难发现，其实中国先民在先秦时期也有辫发的历史。

一、游牧民族辫发

辫发主要表示把头发分股进行编合的发式。《说文解字》卷十三上"系"部，"辫"条曰："辫，交也。从糸，辡声。"[①] 段注曰："分而合也，故从，形声中有会意也，频犬切。"辫也称为编。《汉书》卷六十四（下）《终军传》中记载："众支内附，示无外也。若此之应，殆将有解编发，削左衽，袭冠带，要衣裳，而蒙化者焉。"[②] 并且颜师古对其进行了注释："编读曰辫。"此外，在《孔子集语》卷六的"尚书大传"条中也同样提出："武丁内反诸己，以思先王之道。三年，编发重译来朝者六国。"表明了编发也就是辫发，由于夷狄辫发，所以在大多数文献中把辫发当作夷狄代称。历史上生活在中国土地上的四个民族各有不同的习俗。唐代孔颖达主持编撰的《礼记正义》卷十二《王制》篇曾说："中国戎夷五方之民皆有性也，不可推移。东方曰夷，披发文身，有不火食者矣；南方曰蛮，雕题交趾，有不火食者

---

①［汉］许慎．说文解字［M］．［清］段玉裁，注，许惟贤，整理．北京：中华书局，2015.
②［东汉］班固．《汉书》之《陆贾传》［M］．北京：中华书局，2012.

矣；西方曰戎，披发衣皮，有不粒食者矣；北方曰狄，衣羽毛穴居，有不粒食者矣。"① 发型习俗自古以来就与中原、四方夷狄不同，发型习俗也与游牧民族辫发不同。产生这种差异的原因和他们的生存环境紧密联系。中国近代历史学家、国学大师吕思勉先生曾表示："毛发可以御寒，所以北方人披发，南方人断发，中原人敛发，也与它的位置相适应。"四方夷狄之所以披发、断发主要是因为其符合寒冷与燥热环境的结果。

辫发往往是游牧民族的发式，在《汉书》卷九十五《西南夷两粤朝鲜传》有记载："西南夷君长以十数……西自桐师以东，北至叶榆，名为嶲、昆明，编发，随畜移徙，亡常处，亡君长……"这些西南蛮人过着"随畜迁徙"的游牧生活，他们不住在固定的地方，他们的头发是编在一起的。历史上几乎所有其他的游牧民族都编辫子，《晋书》卷九十七《四夷传》"吐谷浑"条曰："其男子通服长裙，帽或冪篱。妇人以金花为首饰，辫发萦后，缀以珠贝。"② 此外，在《南齐书·魏虏传篇》曾说："披发左衽，故呼为'索头'。"③《资治通鉴》魏文帝黄初二年司马光论曰："南谓北为索虏，北谓南为岛夷。"胡三省注曰："索虏者，以北人辫发，谓之索头也。"④《南史》卷六十九《夷貊传》高昌国条曰："（高昌国）面貌类高丽，辫发垂之于背……女子头发，辫而不垂，著锦缬缨珞环钏。"《北史》卷九十四《百济传》曰："（百济）女辫发垂后，已出嫁，则分为两道，盘于头上。"⑤《大金国志》卷三十九《男女冠服》曰："金俗好白衣，辫发垂肩，与契丹异……妇人辫发盘髻。"⑥ 在河南省焦作西冯村金墓出土了几尊人俑，他们的头发编成双辫，挂在胸前、肩膀下或脑后（如表2-2所示）。

关于辽代契丹人发型的史料虽然不多，但考古资料显示契丹人的男女都有发辫，并且各有差异。发型习俗与内蒙古库伦旗前勿力布格第六号辽墓壁画中契丹人不同，这种发型由头骨两侧的两束头发和结辫垂肩组成。契丹妇女的发型更为复杂，内蒙古巴林左旗滴水壶辽墓，陵墓北墙上画着一个女人的辫发形象。辫子从前额绕到脑后，两条缎带从发辫上垂下来，发辫系在前额服饰带上。这个发型和内蒙古察右前旗豪欠营第6号辽墓发现的契丹女尸发式类似，后者是前额的头发从脑后散开出来，而头颅左侧的一缕头发编成辫子，盘绕在前额上方进入颅顶。蒙古人还有编发的习俗，宋人郑思肖在《心史·大义略叙》中记载说："鞑主剃三搭、辫发……或合辫为一，直拖垂衣背。"⑦ 赤峰元宝山的壁画则是"对面坐着的大师"，男主人戴着圆顶礼帽，耳朵后面垂有发辫（如表2-2所示）。

这些游牧民族在早期都是靠水和草为生，他们把头发编成辫子。编好的头发非常适合游

①［汉］郑玄注／［唐］孔颖达／吕友仁，整理／郑玄．《礼记正义》卷十二《王制》．上海：上海古籍出版社，2008.

②［唐］房玄龄．《晋书》卷九十七《四夷传》［M］．北京：中华书局，1996.

③［梁］萧子显撰／王仲荦点校／景蜀慧修订．南齐书·魏虏传［M］．北京：中华书局，2017.

④［北宋］司马光．资治通鉴［M］．北京：中华书局，2011.

⑤李延寿．《北史》卷九十四《百济传》［M］．北京：中华书局，1975.

⑥宇文懋昭．《大金国志》卷三十九《男女冠服》［M］．北京：中华书局，2011.

⑦郑思肖／延平武王郑成功／延平文王郑经．心史·大义略叙［M］．上海：世界书局股份有限公司，2008.

牧生活。由于编的辫子比较稳定，在迁徙的过程中不会松散，所以也不会阻碍运动，这种发型逐渐变成一种美丽的装饰和民族精神的象征，辫子并没有因为生活方式的改变而被抛弃，这说明辫子的传统对它有着深远的影响。

二、农耕民族绾髻

中原汉族的传统发式为"髻"，也被叫作"结"。在《仪礼·士冠礼》中提到："将冠者，采衣，紒。"郑玄在标注中说："紒，结发，古文紒为结。"在《说文解字》十三篇上"系"部"结"条段玉裁注曰："古无髻字，故用此字。"在第九篇中"髟"部"髻"条段注曰："结，今之髻字也。按许书作为结，郑注经皆作。郑依今文《礼》，许依古文《礼》，故系部有结无也。卧髻者，盖谓寝时盘发为之，令可不散。"① 发髻是最基本的发型，甚至在睡觉的时候也可以绾髻。在史前的中原时期，人们把头发盘成一个发髻，在陕西省神木县石峁山客省庄第二文化遗址，出土了一尊玉雕人像，这种发式先把所有头发放在头顶上，然后绾成一个高髻。绾发成髻通常用簪固定，在考古发掘中发现了许多不同的材料，这也能够说明中国祖先的绾发习俗。虽然没有直接的文献证据来证明中国祖先选择这种发型的初衷，但可以从其他史料中推断出来。

《汉书》卷九十五《西南夷两粤朝鲜传》中记载："西南夷君长以什数，夜郎最大。其西，靡莫之属以十数，滇最大。自滇以北，君长以十数，邛都最大。此皆椎结，耕田，有邑聚。"② 在西南地区，琼族和云南北部的其他少数民族定居生活，从事农业生产，他们的发型是"椎结"。椎结同样是绾发而成，因为外形像椎，所以叫"椎结"。颜师古注曰："椎音直追反。结读曰髻。为髻如椎之形也。"在云南省晋宁市石寨山的滇人墓中出土了大量青铜器，有许多铜像的盖子上有椎结的青铜人像，其中一个器盖上的人像清楚地显示了椎髻的形状。此外，在四川凉山昭觉和西昌等地的汉墓出土的男女人物都有类似的椎结，这说明它是一种男女通用的发型。在中国西南地区，邛都等部"耕田椎结"，以农耕为生活方式，因此选择绾发为髻。而西南、昆明等地则有"辫发迁徙"，他们的生活方式完全不同，发型也不一样。如上所述，编发适合游牧民族，是人们适应定居生活和农业生产方式的结果。

有必要关注的是，不管是在夷狄还是中原地区都很流行"椎髻（结）"，《后汉书·梁鸿传》曰："梁鸿妻为椎髻，着布衣。"③ 梁鸿与孟光一样都是扶风平陵人，并且生活在中原腹地，因此，孟光的"椎髻"应该是中原妇女的发型。在《史记·郦生陆贾列传》中提到："尉他魋结，箕倨见陆生。"服虔标注说："魋音椎。今兵士椎头结。"《索隐》中提到："谓为髻一撮似椎而结之，故字从结。且按其'魋结'二字，依字读之亦得。谓夷人本披发左衽，今他同其风俗，但魋其发而结之。"④ 尉他所绾"结"也就是我们所说的"椎结（髻）"，服

---

① [汉] 司马迁著/杨燕起，译注. 史记·三十世家·吴太伯世家 [M]. 长沙：岳麓书社，2021.

② [晋] 陈寿撰，[宋] 裴松之注. 三国志·魏志武帝纪 [M]. 北京：中华书局，2011.

③ [汉] 许慎撰/[清] 段玉裁注/许惟贤，整理. 说文解字 [M]. 北京：中华书局，2015.

④ [唐] 司马贞. 史记索引. 广雅书局，清光绪十九年（1893）.

虔是东汉末人，他所说的魋结也就是那时兵士的椎结头，这应该属于事实。由此可以证明中原华夏人民也会编绾椎结（髻）。另外，《吴越春秋》载吴王寿梦曰："孤在夷蛮，徒以椎髻为俗。"① 从这里也可以看出，吴人同样具备椎髻风俗。

三、华夏辫发史考证

在头上扎发髻的初衷是方便农业生产或生活，后来制定并坚持了一系列关于头发的扎法。然而，夷狄披发、辫发、绾发的习俗却遭到了强烈的排斥，因此，结发与绾发一直被当作区分二者的标志。但是，中华民族也在一定的历史背景下编过辫子，桑原隲藏先生对中国人民的辫发史进行过研究，他表示："从金代起，中原地区的汉人就开始留辫子了。"这是汉人被迫髡头辫发的屈辱开始，对民族矛盾进行了体现。在《礼记·内则》中提出："三月之末，择日剪发为鬌，男角女羁。"② 而孔颖达疏："《正义》曰：夹卤曰角者，卤是首脑之上缝。"③ 所以《说文》说：十其字象小儿脑下不合也，夹卤两旁当角之处留发不剪。云午达曰羁者，根据《仪礼》曰："度尺而午。注释为：一纵一横曰午，今女剪发留其顶上纵横各一相交通达，故云午达。不如两角相对，但纵横各一在顶上，故曰羁。"④ 据沈从文先生说，这表明孩子们剪了头发："男孩在额头的两边各留了一点，头发梳理之后，形成一个小角丫。女孩在脑袋中间留了一小撮，编成辫子（俗名'冲天炮'、'一抓椒'）以此来区分。到大一点，就不需要绞剪，男的将头发全部绾成椎髻，戴上冠巾，就像《释名》说的'士冠，庶人巾'。"⑤ 尽管仪式系统规定，成人身体毛发和皮肤不得损坏，但未成年子女必须适当剪头发。另外，女孩也应该编织头发与男孩进行区分。这似乎违反了"身体发肤不得损害"的规定，但它反映了中国早期祖先的辫发这一事实的存在。

除了文献，许多的考古资料都可以证实这一点。在河南省安阳殷墟妇好墓出土了多尊编发玉石雕像，其中 371 尊和 372 尊具有代表性，以独特的方式展现了编发风格。371 标本的头发编成长长的辫子，辫根在右耳后，盘绕至头顶，从头顶绕至左耳后，再从左耳绕至右耳，辫梢与辫根相接，头上另戴，以此束发（如图 2-3 所示）。标本 372 头顶中间有一条辫子，垂于颈部（如图 2-4 所示）。其他标本的编发也与其相似，可见殷族人习惯于编发，而且早在中国中部就有编发。结合文献和一般卜辞的记载，殷族也是第一个游牧民族，然后逐步定居向农业过渡，但仍然保留了早期的编发风格。身体部分有纹样，商周时期发饰多采用具有图腾、宗教意义的动物装饰性纹样⑥，如鸟、蛙、凤等。这些动物纹样往往呈现出抽象、扭曲、狰狞的特征，形成威吓感与震慑力，以达到神秘肃穆、庄严的效果，与后世发饰纹样形成了鲜明的对

①陈华文．"断发文身"：一种古老的成人礼俗及其标志的遗存［J］．民族研究，1994（01）：60-67．

②［汉］司马迁著/杨燕起译注．史记·三十世家·吴太伯世家［M］．长沙：岳麓书社，2021．

③［唐］孔颖达撰/郑同整理．周易正义［M］．北京：九州出版社，2020．

④彭林译．仪礼［M］．北京：中华书局，2022．

⑤［东汉］刘熙．释名［M］．北京：中华书局，2016．

⑥刘莉．商代的日常服饰文化［D］．河北师范大学，2007．

比。商代和西周青铜器上几乎无处不有的所谓饕餮纹或曰兽面纹，也与新干玉、铜神像为同源之流。饕餮纹的种类较多，形式繁杂，其来源也并不单一，但我们可以推定，现知新石器时代玉器所表现的神灵形象，确系商周青铜器饕餮纹的源头之一。①

图 2—3　出土玉石雕像（371 号）②　　图 2—4　出土玉石雕像（372 号）③

　　与商朝的玉石人简单的辫发相比较，秦始皇墓中兵马俑的编发要复杂得多，标本 T1G3：7 则为"扁髻"，把头发编成一个六股宽辫，并把它贴在脑后，将头发折到脑后，然后平放，就像一个长方形或梯子。此外，还有"圆锥髻"，主要是把头发拢于头顶右侧卷成一个圆锥形的发髻，并且把后脑勺和鬓角的头发编成三股发辫，交互盘结脑后（如表 2—2 所示）。

　　秦人辫发和它起于西戎具有密切联系，在中原进入礼乐时代，秦始皇人的祖先仍然过着游牧生活。《史记·秦本纪》④ 曾说："造父以善御幸于周缪王……徐偃王作乱，造父为缪王御，长驱归周，一日千里以救乱。"又曰："非子居犬丘，好马及畜，善养息之。犬丘人言之周孝王，孝王召之使主马于汧渭之间，马大蕃息。"秦人在西戎这片土地上漂泊了很长一段时间，又在戎人的各个地方打过仗，所以秦人的风俗都是西戎化的，居无定所，直到襄公帮助平王迁都，在《史记·秦本纪》中记载了："襄公以兵送周平王。平王封襄公为诸侯，赐之岐以西之地……襄公于是始国。"由此可见，秦人的历史远远落后于中原，但是秦人的文化在中国更为古老，《史记·秦本纪》还说："文公十三年，初有史以纪事，民多化者。"到这时候，才有"有史纪事""民多化者"，由此可以想象秦人之前"未化"时，和西戎人本质上是一样的。

①杜金鹏．略论新干商墓玉、铜神像的几个问题［J］．南方文物，1992（02）：49—54，19.

②黄剑华．三星堆服饰文化探讨［J］．四川文物，2001（02）：3—12.

③［唐］孔颖达撰/郑同整理．周易正义［M］．北京：九州出版社，2020.

④［西汉］司马迁．史记［M］．北京：中华书局，2006.

西戎"披发"和汉族绾髻之俗具有差异，但是西戎人"披发"却是将头发编成辫子披于身后。孔子曰："微管仲，吾其披发左衽矣。"皇侃疏道："披发，不结也。礼，男女及时，则结发于首，加冠笄为饰，戎狄无此礼，但辫发披之体后也。"因此，秦人的编发主要是受到了西戎"辫发披后"习俗的影响。但是，秦人的发式不仅是"辫发"，往往是辫发和绾发相互结合。梳发通常是先辫发，然后把发梢和剩下的头发全部绾成发髻，绾发又属于汉族的习俗，所以秦人发式主要是在西戎以及华夏风俗基础上形成的，和西戎、华夏的发式都具有一定不同之处。洛阳金村战国墓出土青铜人物立像，其发式为双辫垂肩。根据人物穿着短衣、装饰、足蹬革靴的形象看，似乎是胡人。然而，佩戴腰带吊坠是中原人的传统习俗，因此，可能是中原人装扮成胡人，这与战国时期赵武灵王受"胡服骑射"的影响具有一定关联。但是，人物的双辫也应该是受到胡人辫发习俗的影响。

秦朝之后，中原地区关于辫发的记载很少。然而，在萧梁时期，在宫廷中就有了"羊车小史"的地位，隋唐时期亦因其制度。《五代史志》中记载："羊车，以名辇，其上如轺，小儿衣青布褶，五辫髻，数人引之。时名羊车小史。"[1] 在《旧唐书·舆服志》也记载了："平巾五辫髻，青袴褶，青耳屩，羊车小史服之。"[2] 此外，在《新唐书·舆服志》中也有记载："羊车小史，五辫髻，紫碧腰襻青耳屩。"[3] "羊车小史"这项职位通常是由数名童子担任，他们的发式被叫作"五辫髻"。这一发式虽然目前无法考证，但是根据上述《礼记·内则》中记载的"鬌"，有极大可能为其孑遗，这是一种通过辫发形成的孩童发式。[4] 史书中将其叫作"五辫髻"，也许与秦俑发式中的"扁髻"相似，把头发编成五股宽辫，然后向后折到脑后，最后把发梢扎成一个发髻，这是一种对发辫和发髻进行结合的发型。

从以上的讨论中我们可以确定，虽然编发长期被认为是夷狄发式，但中国的祖先也有编发的历史。当时的编发和宋元以后的编发有根本的差异，没有任何征服或胁迫的性质。在礼制成熟后，编发逐渐被束发加冠所取代。因此，有关中国先民编发史的史料记载较少。幸运的是，人们的生活中仍然有编发的痕迹，可以帮助后人追溯。然而，对于后来为保护头发而牺牲生命的悲壮的人们来说，中国祖先也曾编辫子，这可能是意料之外的。

①［唐］魏徵．隋书·五代史志［M］．北京：中华书局，1997.

②［后晋］刘昫等．旧唐书·舆服志［M］．北京：中华书局，1975.

③［宋］欧阳修/宋祁．新唐书·舆服志［M］．北京：中华书局，1975.

④［汉］司马迁著/杨燕起，译注．史记·三十世家·吴太伯世家［M］．长沙：岳麓书社，2021.

表 2-2　出土文物辫发式举例

类别	图例	说明
游牧民族（契丹族）辫发		在河南省焦作西冯村金墓出土了几尊人俑，他们的头发编成双辫，挂在胸前、肩膀下或脑后。
游牧民族（蒙古族）辫发		赤峰元宝山的壁画则是"对面坐着的大师"，男主人戴着圆顶礼帽，耳朵后面垂有发辫。
农耕民族（山西）绾髻		在史前的中原时期，人们把头发盘成一个发髻，在陕西省神木县石峁山客省庄第二文化遗址，出土了一尊玉雕人像，这种发式先把所有头发放在头顶上，然后绾成一个高髻。
农耕民族（云南）绾髻		在云南省晋宁市石寨山的滇人墓中出土了大量青铜器，有许多铜像的盖子上有椎结的青铜人像，其中一个器盖上的人像清楚地显示了椎髻的形状。
华夏辫发（扁髻）		把头发编成一个六股宽辫，并把它贴在脑后，将头发折到脑后，然后平放，就像一个长方形或梯子。

续表

类别	图例	说明
华夏辫发（圆椎髻）		主要是把头发拢于头顶右侧卷成一个圆锥形的发髻，并且把后脑勺和鬓角的头发编成三股发辫，交互盘结脑后。
华夏辫发（双辫垂肩）		洛阳金村战国墓出土青铜人物立像，其发式为双辫垂肩。根据人物穿着短衣、装饰、足蹬革靴的形象看，似乎是胡人。

第三节　梳　髻

在中国古代，汉族妇女把头发扎在头顶称作"髻"，又称为"结、紒"。在汉代，妇女都梳高髻，它是古代妇女的一种发型，因其发髻的形状像"十"而得名。其主要方法是先在头顶把头发盘成一个"十"字形的髻，然后把剩余的头发在两侧各盘一环直垂至肩，并利用簪梳进行固定。其主要在魏晋南北朝时期的贵族女性中流行。在陕西省西安市草厂坡出土的丰富多彩的北魏兵马俑中，有一名女子身穿袖襦、长裙、肩披花帔的女俑，梳的就是十字髻。

一、历史成因

根据考古研究可以发现，在人类社会早期，男人和女人通常都把长发披在肩上。后来，伴随劳动生产的发展，人们接触的增多，觉得长发凌乱相当不方便，用绳子系着，用骨簪固定。直到四五千年前，在原始社会晚期，人们也这样处理头发。在夏商时期，人们开始用辫子来装饰自己，直到春秋战国时期，但是男人和女人的辫子有点不同。从那以后，女人们开始把发髻戴在头上。根据古书的记载可知："乃自我始祖黄帝制作衣冠以来，隐蔽形体，仅露首面，扑朔迷离，莫可辨识。后圣知其然也，乃命男辫女髻，以便一目了然，诚法良而美意也。"在《礼记·曲礼篇》中就记录了："有女子嫁的为十五着笄，未许嫁者的是二十着笄"。① "笄"，最初是用来把头发扎成发髻的簪子。"十五着笄"，主要表示女子在 15 岁时就成年了，可进行梳髻插簪，可以出嫁了。

二、髻型发式

秦汉时期，妇女和成年人都开始梳髻。在遗留下来的历史遗迹中，就有"倭堕髻""堕马髻"等样式。到了魏晋南北朝、唐、宋、元、明、清时期，女性的发式、面妆越来越精致，发髻不单单是中国女性的特色发式，而且像裹脚一样成为女性礼仪的一种限制。辛亥革命前，中国妇女都梳发髻，只有尼姑不梳，她们把发髻当宝贝，根本没想过要理发。这主要是与几千年来人们的审美标准有关。女人讲究头发和脸妆，对镜梳妆，梳很多不同形式的发髻。例如，如意髻、盘龙髻等，然后插上金钗玉簪，在体现自身尊卑地位的同时，刻意装饰，从而取悦男子。在《妆台记》中曾说："周文王于髻上加珠翠翘花，敷之铅粉，其髻高曰凤髻。又有云髻，步步而摇，故曰步摇。始皇宫中悉好神仙之术，乃梳神仙髻，后宫尚之。后有迎春髻、垂云髻，亦相尚。汉武帝李夫人取玉钗搔头，自此宫人多用玉。"② 由此可见，女性精心打扮梳髻装饰都是为了迎合男性的喜好，来转移男性的好恶。例如，在经济文化繁荣的唐朝，妇女的发型是最多的，也是最烦琐的，它的形状和名字之美是前所未有的。根据有关的史书记载，唐朝时期妇女的发式高达几十种，主要有：飞云髻、半翻髻、百合髻、乐游髻、盘桓髻、反绾髻等。

在初唐，妇女遵循隋朝的旧风格，她们的头发通常梳成一个简单的发髻，几乎没有什么变化，主要是把头发梳成平顶式，分成两层或三层，层层堆上，顶部梳理成云朵状。贞观时期，妇女开始注意自己的发式，发髻越来越高，并出现了飞髻、高髻、螺髻等。高髻又称峨髻，以髻式高耸而名，是妇女穿礼服时梳的一种髻式。从《后汉书·马援传》中"城中好高髻，四方高一尺"的记载来看，汉代已有高髻，唐时尤为流行，且式样众多。③ 高髻是一个比较含糊的概念，广义地说，凡髻形高大，不论形制如何，皆可称高髻。元稹《句》说："髻鬟峨峨高一尺，门前立地看春风。"陆龟蒙《古态》也说："城中皆一尺，非妾髻鬟高。"这样看来，盘植髻、螺髻、乌蛮髻、半翻髻等均属高髻。狭义地说，从额头梳起到一定高度后把头发翻向脑后的发型叫作高髻。孟简《咏欧阳行周事》云："高髻若黄鹂"，甘肃秦安唐墓中出土仕女像的高髻就是黄鹂状。唐朝的妇女喜欢把头发梳成高高的、浓密的发髻。唐朝高祖李渊也对这种趋势感到惊讶，在《旧唐书·令狐德芬传》中就有这样的记载，高祖李渊曾询问："妇人髻竟为高大，何也？"④ 令狐表示人的头部十分重要，将发髻梳得高大也具有一定道理。后来，皇帝也有禁止高髻，例如，在文宗统治时期，"高髻、脸妆、除眉、开额"

---

① [汉] 司马迁著/杨燕起，译注．史记·三十世家·吴太伯世家 [M]．长沙：岳麓书社，2021．

② 黄裳．妆台记 [M]．北京：中国社会科学出版社，1997．

③ [汉] 许慎撰/[清] 段玉裁，注/许惟贤，整理．说文解字 [M]．南京：凤凰出版社，2015．

④ [唐] 魏徵．隋书·五代史志 [M]．北京：中华书局，1997．

是被禁止的，高髻却依旧很流行。在著名画家周昉绘的《簪花仕女图》上，可以明显看出一些穿着薄纱的女子，梳着高高的发髻，这在唐代被称为"峨髻"，可以达到一英尺以上，以显示她们的雍容华贵（如图2-5所示）。其中，最为俏美的为"半翻髻"，这种发型是把头发梳成刀的形状，直直地梳到头发的顶端，然后转向一边。有些人称为"单刀半翻髻"，有的稍微改变一下，叫"双刀半翻髻"。

图2-5　簪花仕女图局部高髻

（图片来源：作者自绘）

三、装饰发展

到了唐玄宗时期，妇女中就十分流行"双环望仙髻"。两个高高的发髻，插上各种玉簪、犀角梳篦，穿上宽松的长袖衬衫，显得婀娜多姿。另外，唐代最流行的一种发型是"抛家髻"，这种发式梳留两髻抱面，一髻抛出，以此来突出女性美。宋代女性的发髻虽然没有唐代女性的头发那么多姿多彩，但也有刻意的装饰。如南宋时期，临安妇女常把头发盘成一个云髻，就像一朵彩云，即："髻挽巫山一段云"。而且在双颊的鬓角用凤凰金珠钗来进行装饰，"金银珠翠插满头"。如果普通女人买不起金银珠子，那就插各种香花，让发髻头饰和缠成三寸金莲相辉映，讨男人欢心。在古时候，妇女的头发被称为"乌云"或"云髻"或"青丝"，被视为神圣的珍宝，赋予了头发特殊的意义。如果男女立下誓言，女人就铰下一缕青丝交与男人，那便是最坚实的誓言。然而，如果一个女人违反了母系氏族的规矩，一些族长会公开剪掉这个女人的头发作为惩罚。这对被剪掉头发的女人来说是最大的耻辱。

第三章 夏商周时期的冠饰文化

第一节 夏商周时期历史背景

一、夏朝

夏商周（公元前2070—前771年），是对夏朝、商朝、周朝三个朝代的简称。夏朝经历的时间为公元前2070年到前1600年，这是中国历史上记载的第一个世袭朝代。在夏朝的文物当中，有一定数量的青铜器和玉器，它们可以追溯到新石器时代晚期以及青铜时代早期。夏朝的领导者，根据有关史书的记载，为禹传位于子启，对原始部落禅宗退位制度进行了改变，并且开创了中国近4000年的世袭先例。相传尧、舜、禹时期，部落联盟采用"禅宗退位""选拔人才"的方法，选出联盟的联合主。例如尧年老的时候，他把王位传给了聪明的舜，舜把王位让给了禹，禹在涂山召集了一个部落联盟，再次挑战这三个年轻人。根据《左传》记载，"执玉帛者万国"参加涂山协会，体现了夏族的号召力。在会稽（今浙江绍兴）部落联盟中，防风族的首领因迟到被禹处死。在古代文献中也有记载，禹按属国部落的距离进贡，显示了夏氏族对周边部落的经济控制。

为了表示对传统禅让制的尊重，禹曾选择东方著名的偃姓首领皋陶作为他的接班人。然而，偃姓首领皋陶没有获得禅让，比禹早死了，禹又任命东夷首领伯益作为他的继承人。禹死后，依部落联盟的传统，益（也有人称为"伯益"，有人认为他不是伯益，而是同年龄的两个人）为禹举行了丧礼，挂孝、守丧三年。经过三年的丧事，益没有获得权力，但启在人民的支持下获得了权位。有关这段历史的记载各有不同：在《竹书纪年》中提出"益即位后，启杀益而夺得君位"；另外还有说："益即位后，有些部落不支持益，反而支持启，并对益发动战争。最后，启获得了王位。随后，益率领东夷联盟讨伐启。通过几年的斗争，启明确了自己的氏族联盟领袖地位。"但他们的共同观点是，"公天下"已经变成了"家天下"。

从那时起，禅让制被世袭制所代替。这意味着长久的原始社会被私有制社会所取代，可以说是一种历史进步。然而，建立一个新的制度必然会遇到一些反对意见，后来许多禅让传统的部落质疑启的权威。在启都郊区，有扈氏为头领，率领宗族联盟讨伐启，又与启军进行对抗，在战前，启称自己的地位为"恭行天"，这就是后周天子论的原型。启深受中原人民的喜爱，在人口上占有压倒性的优势。他最终打败了扈氏，并把其贬为牧奴。这一胜利标志着中原主流社会观念由原始的禅让制向世袭制转变。

夏氏的前姓为姒，但从启开始改使用国名"夏"为姓，并且启不再使用伯这个名字，而是改为"夏后启"。启擅长唱歌跳舞，经常举行宴会。其中最大的一次是在钧台，在"天穆之野"表演歌舞。在《山海经·海外西经》中就有记载，启在跳舞的时候"左手操翳，右手操环，佩玉璜"①，甚至还有文献记载，启是在天上获得的乐舞。中国古代乐舞文献《九辩》《九歌》《九招》都是启作为原作者。在启的统治期间，他的儿子武观经常惹是生非。《韩非子·说疑》中曾经对其进行"害国伤民败法"这样的记载，最终被诛杀。除了夏族内部的纷争外，他们还经常与东夷争夺部落联盟的权威。

二、商朝

商朝，又称殷和殷商，是中国历史上第二个朝代，也是中国第一个有同一时期直接文字记载的朝代。商朝的祖先是一个起源于黄河中下游的部落，传说它的祖先契和禹是同一时期，夏朝诸侯国商部落首领商汤率领诸侯在鸣条之战灭夏以后，在亳（今河南商丘）创建了商朝。他的后代盘庚（今河南安阳）即位后，"殷商"并称。从公元前 1600 年到公元前 1046 年，共经历了"先商""早商""晚商"这三个主要阶段，它是由 17 世 31 位国王组成，持续了 600 年。盘庚死后，他的弟弟小辛继承了王位，并在死后将皇位传于其弟小乙，小乙死后由他的儿子武丁继承了皇位。武丁统治的 50 年中，是商朝最强盛的时期。最后一个国王，商纣王，在牧野战争中被周武王打败，然后自焚而亡。商朝是奴隶制的鼎盛时代，奴隶主和贵族都属于统治阶级，形成了十分庞大的官僚机构与军队。

商朝的主要政治制度是内服和外服制度。内服是王畿，即商王直接统治的地区，外服则是附属国管辖的地区。商王在不同程度上具有支配内服和外服的实际权力，商王对外服即附属国的控制力是有限的。各附属国基本保持原有的社会结构，除对商承担应尽的义务外，有很大的自主权，有的附属国甚至还经常与商处于战争状态。②商朝实际是以商族为中心的内外服联盟，但商王对附属国的控制力还是有限的，作为一个弥漫着神权色彩的王朝，商朝通过垄断神权以强化王权。

商朝的继承制度是早期的兄长继承和晚期的典型父子继承。商朝处于奴隶制度的鼎盛时期，成汤时期国家政权初步建立，奴隶制度的社会秩序趋于稳定。奴隶主贵族属于统治阶级，形成了十分庞大的官僚统治机构与军队。甲骨文与金文的记录是我国现存最早的系统文

---

①褚春元．论西周初期艺术创作上"质野情浓"的艺术精神［J］．云南社会科学，2008（02）：149－153.

②李海军，荣洪文．古代中国早期政治制度的特点表述商榷［J］．中学政史地（高中文综），2015（Z2）：51－52.

字符号。在商朝的影响范围内外，有很多国家远远落后于商朝。其中最为强大的属于西北以及北方的舌方、鬼方、土方与羌方。在商朝，长江流域也平行发达，具有非中原文明。

商朝建立后，为了能够抵御自然灾害，多次迁都，经济水平很低，然而，商朝吸取了夏朝灭亡的教训，广泛实行仁政，赢得了人民的爱戴，商朝政权得到初步巩固。商朝的农业和手工业获得了迅速发展。出现了水稻、小麦等粮食作物和桑、麻、瓜果等经济作物，推动了国家经济的快速发展。私有制进一步完善，商朝成为进入了奴隶制度并占据了主要地位的时代。商代衣冠服饰的色差非常明显，这是由于人们处于不同的统治地位和社会地位而形成的。贵族的服装由绿、红、黄等颜色组成，而普通百姓的服装则十分简单，色彩也并不丰富。

三、周朝

周朝（公元前 1046—公元前 256 年）是中国历史上继商朝之后的第三个朝代。周朝也是"华夏"一词的创造者和原始参考。周朝建立于公元前 1046 年，也就是武王伐纣的那一年，因此周朝建立的年份是公元前 1046 年，共传 30 代 37 王，共计约 790 年。

周朝分为两个时期，西周（公元前 1046—公元前 771 年）和东周（公元前 770—公元前 256 年）。西周由周武王姬发建立，定都镐京（宗周）。第五年，成王建洛邑为东都。公元前 770 年（周平王元年），平王东迁，定都雒邑（成周），这之后的时期被称为东周。在此其中，东周又称"春秋战国"，分为"春秋"和"战国"两部分。周朝是中国第三个也是最后一个世袭奴隶制王朝，秦汉开始成为一个统一的国家，从中央到地方实行统一的政府。历史书上经常把西周和东周统称为两周。商朝灭亡之前，周朝部落起源于华夏（汉），受到了戎、狄等游牧部落的干扰，周民在其首领古公亶父的带领下，迁移到岐山（今陕西省岐山县东北部）下的平原定居。生活在渭河流域（陕西关中地区），他的始祖姬弃被称为农神的"后稷"，在《说文解字》中对其进行了记载："黄帝居姬水，以姬为氏，周人嗣其姓。"它的语言是古汉语，至今仍在书写中使用古汉字。在民间记载中，龟骨与牛骨用来记事雕刻，而皇室主要是由新兴的锦帛等进行记事。

周朝为巩固统治实行分封制，分封制其含义为"封建亲戚，以蕃屏周"。所谓"封建"一词的本意是分封，故西周为"封建时代"。后来马克思主义史学家及西方学者所说的"封建社会"，是对"封建"一词的误用，"封建社会"是一种社会形态，是人类社会发展的某个历史阶段。即介于奴隶社会和资本主义社会之间的地主阶级掌权、剥削压迫农民的一种社会形态。

周王为"天下共主"，拥有至高无上的地位。他的王位由长子继承，而其他庶子则被封为诸侯王。诸侯的爵位世袭，在自己的封地内可以对卿大夫进行再分封，在封地内享有相当大的独立性，可以设置官职、建立武装、征派赋役等。同时也要履行服从命令、镇守疆土、随从作战、缴纳贡赋、朝觐述职等职责。他们在各自领地内又属于同姓宗族的大宗，他们的王位也由长子继承，而其他庶子作为小宗分封为卿大夫，它不仅是大家庭与小家庭的关系，也是上级与下级的关系（如图 3—1 所示）。卿大夫再将土地和人民分赐给士。这样层层分封下去，形成了贵族统治阶层内部的森严等级"天子—诸侯—卿大夫—士"。这种层层受封的分封制加强了周天子对地方的统治，为西周开发了边远地区，扩大了统治区域，形成对周王室众星捧月般的政治格局，使西周成为一个延续数百年的强国。同时传播了周文化，形成了统一的民族文化，为华夏族的形成奠定了文化基础。但血缘关系并不能维系政权的持久，诸侯有相当大的独立性，西周后期，出现分裂割据的局面。其崩溃根源在于生产力的发展，井田制瓦解使分封制失去了经济基础。分封制本身的弊端随着时间的推移日益明显，周王的直辖地越来越少，一些诸侯的势力越来越大，维持分封的宗法血缘关系松弛，加之周王室衰微，战国时各国变法废除分封制。秦统一后在全国范围内建立郡县制，废除了分封制。

图3-1　西周分封制等级图
（图片来源：作者自绘）

宗法制与分封制互为表里，前者为里，后者为表。为维护分封形成的统治秩序，解决贵族之间在权力、财产和土地继承上的矛盾，西周的宗法制是通过父系血缘关系的亲疏远近来维系政治等级、巩固国家统治的制度。通过血缘的关系，确立起一整套土地、财产和政治地位的分配与继承制度。无论周王、诸侯，还是卿大夫和士，都实行嫡长子继承制（宗法制的核心）。嫡长子为大宗，其他兄弟（次子、庶子）为小宗。最突出的是嫡长子继承制：在周朝各个等级中，继承财产和职位者，必须是嫡妻长子，如果嫡妻无子，则立庶妻中地位最尊的贵妾之子。这就是所谓的"立嫡以长不以贤，立子以贵不以长"。这种制度把血缘纽带同政治关系结合起来，"家"和"国"密切结合，保证了各级贵族在政治上的垄断和特权地位，有利于统治集团内部的稳定和团结。

为了维护分封制和宗法制，西周制定了各种礼乐制度。礼乐制度就是对统治阶级日常的政治、社会活动，制定一些规则和仪式，并配有特定的音乐，不同等级的贵族要行不同的礼仪。[①] 周礼成为维护等级制度、防止僭越行为的工具，有利于统治秩序的稳定。

综上所述，夏、商、周是古代政治发展的典型和典范，在中国古代历史的发展中的确占有非常重要而独特的地位。首先，夏商周朝有1200多年的悠久历史，持续时间比较长；其

次，夏商周史是探索中国文化起源的重要环节，中国文化精神的确定是建立在夏商周朝的基础上的；最后，夏商周的历史可以说是一个王朝的整体。但从有无文字记载的角度来看，可以根据盘庚迁殷为界限，将其分成两个时期。前一时期的叙述主要依赖于考古资料和后人的记忆传说，后一时期由于发现了大量甲骨文、青铜器铭文，进入了具有准确文字记载的历史时期。

夏商周朝的历史有三个十分突出的特点：第一，松散的统一。夏、商、周时期，中央政府没有实行集中统一的管理。夏、商、周的行政区域通常是由两个基本区域构成。一个是皇帝直接管理的地区，叫作王畿；另一个是皇帝通过分封或承认地方统治者进行间接统治的地区。第二，"神权"十分强大。夏、商、周利用神权来明确王朝统治的合法性，就好像王的命令并不是来自王权，而是来源于祖先和社稷神。但必须看到，夏、商、周三代的神权政治并没有发展成独立于政权之外的另一种权力，神权就算再强大，也只是统治者用来统治的工具。在人与神的关系中，政治权力和统治者的利益一直处在中心地位，事神的主要目的是"教民事君"，这种以人的实际利益为核心的神观，也是夏、商、周时期宗教信仰的一个重要特点，对后来中国社会宗教信仰的发展产生了重大影响。第三，没有打破血缘关系。夏、商、周虽已进入文明时代，但人们的社会组织联系并没有打破宗族社会所继承的血缘关系。与其相反，因为血缘的关系在组织政治力量和军事力量方面有着十分重要的意义，所以它在夏商周时期得到了很大的发展。夏朝的政治集团通常被称为"氏"，西周初期，殷商的追随者被称为"殷民六族"和"怀姓九总"。但是周朝的宗法制度是周民亲属组织的创造性发展，宗法制度充分展现了血缘关系的组织和社会力量，是中国早期政治文明社会组织特征的集中体现。

此外，它还体现了早期以国有土地、村社耕作、地租等形式存在的井田制度，以及在政治、经济、军事、教育权利等方面具有地域差异的国野制度等，这也是夏商周朝的独特内容。

第二节　审美概述

先秦美学是中国古典美学的基础，而美是一种社会现象，是客观性和社会性的统一。先秦美学已经看到了美的社会性，初步地运用了社会学的方法去研究美，从而形成了我国古典美学研究方法的一大特色。孔子是先秦美学社会学方法的奠基者，孔子的政治理想是赞美原始的人道精神的氏族社会，要恢复和保存原始氏族社会的"爱人"思想，从而形成了他的"仁学"儒家政治思想体系。孔子强调了人的相互依存的社会性，反对个体脱离群众，脱离社会，指出"鸟兽不可与同群"（《论语·微子》）。在这种政治和哲学思想指导下，孔子推论出美和艺术是一种社会现象，他所理解的美的本质，是个体的社会存在同人类文明发展相称的形式中的充分实现。因此，孔子美学从个体的感性欲求同社会的理性道德规范的统一中去找美，把美同现实的人类的日常生活联系起来，即"里仁为美"（《论语·里仁篇》）。人是宇宙的精华，万物的灵长。先秦美学对美的社会性的重视，就必然导致对人的美的重视。对人的本质和人的美学的研究，成为先秦美学的基本出发点。

美学是研究人和现实的审美关系的科学，所以美学既有社会学的特性，也有心理学的特性。孟子所说的："口之于味也，有同嗜焉，耳之于声也，有同听焉；目之于色也，有同美焉。"（《孟子·告子上》）显然从对日常审美经验的观察上，看到了美感具有普遍性和共同性。这种普遍性和共同性从何而来呢？孟子说："凡同类者，举相似也，何独至于人而疑之。圣人与我同类者。"（《孟子·告子上》）他认为美感之所以具有共同性是因为人作为人所具有的生理和心理感官的共同性。先秦美学还有一种艺术创造理论，名之为心物感应论，也是颇有心理学美学特色的。所谓心物感应，是说艺术审美活动的产生，是由作家的主观精神活动（包括思想意识、心理气质、艺术素养）和客观之物相互作用的结果。其中客观之物是基础，心和物相互作用，便产生艺术，从而也产生美感。如《乐记·乐本篇》中说："凡音之起，由人心生也。人心之动，物使之然也。感于物而动，故形于声。"即客观之物只有和审美主体之心相互感应，才能造成艺术作品，并产生美感。

先秦美学也十分重视艺术特征、重视其愉悦美感的作用。作为儒家代表的孔子，认为美就是善，力主艺术以教化为目的，但他又很重视艺术的审美意义。他是中国第一个将美与善区别开来的美学家。比如说："子谓《韶》'尽美矣，又尽善也。'谓《武》'尽美矣，未尽善也。'"（《论语·八佾篇》）"未尽善"的艺术，可以"尽美"，这就看到了艺术的特殊性，看到了美具有区别于善的特征，即事物所具有的那些能给人以感性的审美愉快和享受的形式特征，如声音的洪亮、和谐、节奏鲜明等。孔子这种将内容和形式、思想和艺术既联系又区别地对艺术加以批评的方法，应该说是审美学的方法。作为道家代表的庄子的审美学则更具有方法论的意义。道家的"道"，根本特征是自然无为，所以，美的本质也在于自然无为。庄子所描写的"神人""至人""真人"的生活境界，就是一种超脱人世得失的自由的生活境界，同时也是一种最美的境界。庄子在这里要求人们通过超功利态度去达到一种"不以物挫志"（《庄子·天地》），而"与物为春"的自得自适的境界，这又是庄子对审美学的重大贡献，因为这样一种态度和境界，正是一种超脱功利的审美态度和审美境界。

夏商周时期是中国先秦美学史，乃至整个中国美学史上一个极其重要的阶段。同时，关注夏商周时期原始审美意识也是研究春秋战国时期美学思想及中华民族基本美学精神的必由路径，起到追根溯源的作用。公元前 2070 年，夏朝建立，它成为中国历史上第一个建立起国家政权的专制社会。但是，这一时期的习俗和生产生活仍带有原始社会的特征，继承与变革在这一时期并存。虽然夏代器物留存至今的较为稀少，但作为一个带有过渡性质的时期，它为后来的商周时期的文化艺术发展奠定了良好的基础，起到了很好的承接作用，完成着中国原始"新石器时代"向商代"青铜时代"转化的使命。夏朝的墓葬和建筑既规整又注重细节，宏大与细致两种不同的风格在商代的审美意识中并存。这与夏代酝酿集权的意识和重视宗教的传统密切相关，神秘庄重、和谐多变是视觉思维上的主要特征。

　　到了商代，甲骨文和青铜器所体现的审美意识是最重要的视觉思维呈现载体。这一时期，中华文明开始真正进入一个璀璨的阶段。农业畜牧业的发展推动着器物的长足发展，青铜器的产生和制造展示着生产力的水平，文字的使用更是为社会文明提供了重大的前提。例如，作为占卜用具的甲骨是人们出于对自然的未知和恐惧而创造出的巫术形式，卜辞也成为了文学的萌芽，它代表着商代的文化。这也从一个重要的方面反映着商代人对巫术和宗教的重视，这直接影响着这一时期的视觉思维特征。商代的艺术化的生活用品和祭祀用的艺术品经常以兽和人面的形式来表达对自然的敬畏和崇拜。而甲骨文中的"美"更是"羊大为美"的审美意识和视觉思维特征的例证。

　　作为中国传统文化的轴心时代，周代社会前后分为西周和东周，社会差异较大。周代社会经济发展水平较高，制度上宗法制度得以建立，周代礼制成为文化观念和社会统治的最代表性产物，礼制与"中和"的视觉审美理想和原则有着必然的联系。正是在这样的制度和审美理想及原则的影响下，周代的器物注重"圆"的特性，这正是从视觉观看到视觉描绘再到视觉想象性创造地对世界的理性认识和感性认识的结果。同时，在器物的纹饰方面，西周时期，以几何图案为代表的类模拟成为最突出的视觉思维特征。这表明，这一时期的视觉思维特征已经由写实向写意，再向复合转化的状态。到了东周，立体造型特质开始通过平面的方式进行尝试表现，这代表着人们视觉思维中抽象能力的进一步提高，纹饰的美感和趣味性也日益增强。不仅是器物，文学的审美创造活动也表现着这一时期的视觉思维特征。《诗经》《楚辞》、诸子和历史散文开辟了中国文学的灿烂开端。其奇特的想象和朴实的再现手法都体现着先秦时期视觉思维的两个重要方向。

　　相比原始时期，夏商周时期的美学思想已经开始带有一定的"观物取象"的特征。而"取象"的过程就是主体思维选择和凝结的过程。比如，作为"礼器"的青铜器应用于许多重要的祭祀场合，它的形状和图案寄予着统治者的权力愿望和社会的等级制度（如图3－2所示）。又比如直接对人脸特征进行抽象模拟的人面具（如图3－3所示），作为商代的一种青铜假面，它用较为简练的轮廓和流畅圆润的线条来抽象人类面部特征，并佐以适当的夸张和变形。如图可以发现，面具的唇齿部在面具整体中占比例稍大，是和面具的仪式性以及审美特征上要营造的神秘夸张感有关的。而用于占卜的甲骨文更是将主体的视觉能动性发挥到了一个很高的层面，同样成为满足一定秩序需求和文化心态的工具。与此同时，对于想象空间的创造反映着视觉主体对自然和社会的理解，寄托着他们对生命和世界的愿望，这些在变形的器物造型和寓意吉祥的图案如云纹、龙图等中有较为典型的体现。在这些审美活动中，先秦人的主体意识一步步得到发现，人的重要性开始进一步得到体现。接着，这种主体意识又继续催生着大量的艺术作品和艺术活动的产生，审美主体的表现能力得到充分的展示和开发。

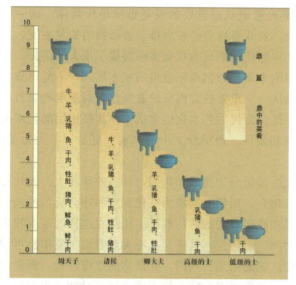

图 3-2　用鼎制度图

图 3-3　青铜人面具

在夏商周时期，整体观念成为审美活动中极为重要的一个特征。它主要表现在两个方面。一方面，它是一种哲学思维上的统一思想，这同时表现在器物构造的造型美感、功用、象征意义上。对形式和内容的共同关注显得难能可贵，先秦人通过这种标准来传达他们对抽象和具体、"道"与"器"的共同关注。而对造型的动静、远近等的重视则体现出夏商周时期人们在审美活动中对美感的理解和探索，他们尝试性地进行审美对象与环境的整体性把握并取得了相当的成果。另一方面，圆融精神成为整体观念的重要表现。在夏商周时期，无论是器物造型还是壁画图案，都十分重视一种圆润灵动的美学风格。线条的流畅性、形式的灵动与深沉，对圆形图案的青睐，都可以看作一种对圆融精神的推崇，对整体意识的强调。出土于陕西岐山县的牛尊（如图 3-4 所示）作为西周时期的青铜精品，就较为集中地体现了这些特性。这件青铜器通体作牛形，身躯浑圆壮实，伸舌作流，背开方口设盖，盖钮为一立虎。在这件酒器的形状设计上充分考虑了形式美感与功用两方面，造型线条十分流畅，身躯浑圆壮实；在对动物形态的模拟上也做到了栩栩如生，矫健生动。在牛的腹背和足部还布满了云纹和夔龙纹，将抽象、模仿的视觉图形进行综合运用，显示出了高超的设计和制造工艺，同时也展示了这一时期审美意识的不断成熟和发展。这种意识更具有宇宙和生命的力量，在后来也逐渐形成为中国美学的重要审美风格并与"中和"的审美原则和理想产生相呼应相支撑的理念，同时还体现了那一时期人们无限的想象力和创造力。[①]

---

①孙娜. 先秦美学中的视觉思维研究 [D]. 中国海洋大学，2015.

图3-4　牛尊

一、追求装饰性的图腾美

郑州二里头考古发现，夏初就有青铜器，青铜器纹饰受原始陶纹饰传统的影响。这一发现有力证实了关于九鼎的古代文献记载。九鼎上的装饰与图腾，以及整体设计，充分展现了当时的审美观念，即对某种信仰美的强烈追求。根据《左传·宣公三年》记载："定王使王孙满劳楚子，楚子向鼎之大小轻重焉。对曰：'在德不在鼎。昔夏之方有德也，远方图物，贡金九牧，铸鼎象物，百物而为之备，使民知神奸。故民入川泽、山林、不逢不若。魑魅魍魉，莫能逢之，用能协于上下，以承天休'。"虽然这里的叙述有周人的概念，但在一定程度上，他们保留了青铜艺术与装饰的早期审美取向。然而，不管是简单的装饰还是某种图腾，其审美意义都离不开当时的社会背景。以九鼎这种"远方图物"为例，九鼎上的图腾装饰也许包含了各个联盟的分部落的兽形神，或被征服部落的图腾，以及一些被认为是有害和邪恶的东西，体现了夏朝政权的松散性质。

二、追求凶猛的力量与美丽

追求凶猛的力量美是当时社会的另一种审美倾向。这在冠饰艺术的主要装饰物品"饕餮"中进行了突出的展示。商代审美观念的研究必然涉及"饕餮"。李泽厚认为它是肯定自身、保护社会、"协上下""承天休"的祯祥意义。但是时至今日也没有准确的定论，唯一能够肯定的是，"饕餮"是兽面，其主要代表了一种伟大的原始力量，是一种神秘、恐怖、威吓、残忍和残暴的象征。但是它有这样的力量，不是在其本身的力量，而是它指出了某种超然神圣的权威力量。因此，它的本质之美不在于它的装饰气息，"而在于这样一个怪异形象的雄健线条，深刻而突出的铸造雕刻，完美地体现了一种无限而原始的宗教情感、观念与理想，这是无法用概念语言表达的"。它深刻地反映了进入人类文明时代之前社会所经历的野蛮、凶残的审美方式。

然而，饕餮的狰狞之美的审视并非单一的，其包含了双重（甚至多重）的审美感受。换句话说，对于拥有它的人来说，它一方面是恐怖的化身，另一方面是保护神。对异族部落而言，它是恐怖的代表；但是对自己的部落与族群来讲，它具有保护和预防侵犯的神圣力量。将双重性的宗教观念、宗教情感和宗教想象的结合，丰富了饕餮的狰狞的美学形象。

三、对线形美和意义美的追求

如果说对狰狞美的追求局限于一个历史时期，到了西周，它不再被视为审美对象，所以导致了"毁器之事"，因此，线条美的追求则贯穿在整个奴隶时代，形成一种审美追求。这种审美倾向在中国早期的书法中得到了突出的体现。虽然在西周以前，书法没有明显的意识追求，但对线条之美的关怀早已根植于人们的审美观念之中。

注重形而下的器物美学研究，从而突破以往单纯重视理论美学及艺术审美的相对单一研究范式，是夏商周时期审美的另一鲜明特点。[①]

第三节　夏商周时期冠饰特点

中国的冠服制度大约起源于夏商时期，在周朝日渐繁荣昌盛。根据河南省安阳市侯家庄村出土的文物我们能够看出，夏商时期，冠服制度已成为反映统治阶级意志、区分等级尊卑的工具。西周的衣冠服饰是随着商代的服饰而发展起来的，周朝城市建立在渭水流域。西周有8000多件青铜器，为西周的盔甲和胄提供了取之不尽用之不竭的资源。根据《周礼》的有关规定，在祭祀大典上，皇帝和所有的官员都必须穿戴上他们的冕服。服装的风格因穿着者的地位而异。这一时期的服装通常为上衣下裳制。大部分的上衣都长及膝盖，并且是小袖子，腰上系着深红色的绛带。在儒家经典著作《十三经》中，有许多关于典礼服的内容。西周的贵族都有一套冠。

在古代，冠饰主要表示发髻上的装饰品。冠的两侧是通透的，其主要是仪式的象征。冠是用亚麻做的，冠上用麻做的升数也代表了身份的高度。西周贵族和现代人在礼仪上有天壤之别。在重要的场合，如游行上，人们需要脱下他们的鞋子和袜子，以显示他们的尊贵。按照有关的文献和出土文物进行分析，中国的冠服制度是在夏商之后初步建立起来的，在周朝逐渐获得完善。

随着土地所有制的改变，西周的等级制度慢慢确定并与等级制度相互适应，从而形成了较为完善的冠服制度。从那时起，贵贱有等，衣服有别，从天子到庶民，都有不同的服装，制服也各不相同。从这一时期的青铜器铭文和记录在《诗经》和《论语》中的内容可以看

---

①程勇真.《夏商周美学思想研究》文本审美特征分析［J］.佳木斯职业学院学报，2022，38（12）：61—63.

出，周朝不但具有一个服装制度，并且还设置了专门的"司服"一职，这是负责服装制度的制定，并安排皇帝和贵族穿着的衣服。周末年，奴隶社会逐渐瓦解，封建社会慢慢形成，冠服制度被纳入"礼治"的范围中，变成了礼仪的重要内容和形式。

按照《周礼》和其他文献的记载，礼仪分成五种类型。也就是吉礼、凶礼、军礼、宾礼和嘉礼，也称为"五礼"。吉礼主要是指祭祀的典礼。就好比祭祀神、日月星辰、皇帝、风、雨、地、五祭、五山、五水、四方万物的祀典，都是吉礼。凶礼的仪式就是哀悼的丧礼。诸侯的丧葬、天灾人祸的悼念，都是属于凶礼。军礼通常是在打猎、读书、巡狩、出师等时候使用。宾礼往往由封臣向朝廷朝见、各诸侯之间的聘问和会盟等地方使用。嘉礼内容相对较为复杂，一般在举办婚礼、冠礼、飨燕、立储等活动时使用。这些繁缛的仪式定义了统治与被统治之间、统治阶级之间、被统治阶级之间的界限。为了保持这种礼仪，各种各样的规章制度应运而生。根据这一需要，制定了衣冠服饰制度。比如，在祭拜天地、宗庙的时候有祭祀之服；在开展朝会的时候有朝会服；从戎的士兵有军服；婚嫁时有婚服；服丧的时候有凶服等。根据各种不同礼仪的需求，各种各样的人都可以找到适合自己的服饰。例如，《周礼·春官·司服》当中记录的："司服，掌王之吉凶衣服，辨其名物，与其用事。"而商朝的发式大部分是束发，但也有辫发结合束发。黄能馥在《中国服装史》提到："河南安阳小屯、侯家庄商墓许多人头骨顶部有骨笄，髻有单个和双个的，用笄数量也不一样。小屯商墓主人用玉笄，殉葬者用骨笄。"

在商朝，贵族、平民和奴隶大部分都是束发的。根据河南安阳殷墟古墓出土的大量文物我们可以看出，商朝发式通常有以下几种：

（1）商朝时，男人的发式主要是辫发。根据图像数据来看，这一时期的男性有很多辫子的发式，其中有一些总是编成辫子盘在头顶，有的编成辫子，垂到脑后。还有的两边都有辫子，辫子的两端卷曲并垂到肩膀等。

（2）商朝的贵族们编着辫子，穿着华丽的衣服，身上有极为明显的图案，前胸饰有龙纹，两臂饰有龙纹。在上流社会阶层，有的人将长发胶固加工，做成尖状高耸发型，上缀饰物；有的人头上罩一龙首形冠，长发垂卷过臀，宛似龙体龙尾；有的人将头发拢于头顶，再编成一条辫子，垂于脑后；有的人左右梳辫，垂于两侧，辫梢卷曲；还有的将头发梳成发辫后盘于头顶。此外，殷代玉雕人头像也反映了几种高级贵族发式：一是1937年殷墟第15次发掘时，在小屯M331一座早期墓葬中，出土一玉雕高冠人首饰件，脑后发髻如鸟尾上勾，似男性；二是故宫博物院收藏殷代黄玉人头像，为男性，头顶铰齐的短发用额箍结成上冲式，脑后则维持长发自然垂肩，显得粗犷豪放；三是故宫博物院收藏的殷代青玉女性人头像，两鬓秀发垂肩上卷，双耳佩环，头戴低平无檐冠，冠顶双鸟朝向中间一钮而对立，显得袅娜妩媚。

（3）商代骨笄。笄是在中国新石器时代出现的，主要可以分为骨笄、蚌笄、玉笄、铜笄等，其主要作用是对发髻进行固定。有人将头发盘梳成顶心髻，再用一支骨簪横贯其中以固定之。

（4）男人把头发的发梢拧在一起，盘于头顶，头戴一个圆箍形的头冠。这种头饰在那时十分流行。

（5）戴着筒式冠巾、衣着华丽的贵族男子。他们穿得十分华丽，交领窄袖衣，衣服上面绘制了云彩图案。腰上束着腰带，腰带压在衣领下，长度过膝。腹部悬一个长方形的"蔽膝"，下穿鞋。在左腰插着一件卷云形状的装饰品，上面似乎挂着一把刀剑类的武器。

从三星堆一号坑、二号坑出土的众多青铜人头像来看，最具代表性的是头发梳向脑后束扎，然后交错编结成辫垂至颈部，发辫不仅粗而且比较长，如同现在的独辫式。例如二号坑出土的 Ba 型青铜人头像，发辫束扎的上端似有插笄的痕迹，可以看出耳旁留有鬓发，下颌似有一圈短胡，平顶但未戴冠帽，可能是平时的打扮。[①] 根据已经出土的众多人像雕塑可知，商代发式至少有 20 余种（如表 3—1 所示），有明显的等级特色。当时，人们头上一般总有多少不一的饰物，简单的施簪插笄，复杂的有雕玉冠饰、绿松石嵌砌冠饰等，这些都得到了地下出土文物的证明。

表 3—1　三星堆出土文物发式举例

类别	图例	说明
辫发		一号坑出土的 Ba 型青铜人头像，发辫束扎的上端似有插笄的痕迹，可以看出耳旁留有鬓发，下颌似有一圈短胡。平顶未戴冠帽，可能是平时的打扮。
盘发		二号坑出土的 Ba 型青铜人头像，发辫束扎的上端似有插笄的痕迹，可以看出耳旁留有鬓发，下颌似有一圈短胡。平顶未戴冠帽，可能是平时的打扮。
高髻		一号坑出土青铜跪坐人像展示出的一种发式，其头发从前向后梳理成多个细辫状，再上翘向前卷，发掘简报中称这种发式为扁高髻。有学者认为这可能就是后世文献中所说的"椎髻"。
巾		二号坑出土的 Ca 型青铜人头像，头发向后梳理，用头巾绕额缠结于脑后，将散发束住，其交结打成了一个夸张的蝴蝶形。

①黄剑华. 三星堆服饰文化探讨 [J]. 四川文物，2001（02）：3—12.

礼书中经常提到的冠式有玄冠、章甫冠、缁布冠、冕、皮弁、爵弁等（如表 3－2 所示），大多数都能追溯到商代。

表 3－2　商代代表性冠式

类别	图例	说明
玄冠		高耸的冠饰与发笄，为商代人面形玉饰，江西新干大洋洲商晚期墓出土；为商代人面形玉饰玄冠，据说是以玄色帛为冠衣，与玄端素裳相配。商代玄冠的形制有多种，有的高耸，有的低平，有的前后有扉棱，有的上面有半圆形发饰，有的还有羽翎或其他装饰物。
章甫冠		章甫冠是商代的一种冠，到了周代只有殷商后裔的宋国还有保留。其结构就类似帽圈，估计就是绳子做成的帽圈，前面加一幅布。
缁布冠		缁布冠，顾名思义，是用黑色布做成的。商代玉雕有一种前高后低，后向下卷，顶作斜面的中高冠，形制近似"章甫"，但略低小，仅周边有扉棱，不镂空，冠上饰品应当要少些。
冕		《说文》云："大夫以上冠也，邃延垂旒纩纮。"延，又写作綖，是一块长方形的板，前低后高，前低于后约一寸，略呈前倾之势，以象征俯伏谦逊。冕板的表面多裱以细布，上面用玄色，下面用缥色。
皮弁		弁，是贵族戴的比较尊贵的首服。根据不同的质料、形制及用途，弁冠有皮弁、韦弁和爵弁。皮弁是用皮制的，由几块拼制而成，缝制的形式类似后代的瓜皮帽，皮块缝接处缀以许多玉石。
爵弁		爵弁又写作"雀弁"，是用红中带黑色的布制成的弁，是一种助君祭祀之服。据说爵弁的形制与冕略同，所不同的是颜色，而且爵弁无旒，冠顶上的板前后也是平的。

（一）玄冠

玄冠，据说是以玄色帛为冠衣，与玄端素裳相配。商代玄冠的形制有多种，有的高耸，有的低平，有的前后有扉棱，有的上面有半圆形发饰，有的还有羽翎或其他装饰物。商代玄冠是商朝贵族的礼服，主要用于祭祀或朝见等场合。夏商时以丝、麻、革、葛何种质料做冠衣，现在已难以考证，但可以肯定，冠上当缀有华饰。河南洛阳二里头遗址夏代墓葬中，人头骨周围残留有绿松石片、绿松石管之类饰品，可能原为冠饰。

（二）章甫冠

河南安阳殷墟妇好墓出土的商代跽坐玉人，头上巾子的样子就很像章甫冠的结构，故而感觉商代玉人的巾子很可能就是章甫冠。

（三）缁布冠（如图 3－5 所示）

缁布冠，顾名思义，是用黑色布做成的。《礼记·郊特牲》云："太古冠布，齐则缁之。"商代玉雕有一种前高后低，后向下卷，顶作斜面的中高冠，形制近似"章甫"，但略低小，仅周边有扉棱，不镂空，冠上饰品应当要少些，可能为缁布冠的前身。戴这种冠的，一般为贵族或亲信近臣。在周代缁布冠是士所服。戴缁布冠，标志着已跻身于士阶层行列，有了"治人"之权。《诗·小雅·都人士》云："彼都人士，台笠缁撮。"缁撮，即缁布冠。朱熹《诗集传》中说："缁撮，缁布冠也，其制小，仅可撮其髻也。"可见，缁布冠是一种束发的小冠。这种小冠，在楚国木俑与绘画中很常见。熊传新先生认为：这种冠是楚国"身份较低的人所戴"。在加冠仪式上，与缁布冠相配的，上为玄端，下为玄裳，或为前玄后黄之杂裳。其余为爵轻、黑屦、缁带。

（四）冕（如图 3－6 所示）

《说文》云："大夫以上冠也，邃延垂旒纩纮。"延，又写作綖，是一块长方形的板，前低后高，前低于后约一寸，略呈前倾之势，以象征俯伏谦逊。冕板的表面多裱以细布，上面用玄色，下面用纁色。"邃"意为深远，在这里是指延之长。延，被用来覆盖在头发上。旒，是延的前沿（一说前后）所挂的一串串小圆玉，天子十二旒，诸侯以下旒数各有等差，据说有提示戴冠者不要斜视的作用。一旒即指一串珠玉，麻的多寡是辨别身份的一大标志。冕是天子、诸侯、大夫的首服，后来只有帝王才能戴有旒的冕，于是"冕旒"就成了帝王的代称。王维《和贾舍人早朝大明宫之作》云："九天阊阖开宫殿，万国衣冠拜冕旒。"

（五）皮弁（如图 3－7 所示）

皮弁是冠的一种。弁，是贵族戴的比较尊贵的首服。根据不同的质料、形制及用途，弁冠有皮弁、韦弁和爵弁之款式。白鹿皮做的叫皮弁，赤色熟皮做的叫韦弁，均为武冠；赤黑色布做的叫爵弁，是文冠。皮弁是用皮制的，由几块拼接而成，缝制的形式类似后代的瓜皮帽，皮块缝接处缀以许多闪闪发光的五彩玉石，称为綦（又写作琪、玮），看上去就像繁星一样，所以《诗经·卫风·淇奥》载："会弁如星。"《左传·僖公二十八年》载："楚子玉自为琼弁玉缨。"杜预注《左传》云："弁，以鹿子皮为之。"文献说的皮弁冠，前高后卑，形制近似委貌冠。商代玉雕有一种前高后卑，冠前冠顶有扉棱的中高冠，冠者身份也是贵族或亲信。在周代，皮弁是参加国君视朝之服。《仪礼·士冠礼》："皮弁服。"郑玄注《士冠礼》云："此与君视朝之服也，以白鹿皮为冠。"韦弁则是以红色的皮革制成，为参加军事之服。《监铁论·未通》："古者十五入大学，与小役；二十冠而成人，与戎事。"在冠礼仪式上，与皮弁冠相配的为素积、素辑、白屦、缁带。

（六）爵弁（如图 3—8 所示）

爵弁又写作"雀弁"，是用红中带黑色的布制成的弁，是一种助君祭祀之服。据说爵弁的形制与冕略同，所不同的是颜色，而且爵弁无旒，冠顶上的板前后也是平的。郑玄注《士冠礼》云："爵弁者，冕之次，其色赤而微黑，如爵头然，或谓之緅。"又云："此与君祭之服。""爵"古通"雀"，《白虎通》则谓"其色如爵。"《公羊传·宣公三年》解诂以为爵弁，夏称"收"，殷称"屏"，周称"弁"。《释名·释首饰》云："归，亦殷冠名也。"在加冠仪式上，加爵弁后，换与之相称的緅色衣，浅绛色的裳，绛色的释，缥之，仍束缁带。

图 3—5　缁布冠

图 3—6　秦始皇戴冕像

图 3—7　皮弁

图 3—8　爵弁

商周时期的冠，还有高羽冠、胄（属武冠）等。戴冠是贵族的特权，普通平民一般是没有这种资格的，只有在一些特殊场合，比如在祭祀时，才能戴某些比较粗糙的冠，正像《礼记·郊特牲》中所说："蜡祭时，野夫黄冠，黄冠，草服也。"该篇又说到此举的目的："黄衣、黄冠而祭，息农夫也。"那平民头上戴什么呢？《释名·释首饰》中写道："二十成人，士冠，庶人巾。"《急就篇》云："巾者，一幅之巾，所以裹头也。"《方言》云："复结谓之帻巾。"《仪礼·士冠礼》郑玄注释云："未冠笄者著卷帻，颊象之所生也。"巾帻是以巾裹在头上，有多种形式。

夏商周朝是中国衣冠服饰史上一个重要的历史时期，从原始社会的巫术象征到以政治伦理为根本的王权象征，其具有极为重要的作用。在中国原始氏族公社时期，分布在全国各地的原始氏族部落因为地理环境、生活方式和劳动条件等各个方面的差异，逐渐形成了不一样的服饰文化，这些并非人为的制度造成的。在奴隶社会中，因为奴隶主和奴隶间的对立管理，导致奴隶主不但对衣料进行了垄断，并且规定了等级制度与相应的统一章服制度，以稳定奴隶主的内部秩序。在奴隶社会，国王被称为天子，以国王的冠冕为中心，慢慢形成了章服制度。

《论语》中有这样的记载："子曰，禹，吾无间然矣，恶衣服而致美乎黻冕。"其主要意思是说夏禹一般在生活上十分节俭，然而在祭祀过程中，则穿戴华美的礼服——瀚冕，从而表达自身对神的崇敬。《商书》中也曾给出："王曰：格尔众庶，悉听朕言。"的告诫，意思是国王具有至高无上的权利。殷墟甲骨文显示了一个阶层等级制度的形成，为：王、臣、牧、奴、夷、王令等文字。《商书·太甲》曰："伊尹以冕服，奉嗣王归于亳。"它表达的是奴隶主穿着冕服举行仪式。

从上面两项史料记载我们可以得知，夏商时期就有了冕服。所谓冕服，其主要意思是冕冠与礼服组合而成的全套服饰。夏朝将冕冠称为"收"，在周朝时命名为"爵弁"，夏朝的冕冠为黑色，并泛着红光，正面小，背面大；商朝的冕冠是黑白相间的，正面大，背面小。周朝的冕冠，也是黑色泛着红光，前面小，后面大。天子在举行各项祭祀活动的时候，必须要根据典礼的重要性，穿戴六种不同格式的冕服，统称为六冕（如图3—9所示）。

等级	"冕"之种类
王	大裘冕、衮冕、鷩冕、毳冕、希冕、玄冕
公	衮冕、鷩冕、毳冕、希冕、玄冕
侯伯	鷩冕、毳冕、希冕、玄冕
子男	毳冕、希冕、玄冕
皇帝	希冕、玄冕
卿大夫	玄冕

图3—9　六冕

（图片来源：作者自绘）

（1）大裘冕（王祀昊天上帝的礼服）：为冕与中单、大裘、玄衣、纁裳配套。纁即黄赤色，玄即青黑色，玄与纁象征天与地的色彩，上衣绘日、月、星辰、山、龙、华虫六种花纹，下裳绣藻、火、粉米、宗彝、黼、黻六种花纹，共十二种。

（2）衮冕（王之吉服）：为冕与中单、玄衣、纁裳配套，上衣绘龙、山、华虫、火、宗彝五种花纹，下裳绣藻、粉米、黼、黻四种花纹，共九种。

（3）鷩冕（王祭先公与飨射的礼服）：与中单、玄衣、纁裳配套，上衣绘华虫、火、宗彝三种花纹，下裳绣藻、粉米、黼、黻四种花纹，共七种。

（4）毳冕（王祀四望山川的礼服）：与中单、玄衣、纁裳配套，衣绘宗彝、藻、粉米三种花纹，下裳绣黼、黻二种花纹，共五种。

（5）希冕（王祭社稷先王的礼服）：与中单、玄衣、纁裳配套，衣绣粉米一种花纹，裳绣黼、黻二种花纹。希代表的是绣的意思，所以上下都使用绣。

（6）玄冕（王祭群小即祀林泽坟衍四方百物的礼服）：与中单、玄衣、纁裳配套，衣不加装饰，下裳绣黻一花纹。

除此之外，六冕还和大带、革带、韨、佩绶、赤舄等进行配套，并根据穿衣者身份地位的高低，利用花纹等方式进行区别。

至于冕冠的形式，商周时期缺乏直接的文献资料。据儒家经典《礼记·玉藻》的记载："天子玉藻十有二旒，前后邃延，龙卷以祭。"由此能够表明皇帝的冕冠包含了玉藻十二旒，并且悬挂在延板的前后，而衣服上面装饰着卷曲的龙纹。汉唐儒家著作中有更详细的描写，唐代皇帝的形象流传至今，更为清晰。一般来说，冕冠的根本样式是一个覆盖着冕板（称为延或綖）的圆柱形帽卷，冕板的尺寸有的描述为8寸宽、1尺6寸长，或者是宽7尺、1尺2寸长等，说法较多。冕板安装在帽卷上，后面应比前面高一寸，以便向前倾斜，即向前俯之状，主要是为了象征天子应该关心人民的意思，冕的名字也由此而来。

冕板的本体为木，在上面涂抹玄色从而象征天，在下方涂抹纁色来象征地。冕板前面圆，后面方，也代表了天地。它们的前后各悬挂着十二个旒，每一个旒上都贯十二块五彩玉，根据朱、白、苍、黄、玄的顺序排列，每一片玉石宽一寸，每片玉石长12寸。以五彩丝绳为藻，藻穿玉、玉装饰藻，故称"玉藻"，象征了五行和岁月的变迁。后来玉藻也有用白珠子做成的。帽卷是用木料做的，也就是胎架，后来被竹丝、玉草（夏天）、皮革（冬天）替代，做成筒状胎架，外面用黑纱，内衬用红绢，左右两边各开一个孔扣，用来插玉笄，使冕冠可以和发髻相插结。帽卷底部有帽圈，称为武。由玉笄两端垂黈纩（黄色丝绵做成的球状装饰）于两耳旁边，有人称其为"瑱"或"充耳"，简而言之，就是代表天子不可以轻信谗言。这在《汉书·东方朔传》中就有提到："冕而前旒，所以蔽明；黈纩充耳，所以塞聪。"[①] 此外，在《大戴礼·子张问入官篇》中也提到了："黈纩塞耳，所以弇聪也。"天子玉瑱，诸后以石。由武上横贯左、右的，是一道纮，代表了长长的天河带。

冕冠的形状和结构是代代相传的，历代皇帝只是在继承古代制度的基础上进行了一

---

① 杨英. 先秦帝王冕冠设计的文化性及艺术性研究［D］. 湖南工业大学，2008.

些修改。冕冠上旒的数量根据仪式的程度和穿衣者的身份而有所不同，根据仪式的程度来划分，国王祀上帝的大裘冕以及天子吉服的衮冕采用的是十二旒；国王祀先公服鷩冕使用的是九旒，而每一旒都贯穿九颗玉；国王祭祀四望山川穿着的毳冕采用七旒，每一旒贯七颗玉；国王祭祀社稷先王祀穿的希冕，采用五旒，每一旒贯五颗玉；国王祭群小服的玄冕，采用三旒，每一旒贯穿三颗玉。结合穿衣者的身份，只有国王的衮冕采用十二旒，每一旒贯穿十二颗玉；公之服通常比国王的衮冕低，采用九旒，而每一旒贯穿九颗玉；侯伯只能鷩冕，采用七旒，每一旒贯穿七颗玉；子男服毳冕，采用五旒，每一旒贯穿五颗玉；卿和大夫穿玄冕，根据自身官位的等级穿玄冕，有六、四、二旒的分别；三公之下只能用前旒，无后旒。地位高的人可以穿低于规定的衣服，而地位低的人不能穿高于规定越位的衣服，否则他们会受到惩罚。

除以上六种冕服外，周代国王还有四种供观赏弁服，即为视察朝廷时的皮弁、兵事上的韦弁、狩猎时的冠弁以及士助君祭的爵弁。皮弁就好比复杯，像一个白鹿皮做的尖顶帽子，皇帝利用五彩玉十二饰其缝中，白衣素裳。通常在参加政事活动时进行穿戴。韦弁赤色，配赤衣赤裳，晋代韦弁如皮弁，为尖顶式。冠弁主要是委貌冠，也被叫作皮冠，配缁布衣素裳。爵弁无旒，也没有前低之势的冕冠，和冕冠相比较次一等，搭配玄衣纁裳，不加章采。在周朝，皇后的衣服和天子的礼服相配，同样具有六种规格，就像国王的冕服一样。在《周礼·天官》就有记载："内司服掌王后之六服，袆衣、揄狄（一作翟）、阙狄、鞠衣、展衣、禄衣、素纱。"其中，前三种是祭服，袆衣是在玄色衣服上添加了彩绘的衣服，揄狄青色，阙狄赤色，鞠衣桑黄色，展衣白色，禄衣黑色。揄狄与阙狄属于彩绢刻成雉鸡之形，然后加上彩绘，缝制在衣上当成装饰。六种衣服都用素纱内衣配套。

女性的礼服通常采取上衣和下裳不分的长袍形式，表达女性独有的珍贵情感。六件礼服的头饰也各不相同。据《周礼·天官》记载："追师：掌王后之首服。为副、编、次、追、衡、笄。"其中，以"副"最盛饰，然后是"编"和"次"，"副"的主要意思是在头上戴假发以及全副华丽的首饰，"编"就是在戴假发的基础上添加一些首饰，"次"就是把原来的头发梳理一下，美化一下。"追"属于动词，而衡与笄是约发采用的装饰品，追、衡、笄主要表示头发插上约发使用的衡与笄。也有人将追、释当成是玉石装饰物，悬挂于两耳旁边，而笄一般是插在发髻中。另外，男子固定冠帽的笄也可以称为衡笄。

第四节　等级制度下的冠饰文化

在古代人们佩戴头冠、项饰等各种装饰物，其主要目的之一是区分阶层等级和显示社会地位。这种用冠服制度作为政治统治的补充和象征，以此强化权势角色的地位，在古代中国以及任何阶级社会中早已司空见惯了。历史上，不同的头饰佩戴也意味着不同的社会角色。早在原始社会，部落人们的不同装饰，就具有区分和表达角色和身份的功能。鹰爪虎牙，无声地显示着佩戴者自敢、敏捷的猎手身份；原始宗教中也往往通过头饰的特异处理，而达到宣称与神灵通话的目的。作为等级标志的冠冕制度是自商代开始的。商周时期在参加祭祀时，帝王、诸侯及卿大夫必须戴非常贵重的冕冠。后两端垂以五彩丝线编成的"藻"，藻上穿缀玉珠，名"旒"，一串玉珠即为一旒，依级别有一、三、五、七、九及十二旒之别。春秋战国时期，金簪、玉簪相继出现并成为奴隶主贵族身份的象征。帝王饰玉簪、后妃饰金簪。其次象牙簪、玳瑁簪均为臣子戴的簪。秦汉时期文官戴进贤冠，必须衬介帻；武官戴武弁大冠时，只能用平上帻。

　　衣冠服饰对古代地位等级制度体现得十分明显。在各种装饰中，冠饰的最先佩戴地位以及背后传承的文化意义，尤其与身份联系在一起，"冠，至尊也"。冠服制度属于我国古代最早建立的服装制度，其主要核心是对封建社会的地位等级制度进行维护。冠是礼的一部分。也就是说，戴冠这件事本身就被看成是一种"礼"。《晏子春秋·内谏下》曰："首服（元服）足以修敬，而不重也。"《国语·晋语》曰："人之有冠，犹宫室之有墙屋也。"于是冠就成了贵族的常服。[①]"冠礼"是古人的成人礼，也被称为"众礼之首"，在完成冠礼的仪式后，冠就对成人的身份进行了代表。在绅士学者眼中，冠也承载着许多的身份意义及不同内涵。对女性冠的规定和造型要求也非常严格，就像男性冠一样，也要和地位水平相对应。中国古代的社会制度、风俗习惯、传统文化以及冠饰文化融合在一起，展现出极为特别的风貌。研究古代冠饰与身份认同之间的关系，有利于更好地了解当代社会中人与饰物之间的新关系。

　　首饰经常被用来衡量人们的地位与价值财富。在封建社会，人们不但追求奢华精致的饰品所带来的美，也享受着这些饰品物质属性背后所隐藏的深厚的文化内涵。在中国，服饰自古以来就是阶级和身份的外化体现，具有很强的政治作用与特色，一直受到历代统治者的积极关注。不管是"衣冠"还是"服饰"，从严格意义上来讲，应该划分成两个部分。"衣"或"服"主要表示身上穿着的衣服，在皇权的威严之下，色彩、纹饰有严格的规定，不能逾矩；"冠"或"饰"主要是佩戴饰品，和衣服一样，对身份与地位进行了标志，并且有过之无不及。每个人都需要衣服来遮盖身体和保暖，但珠宝却不是必需的，所以珠宝通常体现了一些特殊的作用，例如：信仰崇拜、地位象征等。在各种装饰中，冠饰是最重要的，因为它的承载地位与背后的文化意义至关重要，它其实是与地位有关，正所谓"冠，至尊也"；在《仪礼·士冠礼》中就记载了，在古代，"三皇五帝"时期，古人创造并使用了冠。中国出土的大量冠饰也表明：在史前时代，人类开始使用玉、珠宝、贝壳、金银等天然材料制作冠，用于装饰和佩戴。在这些精致奢华的冠饰背后，展现了墓主不同寻常的地位，也传达了墓主对尊严、权力和等级的执着追求。中国古代的社会制度、风俗习惯、传统文化以及服饰文化相互融合在一起，展现出十分独特的风貌。

---

①戴庞海．先秦冠礼研究［D］．郑州大学，2005.

一、"冠"的释义

"冠"，在《说文解字》中解释为："冠，絭也，所以絭发。"由此我们可以知道，在古时候，冠是用来束发的："从二、从元，元亦声。冠有法制，从寸。"随着时代和社会的发展，冠渐渐拥有了更多的意义与内涵。"冖"在《说文解字》的含义为"覆盖"，"冖，覆也。从一下垂也"；"元"通常在古义中表示"首"。总的来说，冠主要表示覆盖在人们头上的一种装饰品。"冠有法制，从寸"，这句话更深入地探讨了冠的特征——它有法律规则和严格的等级制度，就表示戴冠时必须遵循一定的礼仪和法律制度。

二、冠服制度中的冕冠

王冠代表皇权与威严。当欧洲皇帝登上王位时，他们必须戴上假的华丽王冠来展现他们的威严与尊严。在我国传统中，冕冠是古代帝王特有的礼制装饰品。冕冠据说起源于史前时期，是部落首领戴在头上的配饰。伴随历史的不断发展，在《周礼》中也有相关的记载，并且形成了十分严谨和完善的"六冕"体系，"王祭服之制为六冕"，也就是：大裘冕、衮冕、鷩冕、毳冕、希冕、玄冕。这六种冕冠，使得冕冠慢慢变成了一种具有阶级地位属性的特殊象征，只能由皇帝和天子佩戴。冠服制度属于中国最早创建的服饰制度，它最早出现在夏商时期，周朝逐渐发展成为一个完善的服饰体系。商周时期在参加祭祀时，帝王、诸侯及卿大夫必须戴非常贵重的冕冠。后两端垂以五彩丝线编成的"藻"，藻上穿缀玉珠，名"旒"，一串玉珠即为一旒，依级别有一、三、五、七、九及十二旒之别。在春秋战国时期慢慢进到了礼仪范围，从而体现身份贵贱与衣着的不同。金簪、玉簪相继出现并成为奴隶主贵族身份的象征。帝王饰玉簪、后妃饰金簪。其次象牙簪、玳瑁簪均为臣子戴的簪。[①] 在不同的仪式场合，王室公爵都穿着不同级别的服装和相应的配饰。装饰品主要集中在冠饰上。在中国封建社会，服饰和首饰直接关系到人们的地位和等级，对后世产生了深远的影响。

三、"冠"和身份的对应

在古代人们佩戴头冠、项饰等各种装饰物，其主要目的之一是区分阶层等级和显示社会地位。这种用冠服制度作为政治统治的补充和象征，以此强化权势角色的地位，在古代中国以及任何阶级社会中早已司空见惯了。冠服制度系统良好地保持了阶级差异和上下等级。在《周礼》对其进行了明确的规定："周代凡有祭祀之礼，帝王百官皆穿冕服。""冕是周代礼冠中最为尊贵的一种。冕是周代贵族中的少数人特有之物，表示居高临下之意，以说明其权位的尊严。"不一样的冕冠的旒（冕冠前后悬垂的玉串）其数量也不尽相同。由此可见，仪式的严肃性对应着皇帝冕冠的不同等级。对于随从臣子，还有其他十分具体的规定，如："公与天子可同服衮冕，侯伯可同服鷩冕"。即使是这样，在冠饰上也必须进行区分。也就是说，即使他们都穿戴上衮冕服，戴着的冕旒也是九旒，然而国王的衮冕用十二旒，每旒有十二颗

①黄剑华.三星堆服饰文化探讨［J］.四川文物，2001（02）：3—12.

玉；朱、白、苍、黄、玄；公爵的衮冕用九旒，旒只能使用九颗。其他地位较低的大臣，他们的地位和等级也反映在冠上。例如，侯伯、子男、卿大夫他们戴的冠上的旒数以及每旒上的玉珠颗数伴随身份的降低不断减少。事实上，这些详细而严格的规定表明，在冠服制度中，不同的冠饰品不管是在规格还是旒数上都严格地代表了不同的身份和地位。在等级森严的封建社会里，人人都必须严格遵守，无法随意僭越。

四、冠礼的"冠"和特殊含义

（一）冠礼程序和意义

除了冠服制度，我们还可以看到"冠"和身份的密切关联，可以由古代男孩的成人仪式进行窥视。古人很重视"冠"。一个人戴什么样的王冠，是否戴王冠，都和他的社会身份密切联系在一起。"冠"自身就是礼制的一部分，"冠礼"也是中国古代的成人礼，古代人把"冠礼"当作"众礼之首"。在过去，人们经常说"男子二十冠而字"，其主要意思是在二十岁时举行冠礼仪式，并且取字。在《礼记》中记载了："凡人之所以为人者，礼义也。……冠者礼之始也，是故古者圣王重冠。"冠礼主要代表了冠者的生命身份产生了变化，他不再是一个不谙世故的孩子，而进入了成年人的行列。作为一个成年人，他不仅有权参加各种祭祀活动和政治活动，而且还要承担起对家庭和国家的责任。

在强调尊卑秩序的阶级社会中，"冠"与"冠礼"都包括了特殊的政治意义和社会意义。从本质上讲，它与一般原始部落的成人礼有很大的不一样，整个冠礼的流程十分复杂与严谨，所有的细节都有十分严格的书面规则。例如，冠礼一定要在宗庙内开展，并利用卜筮来选择适当的吉日；在举行冠礼的那天，主人、宾客、冠者都必须穿戴礼服；在开展冠礼的过程中，必须依次加冠三次，第一次是缁布冠，能参与治理的人事；第二次是加皮弁冠，代表着能够参政为官，入朝之贤；第三次是加爵弁冠，代表能够参加祭祀大典。这就是"三加冠"。此外，还包括了"三易服"与"三祝辞"等。由此能够看出冠礼的严谨、讲究、隆重。冠礼更重视的是礼的教育，在整个冗长乏味的仪式活动中都受到礼的影响。

（二）君子眼中的"冠"

在冠礼仪式结束后，冠就成了成年的象征，在应该戴冠的场合不戴冠的行为是不尊重人的，也是不符合自己身份的。据《后汉书·马援传》记载，马援未做官时，"敬事寡嫂，不冠不入庐"。这说明有地位有教养的士人都很重视自己的衣着打扮，衣冠不整洁的时候从不进屋。冠则继承了非常重要的身份含义，不戴冠或者戴得不整都是非常不礼貌的行为。在等级森严的周朝，"被发""被发左衽"等早已被视为"野蛮人"的代名词，而被发不冠更是被视为严重的失礼行为。《晏子春秋·内篇杂上》记载：齐景公曾"被发，乘六马，御妇人，以出正闺。刖跪击其马而返之，曰：'尔非吾君也。景公惭而不朝。'"。这里，"闺"，是指宫门；"刖跪"，是指因罪被砍去脚的人，此处为受过刖刑而守闺门的人。齐景公因为披发不冠，而遭到一位地位卑贱的门官的指责，竟致羞愧得无脸上朝，可见出门该戴冠时不戴冠是何等失礼的行为，还有人将戴冠之事看得更加严重。①

在《左传》中也有这样的记载：孔子有一个十分重要的门生子路，其为了避免卫国的政变与叛臣交手，在一场激烈的战斗中，他系冠的缨被砍断。在如此严重的危机时刻，子路却言："君子死，冠不免。"即使君子要死，他的冠也不能被撼动，于是他放下武器，又把流苏系好，把冠戴端正，"结缨而死"。对于子路来说，冠象征着信仰以及君子的身份，这不仅表明他把这些东西看得和生命一样重要，也表明了"冠"对一个人身份的意义。

古时候，有四种人不戴冠。除了儿童、异族以外，普通人和罪犯也不戴冠。因此，君子与士人摘掉冠就含有降低地位的意思。有一次，平原君赵胜因为误会了信陵君魏无忌，导致魏无忌"乃装而去"，后来，赵胜发现自己冤枉了魏无忌，然后"乃免冠谢，固留公子"。平原君摘下冠，表示自己做错了事。利用这种方式，自贬身份，让信陵君原谅他。从这里可以看出，"冠"是君子身份的象征。普通老百姓是不允许戴冠的，但也要留全发，上罩头巾，这种巾又称为帻。应劭《汉官仪》说："帻者，古之卑贱执事不冠者之服也。"帻主要是对头发进行包裹的饰物，平民百姓佩戴的帻通常是黑色与青色的。因此，在秦朝的时候，平民百姓被人们称为"黔首"，在汉代的时候，奴隶或仆人被称为"苍头"。以此来区分君子戴的"定冠"。《释名·释首饰》："二十成人，士冠，庶人巾。""士"指的是贵族，"庶人"指的是百姓，显然，冠唯贵族才可戴，而与普通百姓无缘。百姓既然以巾为冠，在他们的心目中，巾也便是冠了。《集韵》收了一个"冠"的俗字，也就是流行于下层和民间的异体字，从"巾""官"声，写作"帕"，则显然就是基于平民百姓的这种观念而行世的。由于帻拥有固定头发的功能，因此，上层人士有时同样会佩戴帻，不过，他们还是要在帻上添加冠来表明身份的差异（如图3-10所示）。

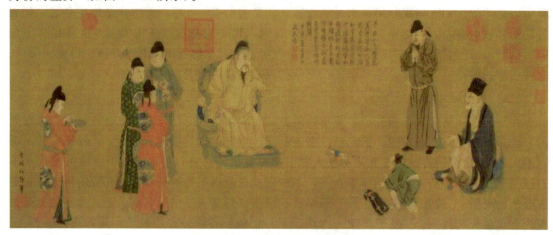

图3-10　古画中戴冠的人物形象

---

①戴庞海．先秦冠礼研究［D］．郑州大学，2005.

五、女性冠饰的身份意义

男人用冠来表示和区分身份、等级，用这种高贵具有尊严的饰品来引领对世界的号召。然而，因为古代女性社会地位低下，长期依附于男性的威严下，女性冠饰出现的时间要比男性冠饰晚得多，大约出现在秦汉时期。然而，女性的爱美天性，让女性冠饰的发展形式产生了巨大的变化。材料、形状、制造技术和穿着场合也变得更加多样化。特别是到了宋代，商业繁荣，经济越来越发达，各类女冠饰也达到了一个很高的水平。自宋代以来，凤冠就被纳入冠服制度，女性冠饰在社会生活中逐渐显示出活力和生机，发挥着越来越重要的作用。女性冠饰虽然在装饰中发挥着更重要的作用，以展现女性的美，但其形状和结构仍然体现着严格的等级制度，这与冠佩戴者的身份具有紧密联系。

《宋史》中记载从皇后到命妇佩戴的冠饰的详细规则：皇太后与皇后可以佩戴龙凤花冠，"大小花二十四株"；太子妃可以佩戴没有龙凤装饰的"花钗冠，小大花十八株"；普通的宫妃可以佩戴"冠饰以九翚、四凤"。命妇通常是指官员的母亲和妻子，其佩戴的冠被称为"花钗冠，皆施两博鬓，宝钿饰"，但是，根据官阶的不同，花簪的形状也有所不同。例如，一品花钗九株，二品花骊八株，以此类推。由此可见，龙凤冠属于女冠中规格最高的一款，其材料极其精美，大部分采用珍珠，制作工艺也十分复杂。只有皇太后和皇后等身份较高的女性才有资格佩戴，并且能够看出，在宫廷后院里，女冠的规范和造型也非常严格，就像男冠一样，要和地位水平保持一致。

《礼记·冠义第四十三》记载："冠而后服备，服备而后容体正、颜色齐、辞令顺。故曰：冠者，礼之始也"。冠在古代社会起着十分重要的作用。中国古代的冠饰不仅是一种简单纯粹的装饰头饰，更是一种和不同时期、不同层次、不同个体、与身份密切相关的文化载体，它的背后是中国礼仪的文化精髓。研究古代冠饰与身份的关系，有助于我们更好地理解当代社会中人与冠饰之间的新型关系。

第四章 秦汉时期的冠饰文化

第一节 秦汉时期历史背景

中国的历史，在经历了夏、商、西周、春秋战国之后，进入了秦汉时期。从秦始皇在公元前221年完成一统天下到王莽新朝的短暂统治，在这441年的时间里，中国文化无论从结构上还是从创作内容上看，都有了很大的改变。黄河、长江、珠江三大流域是秦汉人民的重要舞台，他们在历史上表现了生动活跃的历史表演，并在一定程度上促进了中国历史与文化的发展。①

在西汉初期，人们已经习惯了秦和汉连说的方式，把"秦汉"当成是一个历史时期。例如：在《史记》卷一〇二《张释之冯唐列传》就记载："释之言秦汉之间事，秦所以失而汉所以兴者久之。"② 在政治方面，秦朝是战国后期由秦国发展起来的统一王朝，它是中国历史上第一个多民族统一的中央集权帝国。秦始皇成功地统一了六大诸侯国，实现了由分封制向郡县制的转变。秦始皇创建的中央集权以及他采取的措施（巩固统一）为后来的皇帝所用。但由于秦朝是一个专制、暴虐的朝代，造成了它的迅速灭亡。秦末年，陈胜、吴广掀起了农民起义，这是中国历史上第一次发起的农民起义，具有十分深远的影响。因为受过去分裂局面的影响，反秦进程中又出现了分裂倾向，在随后的楚汉争霸（公元前207－前202年）中，汉胜楚败，让分裂的局势受到了控制，并对国家进行统一，一个中央集权的王朝建立了经济体制，以农业生产支持对外战争，并根据战功授予军事荣誉土地，它确保了地主能够剥削占领土地的农民。手工业、畜牧业、商业得到了迅速发展，后对农业进行重视，抑制商业。在文化方面，秦汉时期从百家争鸣到焚书坑儒，以儒学为体，法为内，并形成了华夏族与汉族。

中国历史上，秦汉时期是人类文明的开创者和积淀者，也是人类文明发展的先驱。这一

---

①王子今. 秦汉时期的历史特征与历史地位［J］. 石家庄学院学报，2018，20（04）：42－48.

②［汉］司马迁. 史记［M］. 北京：中华书局，1959.

时期的文化特点与民族精神具有明显的时代性。秦汉时代的社会结构与政治形态，对中国两千多年来的文化传统的构成与历史演变的走向，产生了深远的影响。①

一、秦汉时期繁荣原因

首先，政治背景原因。秦汉时期属于大一统的时期，强大的政治力量引导着文化的发展，为文化的进程提供了良好的平台。在秦汉时期，文化氛围相对宽松，除了秦始皇焚书坑儒之外，其他时期的文化管制都比较宽松。直到董仲舒提出了"天人三策"，废除了诸子百家，尊崇儒学，其他学术地位才有所下降，但在民间仍有一些学术地位。而君主较为开明，倡导文化发展，如：汉朝前三代皇帝推崇黄老之术，汉武帝推崇儒学，为这些学术流派的发展提供了良好的机会。其次，经济方面的原因。秦汉时期经济较为发达。秦朝具有丰富的积累，它是春秋战国时期的经济强国，有足够的财力支持统一。为此，经济基础决定上层建筑，文化相对比较发达。即使在汉朝建国的初期，财力有限，但到了汉武帝时期，国力已经十分强大，这也同样为文化的发展奠定了基础。最后，是劳动人民智慧的结晶。一切科学、技术、文化的成就都离不开人类的创造，在这个时期涌现出了大量人才，一些发明专家大多来自民间。强大的政府可以发展这些新的技术和文化，通过组织专门的人员来收集和管理它们，以此实现更多的文化创造。

二、秦汉时期的历史特点

首先，形成了高度集权的"大一统"政治系统，在经受了许多社会动荡的历史考验后，也越来越完善。中央王朝以丞相为首的百官公卿制度与以郡县制为主体的地方行政形式逐步得到完善。官员选拔制度的发展不但满足了行政体制对人才的需求，还推动了不同阶层的社会流动。社会各阶层的民族意识都有鲜明的文化表现，尤其是学者参政议政的积极性得到了全新的提升。其次，将农耕、畜牧经济当作主体经济形式，主要包含了渔业、林业、矿业和其他各种经营结构的经济形态越来越成熟。利用前所未有的交通和商业发展，每个基础经济区相互联系互补，一起抵御灾害威胁，共同创造社会繁荣，物质文明的发展获得了前所未有的成就，人民物质与生活水平得到了提升。最后，物质文明的高度发展，对秦、楚、齐鲁等区域文化产生了广泛的影响。

秦汉时期，通过长期的融合，逐渐形成了风格统一的汉文化。儒家正统地位的确立与巩固，国民教育体系的愈加完善，变成实现和满足专制政治需求文化建设的重要标志，全社会文化素质普遍得到提高。儒家的道德倾向在民间具有普遍的影响。这一时期以后，将"汉"当作标志的民族文化共同体逐渐形成。在这一时期，自称"大汉""皇汉""圣汉""强汉"的人们，为世界文明进步作出了巨大的贡献，并且留下了光荣的历史记录。正是由于秦汉时期十分丰富的历史文化贡献，"秦和汉"、"秦民"与"汉人"长期以来被公认为代表我们国家和民族的文化符号。秦汉历史是我们在理解中国历史时首先应该熟悉的知识，并且我们也

---

① 王子今.秦汉时期的历史特征与历史地位［J］.石家庄学院学报，2018，20（04）：42—48.

应该清楚地知道，这一时期的文化成就与历史经验在几千年来一直受到重视，它们对后人有着十分宝贵的启示。

三、秦汉时期的精神文化内涵

秦汉时期是中国秦汉两朝大一统时期的合称，是中央集权国家形成、巩固，以及多民族统一的重要历史阶段。公元前 221 年秦灭六国，首次完成了真正意义上的中国统一，秦王嬴政改号称皇帝，建立起中国历史上第一个中央集权制的秦朝。秦的统一结束了春秋战国以来诸侯割据的局面，这种中央集权制的管理，在西汉时期得到继承和发展。秦汉王朝加强了对边疆地区少数民族的有效管理，拓展了疆域，加强了内地同边疆地区的经济文化交流。

秦汉时期开启了中国社会、文化趋于统一发展的开端，这一阶段也是中国历史上十分引人注目的时期。有学者认为："当时国家统一，经济繁荣，疆土大为扩展，民族空前融合。秦汉文化在战国百家争鸣、学术繁荣的基础上进一步提炼和综合，形成了西汉初年的黄老学说、西汉中期的新儒家学说，东汉时期又产生了道教，同时期佛教也从中亚传入中国。"这个时期不管是文化内涵还是思维观念都表现出全新的风貌，是其特有的时代特色和精神的具体体现。当时中西交通开辟，先有出使西域的张骞带回的异域风情，后有东汉班超出关所带回的风土人情，中国与外邦的文化交流逐渐增多，为艺术的繁荣和发展奠定了文化的基础和条件。秦汉文化百花齐放，四方交融。概括地说，这种时代精神表现为："大一统理念作为秦汉文化的灵魂，贯穿了当时的思想文化建设的整个过程，确立了秦汉文化的价值取向与理想追求。同时，阴阳五行思想作为秦汉文化的哲学基础，起着联系、沟通秦汉文化方方面面精神纽带的重要作用。"[1]

四、秦汉时期的审美风格

秦汉时期，在我国文化历史上属于非常重要的时期，给中华文化留下了厚重的一笔。由于这个时期的艺术行为非常繁盛，所以它在中华艺术史上带有典型的华夏民族艺术气息。

秦代虽然短暂，却对以后的中国历史产生了巨大的影响以及示范作用。国家的统一，军事的强大，社会生活的积极向上，正如一轮初升的朝阳，蓬勃焕发。国家至上，皇权至上，个性、个人、感性均被整体、国家、理性所淹没，这是一个没有自我而又要凸显自我的时代，是一个史无前例的重建新设的社会，人们既痛苦又期待，既压抑又向往，在这个时期倚仗高压统治而成就了艺术，艺术作品都带有帝王气象、皇家规模，是历史的壮举，也是审美的结晶，显示出了社会审美当仁不让的优势，而这些影响势必在艺术领域得以沉积。[2] 秦始皇陵、兵马俑、万里长城是审美史上的丰碑，它们代表了秦代短暂而辉煌的审美风格，那就是凄美中的沉雄，冷峻中的崇高，威严中的磅礴。

---

①李茜. 秦汉时期朱雀艺术符号研究 [D]. 湖南工业大学，2012.

②鄢彬彬. 从秦汉时期的雕塑艺术略论秦汉时期的审美差异 [J]. 芒种，2012，422（23）：225－226.

　　而到了汉代，社会中出现大批具有一定艺术技巧的创作者，使艺术品的造型空前绝后，具有极高的艺术价值。另外，汉武帝多欲、求仙、封禅，非常具有浪漫气息。在军事上大规模地扩张，南平百越，北却匈奴，东定高句丽，西征大宛，雄气不竭，气魄豪迈，被誉为"中国的亚历山大"。这样的政治军事气势也在艺术中得以体现，主要表现为以下审美风格特征：（1）凝重、质朴、刚健、古拙之美。（2）流动、扩张、铺陈，有力量之美，速度之美。没有过分修饰，没有直接的主观表达、高度夸张而且简洁整体。哲学家李泽厚曾说："力量、运动、气势是汉代艺术的审美本质。"（3）汉代艺术作品整体呈现出大气磅礴的美感。

五、秦汉时期的思想文化

　　秦汉时期不仅是中国政治史上的一个重要时期，也是中国文化史上的一个重要时期。中国传统文化的基本格局就是在春秋战国百家争鸣的基础上通过秦汉统治者的选择而奠定下来的。秦朝统治者信奉法家思想，并依靠法家建立了一整套君主专制的封建国家政治制度。秦灭亡后，汉初统治者鉴于秦朝的教训，采用黄老哲学，实施无为而治。事实上，道教的思想十分兴盛，汉代出土的艺术品大都以道教中的神怪禽兽和天地神灵为主要内容。武帝时期，朝廷采纳董仲舒"罢黜百家，独尊儒术"的主张，确定了儒家的统治地位，孔子倡导的忠、孝、廉、节等思想以及道德至上的价值观，构成了汉代统治阶级集体的行为规范，而法家所倡导的注重农桑、贬斥商业，连同法家所创立的君主集权的官僚体系，也一并被汉代袭用，形成汉代以儒家为中心，儒、道、法并存的思想文化局面。汉代思想文化的这一特点，奠定了汉民族传统文化的基础，也是影响汉代工艺美术最重要的因素之一。

　　秦汉时期是我国统一的多民族国家的形成时期和封建国家制度的上升时期，秦的立国时期虽短，但作为一个空前强大的统一国家，秦的统治者集中国家力量，修筑了不少雄伟壮观的大型工程，如长城、兵马俑等。汉代国力更强盛，从气势恢宏的霍去病墓前石雕中，可以明显感受到一代君王的雄才大略和博大胸襟。秦汉艺术所体现的雄浑大气，是与秦汉时期国力强盛和大一统的时代风貌相吻合的。

　　从战国末年开始，中原与边疆的关系开始成为历代朝廷政治生活的一项重要内容。汉朝统治者一方面大规模伐击匈奴，迫使匈奴分成两支，漠北匈奴远走东欧，漠南匈奴则被汉人同化；另一方面又先后派张骞和班超出使西域，开展中西文化交流。西汉后期，佛教经中亚传入新疆，至东汉初年传入内地。尽管秦汉时期即已展开一定程度的中西文化交流，但这一时期中原文化受外来文化的影响仍不显著，中原文化和艺术呈现出强烈的汉民族文化特征。简洁稚拙的造型，大气夸张的手法，平面化的装饰风格，构成了秦汉艺术的独特魅力。①

---

①罗理婷．秦汉首饰发展史的研究及对现代首饰设计的指导与应用［D］．中国地质大学，2007.

第二节　审美概述

秦汉时期是中华民族政治、文化、艺术不断成熟、稳定、固定的历史时期，在历史中居于承前启后的重要地位。在王怀义新著《中国审美意识通史（秦汉卷）》中，基于秦汉审美意识的物质与文本载体，以形式、特质、心理等研究方式作为根据，对秦汉时期书法、雕塑、绘画、舞蹈、音乐、诗歌等艺术形式的审美意识进行了进一步的考察与提炼。着重分析与揭示了秦汉审美意识"以丽为美"的特征，以及在这一基础上展示出的秦汉祖先"愉快地享受生活"的生活态度与生活理念，从而体现更为独特的现代意识。秦汉审美意识的核心主要是"以丽为美"，展现了这个时期人们对于生活的热情。周均平先生认为："在秦汉社会生活中，'丽'也被广泛地使用，成为汉代普遍而时髦的观念。"政治、经济等多方面因素促进了汉代"丽"的发展，上至贵族下至百姓都崇尚"丽"的生活，可以说对日常生活之美的享受成为汉代审美的主要内容，不论是汉赋、绘画、雕塑、汉画像、舞蹈都不同程度地表现出汉代人对生活之"丽"的追求，汉代服饰的生活形态也以"丽"为主要的审美风格，同时也注重服饰的实用性和舒适性。文吏服饰的审美生活形态是雄浑壮丽，东汉晚期逐渐向清丽俊逸方向发展，这一审美文化意蕴更指向魏晋时代；军戎服饰的审美生活形态是恢宏雄丽；商人服饰的审美生活形态是豪奢富丽；庶民服饰的审美生活形态是朴拙自然。[①] "以丽为美"的审美意识反映了秦汉时期（特别是两汉时期）人们对生活、生命的根本态度，也就是把日常生活提升到美的高度，追求华丽、新颖的审美情趣，突出人们对日常生活的热爱。从整体来看，汉代服饰处在审美转型时期，先秦时期的服饰审美更多强调的是服饰的伦理性和等级性，魏晋南北朝时期的服饰审美更多的是表现人的精神风貌，注重人的个性化特征。在这个服饰审美转型时期，西汉初期服饰审美文化的特征是质朴雄浑，西汉中晚期和东汉时期服饰审美文化的特征是壮丽崇实。

文吏服饰以禅衣和袍为主，服制宽博，彰显出威仪雄浑的气度。西汉时期文吏服色以黑色作为主色，到了东汉时期服色日趋华美，体现出壮丽的审美形态。文吏首服以梁冠为主，冠梁的多少成为身份的象征，到了东汉时期，尤其是东汉晚期，巾帻深受文吏的喜爱。服饰的穿着不再以划分身份等级为主要目的，更注重服饰带给人的舒适、自由，服饰审美的生活形态也逐渐由雄浑壮丽向清丽飘逸的方向发展。军戎服饰审美的生活形态是恢宏雄丽，与文吏服色不同的是，军戎服饰的主色为红色，上至武官、将军，下至士兵小卒都以红色作为服饰的主基调。鲜艳明朗的色调对比、简单质朴的武弁大冠、装饰华美的鹖冠呈现出汉代服饰恢宏雄丽的审美形态。汉代商人服饰审美的生活形态是豪奢富丽，这与他们奢侈的生活有很大关系，靡丽的生活使得他们违背汉代服制的规定，在服饰上绣以各种纹饰，极力追求服饰

---

① 韩如月.汉代服饰审美文化研究［D］.山东师范大学，2019.

的华美。庶民属于社会的底层，服饰简单、质朴，呈现出朴拙厚重的审美形态。庶民衣着虽质朴，但在汉画像石和汉俑中，可以感受到庶民对生活的热爱，是个体生命的自由舒展和发挥，亦呈现出自然的审美形态。在秦汉时期，中国人已经把他们的日常生活放到了美的舞台上，秦汉先人对日常生活美的高度重视和追求，值得今天的我们学习与思考。

一、秦汉时期，物料稀有程度是服装审美中最重要的因素

秦汉时期，即使生产力不发达，但用来制衣的原料多种多样，如丝绸、亚麻、麻布、动物毛皮等。在秦汉时期，麻是制衣时经常使用的原料，大麻的种植是麻布原料的重要来源。在秦汉时期，麻布被普遍用作服装的原料，它在先秦时期开始成型，但麻布更多的是普通人的服装原料。[1] 丝绸和毛皮数量相对较少，所以受到当时上流社会的青睐，丝绸和毛皮作为服装的原料，受到上层社会的追捧，也变成了上层社会地位的关键象征。在《淮南子》[2] 和《三国志》[3] 等书中对裘皮服饰进行了有效的描述，这也展现了当时社会对裘皮服饰的审美观念。

二、秦汉时期，服饰的美就是技艺的水平

秦汉时期，纺织技术也获得了一定的发展，出现了许多不同种类的纺织品。纺织产品一般被人们当作帛，秦汉时期的丝织品中种类可达十多种，也出现了素、纱、罗、锦、刺绣等十多种丝绸织物。织物的工艺分为高、低，绨在纺织工艺中属于十分粗糙的类型，所以在使用方面更广，一般出现在普通人的衣服上。而锦的工艺要求相对较高，首先是对丝线的染色技术，然后是织成丝织品的纺织技术要求都比较高。锦可以看作秦汉时期丝绸织物的高级代表，它的绣法有多种，如开口索绣、闭口索绣、直针平绣、十字绣等，锦缎的制作需要大量的人力、物力资源，所以有着较高的经济价值，并且还具有极高的审美价值。

三、秦汉服饰的色彩美

色彩美是古代衣冠服饰的重要体现。说到古今冠服之美，颜色的重要性是不容忽视的，色彩为冠服带来更多的表现力和内涵。秦汉时期，印染技术逐步发展起来，通过使用植物染料或矿物染料，印染工作者逐渐可以生产出丰富的色彩。色彩鲜艳的服装受到人们的青睐与追捧，这一点也可以在历史文物中看到。湖南长沙马王堆汉墓出土的大量的汉代织物中，织物总共包含的颜色有 20 多种，充分体现了秦汉时期的服饰色彩。在秦汉不染色，颜色单调的衣服依旧占据主体，通常由普通百姓穿着这些衣服。而那时候的皇帝为了彰显自身的权威，对衣服颜色也制定了相应的规定，大臣与皇室族人的颜色穿着同样具有明确的规定，体现了对服饰颜色的重要性，反映了社会阶层与地位的突出表现，并且展现出秦汉时期服饰的重要审美表现。

---

① 魏秀 . 我国秦汉时期服饰的审美特征探讨 ［J］. 西部皮革，2018，40（02）：10.

② ［汉］刘安 . 淮南子 ［M］. 上海：上海古籍出版社，1989.

③ ［晋］陈寿 . 三国志 ［M］. 北京：中华书局，1959.

四、秦汉服饰的宽松美

受传统哲学的影响，中国服饰强调人与自然的统一，以宽松为审美的观念在秦汉时期尤为明显。秦汉时期的衣着讲究宽松。以一种典型的禅服为例，秦汉时期官员所穿的服饰就是禅服，从历史文献中可以看出，禅服十分宽大，这也反映了秦汉时期对服装尺寸的审美倾向，他们十分偏爱宽大的服装。

五、秦汉时期饰品的审美观念

秦汉时期，除了原材料的稀缺性、色彩的多样性和服装样式的审美外，人们还喜欢佩戴一些精美的配饰。上层社会对服饰的佩戴非常讲究。男人们用配饰来衬托自己的气质与社会地位，比如佩剑在秦汉时期就非常普遍，衣冠也是秦汉时期男性的主要配饰。和那时候的男性服饰相比较，女性佩饰的种类十分繁多，并且种类复杂，光是发饰就有许多种，其中以鬈簪、钗等配饰最为著名。此外，还配有首饰等。可以说，秦汉时期的服饰美学内容非常丰富，具有极为重要的研究价值。

六、秦汉审美表现全面

"全"至少表现在秦汉审美文化内容和形式两个方面。就题材内容来看，秦汉审美文化的题材琳琅满目，五彩缤纷，几乎无所不包，在我们面前展现了一个穷极天地、囊括古今、浑融万物的审美世界。比如汉画像石、砖基本上都是从上到下的神话、历史、现实的画面结构，都是由神话灵异系统、历史人物故事系统和现实社会生活系统三大系统构成的。[①]

第三节 秦汉时期冠饰特点

中国传统服饰文化的起源和西方衣冠服饰形成的背景不一样，中国古代的服饰制度是建立在西周初期严格而详细的封建等级制度之上的。中国的封建统治不全是由汉族统治的，服饰制度也经历了几次变化。在早期，它经历了春秋战国时期的百家争鸣，而在秦汉时期，服饰制度才可以获得完善。此后，它还经历了魏晋南北朝的民族大融合，直到唐代，我国的服饰制度才得以更加城市化。这也为后人制定汉代的衣冠服饰以及服饰制度提供了具体的参考，并且出现了"上取周汉、下采唐宋"说法。沈从文先生所著《中国古代服饰研究》[②]、

---

①周均平，壮丽．秦汉审美文化的审美理想［J］．河南社会科学，2011，19（02）：166－172．
②沈从文．中国古代服饰研究［M］．北京：商务印书馆，2011．

周锡保著《中国古代服饰史》①、崔圭顺（韩）所著《中国历代帝王冕服研究》②、贾玺增博士论文《中国古代首服研究》③ 等作品都从各个时期、各个方面对冠服进行了分析。在漫长的中国古代社会中，服饰礼仪规范成为政治秩序的一种展示，它源于服饰类型、颜色、花纹、式样、质量等各个方面，将各种身份的人在各个场合中的地位和形象体现出来。这种服饰之礼始于夏商时期，在西周逐渐形成了一套制度，到了秦汉使其更加的完善。唐朝的服饰制度在继承与巩固之后，在后续的各个朝代都获得了应用与发展。

一、礼制观念下成熟的冕服制度

在中国古代首服制度中，首服是等级区分的主要标志之一。自秦汉以来，历代的礼仪典制对首服均作出具体的规定，它的使用不仅和"官爵等第密切相关"，且"冠则尊卑所用户异"。此外，首服的戴用也和人物身份相关联，人们可以通过戴冠清楚地表示其社会身份，戴不属于自己等级身份的冠无疑是严重违反礼规的行为。④ 根据中国古代社会礼仪制度，国家最高层次的重要活动就是祭祀仪式，仪式中的重要人物必须穿着祭祀服（又称吉服），天子与贵族的吉服称为天官服。后人认为，冕服已成为当时中国最高标准、最正统的服饰，并且也是国家最高权力的象征。冕服通常是由冕冠、冕服、蔽膝、大带、佩绶共同组成，并施绣"十二章"纹（如图4－1所示）。冕服之制，经历了西周开始、秦朝断代、汉朝正式定型，可以获得这样的结论：冕服与其说是对自然的崇拜，不如说是统治的需求以及政治的产物。

图4－1　章纹的概述图

①周锡保. 中国古代服饰史［M］. 北京：中央编译出版社，2011.

②崔圭顺. 中国历代帝王冕服研究［M］. 上海：东华大学出版社，2008.

③贾玺增. 中国古代首服研究［D］. 东华大学，2007.

④魏亚丽. 西夏帽式研究［D］. 宁夏大学，2014.

二、礼制下的女性礼服制度

清代作家钱泳在《履园丛话·丛话二十四·杂记下》中就记载了："妇人无贵贱，母以子贵，妻以夫贵，古之定礼也。至于服色，无有一定。"① 通过这句话我们可以知道，在秦汉时期，女性在儒家人际关系中的从属地位。不管是宫廷妇女还是贫民、官定礼服，还是日常服饰；无论端庄仪重或高雅华丽；而封建时期的妇女服饰，不管是祭祀谒庙，还是守丧等礼，在服饰形态、材质、图案、配饰数量等方面，都受到"礼"核心的约束。在《后汉书·舆服志》中也有这样的记载："太皇太后、皇太后入庙服……翦氂簂，簪珥。珥，耳珰垂珠也。簪以玳瑁为擿，长一尺，端为华胜，上位凤凰爵，以翡翠为毛羽，下有白珠，垂黄金镊……"② 此外，在文章中还详细记录了汉代受人尊敬的妇女在进行寺庙参观、祭祀、婚礼、朝会等各个场合中对佩戴饰品的严格要求。

在秦汉时期，冠的类型与风格都十分多样化，特别是秦朝处于封建礼制形成的初期，在冠制上的不断改变，自古所谓"秦冠汉佩用舍无常"。汉代的冠制在一定限度上是建立在秦冠制度基础上的。例如，秦朝的通天冠是秦始皇的常服，汉朝的皇帝还在使用它，就如《汉官仪》所说的"天子冠通天"③。但是汉冠制在某些方面依旧获得了极大发展。

汉代女子头饰繁富华丽，似乎是一股脑儿将所有的发簪饰品都装饰在头上，这种繁富是人们对视觉华美的追求，是饱满充沛的艺术感觉，这头饰不仅是雍容华贵的象征，它洋溢出的是郁郁的生气，开拓进取的精神。你看，"错翡翠之葳蕤"的饰物，"耳珰垂珠"的珥，"以玳瑁为擿"的簪，用金银镶嵌的翡翠、玛瑙、琥珀、宝石做成花朵饰物的华胜，更有"以黄金为山题，贯白珠为桂枝相缪，一爵九华，熊、虎、赤黑、天鹿、辟邪、南山丰大特六兽"为饰的金步摇。所有的这些不仅呈现出一场视觉的盛宴，更是一场听觉的盛会。当汉代女子走动的时候，那白珠桂枝和耳珰随着脚步声而摇动晃颤，晶莹闪烁、流光溢彩的饰品化静为动，形成曼妙的声音，呈现出动态之美。这俨然是一个浓缩的视觉与听觉的世界，它像极了汉赋的铺陈排列、侈丽闳衍；像极了汉宫的巍峨壮观、富丽堂皇；像极了汉乐的绮丽华美、悦耳悦目。这个浓缩的小世界呈现的是汉代人对美的自觉追求，用翡翠、玛瑙、琥珀、宝石这些稀有的天然材料和贵重的金属作为装饰呈现出华美的色调。

汉代女子对美的自觉追求不仅仅是用这些贵重装饰品，几朵花也可以作为头饰，汉画像中的陶俑，有的在各髻前插花一朵，额上插花一朵、三朵，着实俏皮可爱，以自然万物作为头饰的形象，体现出的是汉代人对于自然生命力的赞颂，是追求生命的感性之美，是不加修饰的美。没有精雕细琢，没有刻意为之，简简单单把几朵花饰插在头上就可以作为装饰，这是对美的自觉追求；是占有万物的大美；是征服自然的一种自信之美。摇曳生姿的花毅然展现出它本源的、稚朴的美，这种审美效果是无意为之但又极富有创作性的，仿佛是与自由的

---

①[清] 钱泳. 履园丛话·丛话二十四·杂记下 [M]. 北京：中华书局，1979.

②[宋] 范晔. 后汉书 [M]. 北京：中华书局，1965.

③[汉] 应劭. 汉官仪 [M]. 北京：中华书局，1936.

生命融合为一体，正如"求美则不得美，不求美则美矣"的"玄同"境界一般。

　　体现繁富华丽与单纯稚朴之美的不仅有头饰，还有女子的发髻。西汉时期，长安城里曾流传这样的歌谣："城中好高髻，四方高一尺。"虽然略带夸张，但是依然可以从高髻这一细节中看出汉代人豪气的审美追求。汉代的这片土壤孕育出的是一方有志气的男子和豪气的女子，士人们充满着昂扬的斗志，不避世，不独善其身，而是积极地介入现实生活中。汉代女子也有自己的抱负、志向，她们可能不像男子一般出去建功立业、驰骋沙场，但是依然用独特的方式展现自己的"丽"。这是时代所赋予的审美文化，是一种感性的、直观的、外向的审美形态。所以汉代女子的发髻受文化熏陶，呈现出这种高的、向上的直观状态。高髻不仅仅有"高"的特点，也体现出繁富华丽的审美特征，高髻的盘发过程远比看到的要复杂，运用结鬟、盘叠、拧旋、反绾等多种编法，还会掺杂假发髻，营造出高耸的视觉感，鬟式高髻甚至要以一个、几个等中空之环结于头顶之上，并搭配步摇、华胜、金钗、珠宝等饰品，从编法到发式造型无不体现出纷繁复杂但又错落有致的美。还有一种比较特殊的高髻为缕鹿髻，似男子建华冠缕鹿之式，此髻上小下大，形成一种巍峨的壮丽之美。东汉时期还流行四起大髻，据《东观汉记》记载："明帝马皇后美发，为四起大髻，但以发成，尚有余，绕髻三匝，复出诸发。"

　　汉代发式不仅繁复，更有稚朴的平髻，如椎髻。它不似高髻那般华丽，是孟光"为椎髻，着布衣，操作而前"朴素生活的呈现，没有过多的修饰，展现在我们眼前的是一种古朴之美，同时受楚文化的影响，此种发式以拖垂至肩背为尚，因此也可以称之为垂云髻。垂云髻的垂尾有分髻，且另一边似辫状者，称为分髾髻。枚乘《七发》"杂裾垂髾"指出了髻后垂的动态之美，司马相如《子虚赋》"蜚纤垂髾"和傅毅《舞赋》"髾如燕尾"则将桂衣之饰形容为垂髾之状。发髻的形状与桂衣的造型相呼应，相得益彰又稚朴素雅。此种垂髻因为过长，也可以进行改造，比如梁冀妻子孙寿别有创新意识地始创了"堕马髻"，将发髻倾侧在一边，这种发髻将实际的堕马状态变化成了写意的发髻样式。有拖至肩背的椎髻，亦有平分而髻梳于脑后的同心髻，或者是将脑后垂发分两绺反折于上的发髻等，梳法上的差别造成发髻的多样，发髻整体样式饱满崇实、不留余地。与唐代发髻相比，汉代发髻在造型的精美程度上似乎逊色许多。然而这并不影响我们的观感，我们依然能透过质朴的发髻感受到汉代蓬勃向上的朝气，自信的凝聚力，它所传达出来的是稳重和大气。

　　正如周均平先生在《秦汉审美文化宏观研究》①中提到："繁复与稚纯结合的整体表现效果就是古拙"一样，从整体形象来看，汉代的发饰和发髻正是体现了这样一种古拙之态。从马王堆汉墓出土的帛画墓室女主人形象可以看到，步摇是在前额上顶部向前伸出。山东嘉祥武氏祠出土的汉画像石上西王母所戴的华胜，像六朵花瓣。这两种发饰看起来都极尽夸张，如六朵花瓣的华胜大到占据头像的一半多，步摇相对来说小一点。汉代发髻最为繁复的是将头发缠绕起来，这些充满想象力的发髻样式，造型上可能稍显得夸张、笨拙、稚朴、厚重，即便如此，我们仍能感受到发髻带来的震撼，黑发如流云一般倾泻而下，引导着我们眼

①周均平 . 秦汉审美文化宏观研究 ［M］. 北京：人民出版社，2007.

神的追逐直至发髻末梢，这是稚朴的发髻，我们还会看到繁富的发髻，髻上的圆环，一个、两个、数个。

古拙的发饰和发髻背后凝结的是汉代独有的审美文化，彰显的是整个时代的生命意识、主体观念和创新精神。发饰的造型多借鉴上植物、动物等自然万物。发饰的质料可以是珍珠、翡翠、玳瑁、黄金、象骨、琥珀、玛瑙等。不仅质料之多，发饰也是花样繁多，像步摇、钗、簪、耳珰、长摘、华胜等，有的是起实用作用，比如簪、摘需要绾髻用，大多数作为装饰作用。

汉代服饰的艺术形态首先是裹衣大袖与峨冠博带。汉代服饰以袍服为主，宽绰阔大的服饰形制形成汉代服饰的裹衣大袖，体现出威仪凝重的审美内涵。汉冠与博带也是汉代服饰重要的艺术形态，据史料记载汉冠的种类较多，汉冠的命名可以分为四种，汉冠上的纹饰具有深厚的"比德"审美意蕴，而汉冠的形制和佩饰上的数字同样也包蕴着独特的历史内涵。汉代服饰的博带即为佩绶，具有严格的等级制度，汉冠与博带都是身份的象征，平民百姓是没有资格戴冠佩绶的。

从汉代头饰和发髻角度来说，汉代服饰的艺术形态是繁富华丽与单纯稚朴。西汉时期汉代的头饰和发髻较为朴拙，几朵花就可以作为头饰，不讲求头饰的华丽，发髻也多以背后或头后绾髻为主，饱满但较为质朴。东汉时期头饰和发髻明显变得复杂华丽，头上的装饰品有耳珰、簪、华胜、金步摇等，发髻的样式也明显多了起来，假发的使用更加增添了发髻的雍容华贵。

西汉中晚期女子的发髻开始出现高髻，东汉时期流行头顶绾高耸的发髻，样式丰富，有单髻、双髻、三髻等，如梁冀的夫人孙寿曾作堕马髻，这种夸张的造型体现出汉代女子独特的审美想象，展现出女子独特的自我人格，尤其是作为女子独特的美。女子的头饰繁杂，可以插簪、戴胜、戴步摇、戴帼、戴耳珰、戴华胜等，到了东汉时期，汉代女子的首饰有四十多种。以簪为例，不仅仅有骨制，象牙制和玉制也十分精美。这一阶段完全不同于西汉初期的发饰风格，纤步微摇的身姿加上华美富丽的发髻头饰，使得女子楚楚动人，而又华美大气，这种壮丽之姿的时代风气影响着魏晋南北朝，更开启了一个尚美尚丽的新时代。

与女子繁富的发髻和头饰相对应的是男子的冠式。汉武帝以后，受礼制的影响，汉冠成为身份等级的象征。根据《后汉书》[1]记载，东汉时期冠的样式种类繁多，有刘氏冠、樊哙冠、獬豸冠等十八种，冠的造型不仅仅是满足其实用功能，更多是具有精神指向功能，注重"比德"的审美意蕴，以蝉、貂等比德情感，并且加入竹、铁、羽等材质，使得汉冠呈现出富丽的审美风格。冠式的创新在于西汉中晚期开始戴平上帻和介帻，东汉时期一直流行。随着社会的发展，汉代男子巾帻的使用更加方便、简化，身份等级弱化，礼制影响减小，逐渐注重服饰的实用功能。[2]

---

①[宋]范晔. 后汉书 [M]. 北京：中华书局，1965.

②韩如月. 汉代服饰审美文化研究 [D]. 山东师范大学，2019.

　　在唐代，虽然有不同等级的冕服、朝服和公服，但在日常生活中，从皇帝到平民百姓，人们也十分喜欢穿从南北朝流行下来的一种常服——圆领襕袍。形状为圆领、窄袖、长至脚踝、腰间有一条系带，并于膝下施一横襕，象征着古代对上衣下裳分属的崇拜（如图 4－2 所示）。特别是到了唐朝中后期，常服甚至获得了法律政治地位，对后世的男装发展产生了深远的影响。在武则天统治时期，就出现了一种新的服装——铭袍，也就是说，不同级别官员的长袍上绣有各种图案，如文官绣禽，军官绣兽。这种以禽兽图案区分文武官员的做法一直沿用到明清时期，至今仍被作为区分文武官员的重要服饰文化。另外，在唐代时期还出现了一种长袍，以此来安抚大臣——锦袍。从传世的文献记载来看，周边外族王国中，穿着锦袍的大多是国王、贵族和其他特权阶层的人（如图 4－3 所示）。

图 4－2　圆领襕袍

图 4－3　步辇图

三、冠饰分类

(一) 文吏服饰

学者孙机在《汉代物质文化资料图说》[①] 中记录汉代文吏生活的首服以汉冠和巾帻为主。研究汉画像石可以发现，西汉时期的冠制只约住顶发，并不裹头，有冠无巾帻。

东汉时期文吏在生活中多是戴进贤冠和巾帻，《后汉书》中记载的冠制多是沿袭礼制，仅在特殊礼仪场合下使用，一般在生活中并不常见。关于巾帻，《后汉书·舆服志》[②] 中记载："汉兴，续其颜，却摞之，施巾连题，却覆之，今丧帻是其制也。名之曰帻。帻者，帻也，头首严帻也。"帻分为两种：介帻和平上帻。介帻是隆起如屋状，东汉时期的文职人员戴进贤冠并下衬介帻，旁边会簪笔（如图4-4所示）；平上帻是呈平顶状，武职人员戴武冠下衬平上帻。东汉中期以后，平上帻的后部逐渐增高成为平巾帻。

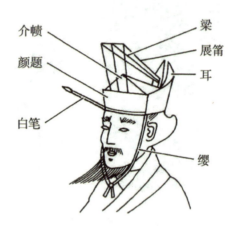

图4-4 有帻之冠

（图片来源：作者自绘）

从汉壁画中我们可以看到，政治生活中的汉代文吏官员多穿袍戴冠，手中持笏板。身份愈高者，衣服愈肥大，服饰色彩愈厚重。出土文物与文献资料记载的服饰穿着基本一致，不论是服饰的形制，还是服饰的色彩，我们都能真实地感受到汉代文吏官员服饰生活形态的雄浑壮丽。

到了东汉晚期，从文吏官员所穿戴的首服可以看出，服饰审美的生活形态开始由壮丽向清丽方向发展。东汉晚期社会动荡不安，朝政腐败导致礼乐制度逐渐破坏，巾本是庶民所戴，日渐被文吏官员接受，成为一种新的审美风尚和文人雅趣。《后汉书·三国志·魏书·

①孙机.汉代物质文化资料图说［M］.北京：文物出版社，1990.

②［宋］范晔.后汉书［M］.北京：中华书局，1965.

武帝》[①] 裴注引《傅子》记载："汉末王公，多委王服，以幅巾为雅，是以袁绍、崔钧之徒，虽为将帅，皆着缣巾。"《后汉书》中也有较多关于幅巾的记载：当时太尉杨赐请赵咨讲学，对着装的要求是头戴幅巾，可以不加冠冕；汉灵帝末年，郑玄以幅巾儒服拜见大将军何进；郭融"幅巾奋袤，谈词如云"；孔融"秃巾微行，唐突宫掖"；袁绍"与谭等幅巾乘马"；法真以幅巾拜谒太守；韩康在去任官的路上"柴车幅巾"，亭长认为是田叟夺其牛。东汉文人头戴幅巾的例子还有很多。由此可见，东汉时期文人着巾已经成为一种生活常态，正如沈从文先生认为的汉代梁冠制，在东汉后期某些情形下已废除。

汉代文吏不仅可以着巾，还可以着帕头、幞头、绡头、络头等物，《释名·释首饰》[②] 记载："绡头，绡钞也，钞发使上从也。或曰陌头，言其从后横陌而前也。齐人谓之帻，言敛发使上从也。"与巾的戴法不同，此类饰物不是将头部包起来，而是围绕发髻系结带子。《后汉书·独行列传》记载：向栩"好被发，著绛绡头"。《后汉书·逸民列传》记载：建武年间，周党见尚书时着"短布单衣，縠皮绡头"。汉代文人还会改变头巾的样式，《后汉书·郭林宗传》记载：东汉名士郭林宗，曾经在陈梁闲行时遇到大雨，于是把巾的一角折垫起来，当时的人也附庸风雅，故意折巾一角，这就是当时流行的"林宗巾"。改变幅巾样式的还有东汉时期外戚权臣梁冀制作的"折上巾"。

头巾的佩戴是一种审美风尚的转变，这种审美风尚的转变指向魏晋南北朝时期。汉代人的日常生活还具有某些仪式成分，因此服饰的穿着并未完全脱离礼制。到了魏晋南北朝时期，日常生活的精神追求和感官享乐逐渐占据主要地位，服饰审美的生活形态更多的是体现人的自由精神，展现出清丽俊逸的审美追求。东汉晚期正是这一审美形态改变的转折期。

（二）军戎服饰

体现军戎服饰生活形态之"丽"的，还有武官的首服。他们头戴武冠，又名"武弁大冠"，根据《后汉书·舆服志》注引《晋公卿礼秩》曰："大司马、将军、尉、骠骑、车骑、卫军、诸大将军开府从公者，着武冠，平上帻。"此种武冠是弁与平上帻组合在一起。除了上述形制以外，还有另一种也被称作武冠，俗称"大冠"，着此冠者身份多为武官、左右虎贲、武中郎将、羽林、虎贲将、虎贲武骑。东汉画像砖上所见的这种武冠会在衬帻的武弁大冠两侧插鹖尾，《后汉书·崔骃传》记载："钧时为虎贲中郎将，服武弁，戴鹖尾。"前一种武弁大冠更为简洁、大气，由细竹组成网纹，顶部用简单的竹圈架起，最后涂上一层黑漆，这种形制的武冠展现的是所戴者的威仪之态。而后一种形制的武冠则不同，它的装饰物明显增多，以青系为绲，加双鹖尾，呈现出华丽的审美形态。

（三）峨冠博带

峨冠指的是巍峨的汉冠，表现出汉代冠式高耸巍峨的形态，指出汉冠高且长的特点，是汉代服饰重要的审美风格。博带指的是宽博的佩绶，是汉代服饰的另一审美风格。

①[晋] 陈寿. 后汉书 [M]. 北京：中华书局，2011.

②[汉] 刘熙. 释名·释首饰 [M]. 北京：中华书局，2020.

汉冠的种类非常多，仅《后汉书·舆服志》[①]中记载的就有冕冠、长冠、委貌冠等十八种。汉冠的命名大体分为以下几种：一是以历史人物命名；二是以祥禽瑞兽命名；三是以自然景物命名；四是以道德意蕴命名。[②]

（四）金珰：辽宁省喇嘛洞墓

金珰作为冠服制度的一部分，在历代正史中都有记载。《后汉书》卷一百二十《舆服志》载："侍中、中常侍加黄金珰，附蝉为文，貂尾为饰。"《晋书》卷二十五《舆服志》载："武冠……左右侍臣及诸将军武官通服之。侍中、常侍则加金珰，附蝉为饰，插以貂毛，黄金为竿，侍中插左，常侍插右。"汉晋时期，佩戴蝉纹金珰的是侍中和常侍，同时还会将貂尾作为装饰，依据官职不同插在冠之两侧。

金珰是一种金质冠饰，最早见于《后汉书》的记载中，佩戴于侍中、中常侍的冠前，以示其官职等级。[③]

孙机先生曾对金珰进行过专题阐述，其著作《中国古舆服论丛》中的《进贤冠与武弁大冠》一文，不仅把自汉到唐的两种主要冠式，即进贤冠和武弁大冠的形制及演变作了详尽的论述，还在"笼冠与貂、蝉"一节中，专门对附蝉金珰进行了说明。据《汉书》和《后汉书》的记载，最高级的武冠与笼冠是皇帝的近臣如侍中等人戴的，他们的冠上加饰有貂、蝉。

蝉纹金珰是男女都可以使用的冠饰，作为随葬品一次应该只使用一件。金珰或为女性步摇冠的构件，可以同桃形金片、花瓣形金片等成套使用，是汉晋时期命妇之服的一部分。骑兽形金饰可能与蝉纹金珰、桃形金叶等同为步摇冠之饰，亦可能单独使用。韦正先生撰文《金珰与步摇——汉晋命妇冠饰试探》对此进行了详细的阐述。金珰是冠服制度的一部分，与使用者的官阶等级密不可分，它的形制变化还能体现出演变规律，所以，对金珰的探讨离不开对使用者身份的研究和对金珰形制的分析。[④]

冠饰珰在史书中多有记载，中国、朝鲜半岛和日本等东亚地区的墓葬中都有出土。据文献和出土文物可知，珰具有材质、形状和内部纹样三个方面的差异。就其材质而言，主要有金、银、铜三类。[⑤]金珰的记载与出土最多；银珰的记载见《后汉书》，"汉兴，或用士人，银珰左貂"和"汉兴，仍袭秦制，置中常侍官……皆银珰左貂，给事殿省"，并且辽宁省十二台乡墓出土过前燕时期的银质珰；铜珰则在辽宁省喇嘛洞墓和朝鲜百济王陵都有出土。

有学者根据形状将珰归为A、B、C三种，分别对应圭形、方形和不对称山形。另有学者认为珰可分为山形（如图4-5所示）、方形（如图4-6所示）和不规则形（如图4-7所示）。就其内部纹样而言，辽宁、江苏南京、甘肃敦煌等地出土的珰有蝉纹、神兽纹、神人

①［宋］范晔.后汉书［M］.北京：中华书局，1965.

②韩如月.汉代服饰审美文化研究［D］.山东师范大学，2019.

③杨海涛.金珰、步摇冠耀首 鲜卑与东晋南朝的金银器［J］.大众考古，2018（12）：38-43.

④周文.金珰冠饰研究［D］.南京大学，2014.

⑤罗富诚，谢红.金博山冠饰探析［J］.服装学报，2022，7（03）：262-267.

骑龙纹、几何纹、压印人物纹、兽面纹等，其中最具代表性的为蝉纹。因此，不同的材质、外形和纹样，会产生不同种类的珰。即使金博山与金珰都为金质，但如果二者存在外形或纹样上的差异，也不可简单地认为金博山等同金珰。根据珰的释义，金珰或许是以金为材质的饰片总称。

图 4-5　南京仙鹤观东晋墓葬出土山形金珰

图 4-6　南京上峰墓出土方形金珰

图 4-7　东晋墓出土金珰

此外，通过对二十四史的梳理，发现无论是列传，还是舆服志、礼志或仪卫志，这类金饰片在史书同一章节中甚至有不同的称呼。装饰于皇帝、太子或亲王等皇室冠冕上时，被称为"金博山""金附蝉"或"博山附蝉"；在侍中、中常侍等官员的冠帽上则是"金貂""黄金珰""金珰"等，含有"貂""珰"之类的名称。在《晋书·舆服志》中载："通天冠，本秦制……冠前加金博山述，乘舆所常服也。"通天冠是君王或储君的冠帽，并非寻常官员可戴，而"侍中、常侍则加金珰，附蝉为饰"。倘若金博山与金珰是同一物，但却在书中同一章节有不同名称，而又未加以说明，是值得商榷的。笔者认为，金珰是金饰片的总称，而金博山除了需满足金质这一条件外，还要是山形，内部为蝉纹。在波士顿美术博物馆所藏阎立本《历代帝王图》中可见装饰于隋文帝杨坚立像冕冠正前方的完整金饰物，此金饰物就是满足金质、山形、蝉纹的金博山（如图 4-8 所示）。阎立本官至唐朝宰相，时常面圣，其所绘之图可信度高。

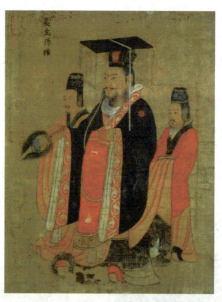

图 4-8　《历代帝王图》隋文帝立像

综上所述，具备金质、山形和蝉纹三要素的珰才可称为金博山。另外，金博山与金珰为同类型饰物，但有一定区别。金博山是金珰中数量占比很大的一个种类，二者是包含与被包含的关系，即数学意义上"集合"的概念，金博山是金珰的一个子集。应该说珰、金博山与金珰的关系如图 4-9 所示。金博山与金珰存在称呼和形制上的等级差异，皇室所用称金博山，臣子所用则为金珰。此外，金博山附蝉，又被称为"金颜"。《初学记》引徐爰《释问》载："通天冠，金博山蝉为之，谓之金颜。"

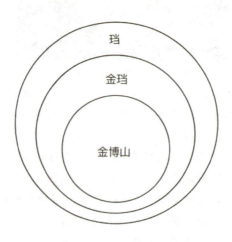

图 4-9　珰、金博山与金珰的关系

（图片来源：作者自绘）

四、冕冠

武梁祠西壁画像的第二层，分别刻画了伏羲、女娲、祝融、神农、黄帝、颛顼、帝喾、尧、舜、禹、桀等古代传说中帝王图像，其中自黄帝至舜均头戴冕冠。[①] 虽刻画得比较简约，但冕冠的基本形状清晰可辨。在黄帝左边隔栏的题榜上注有："黄帝多所改作，造兵井田，垂衣裳，立宫宅。"可见冕冠自黄帝时就开始出现了。

据史载，冕冠是古代帝王臣僚参加重大祭祀典礼时所用的冠帽，夏代已有其制，东汉明帝时，为了整饬礼制，重新厘定了冕冠制度，自此后历代相袭，一直沿用至明代。冕冠的顶部盖一木板，名"延"，延板长一尺二寸（长度是汉尺，每尺约合今 0.233 公尺），前垂四寸，后垂三寸，前后两端分别垂挂数串玉珠，名"旒"。[②]

五、五梁冠

五梁冠是朱锡禄先生在《武氏祠汉画像石》一书中记述较多的一种冠饰。武梁祠后壁画中拒绝梁王选妃的"梁高行"、恪守礼制等待楚昭王来迎接的"楚昭贞姜"、后石室中侍于西王母、东王公旁的女仙、左石室第四石第三层中的女娲、左石室第九石楼阁燕居图中居中雍坐的女主人等都有这种相同的冠饰。这些人物都是有相当地位的贵族妇女，周边皆有侍从相随。因而推测这种状似花形的冠是汉代贵族女性较为通用的冠饰。在黄能馥与陈娟娟合著的《中国服饰史》[③] 一书中，称此冠为芙蓉冠；在沈从文先生的著作中提到："史称东汉马皇后美发，为四起大髻，内外仿效，成一时风气，多用假发衬托……东汉后期石刻作此式大髻的为常见。"并举了武氏祠汉画像石中的无盐丑女钟离春为例，认为这是一种四起大髻的发饰。沈老见闻广博、治学严谨，如此结论必有其道理，然而作者依陈志农老先生所摹绘的资料及武氏祠汉画像石的图版进行对照分析，觉其造型低至眉上，与额头衔接处齐整，具有冠的特征，因此仍将之归类为冠饰。

六、通天冠：武梁祠画像

武梁祠西壁画像中第二层古代帝王像中的夏桀、第四层专诸刺吴王中的吴王、武梁祠东壁画像第四层聂政刺韩王中的韩王、钟离春说齐王中的齐王、后石室第五石第二层中的伏羲都戴相同样式的斜顶高冠。这与《后汉书·舆服志》中所记的通天冠相吻合，书中云："通天冠，高九寸，正竖，顶少邪却，乃直下为铁卷梁，前有山，展筒为述。"百官月正朝贺时，天子戴之（山述就是在颜题上加饰一块山坡形金板，金板上饰浮雕蝉纹）。秦始皇统一六国后，首先废除了西周的六冕之制，改服通天冠。据《通典》记载，秦制通天冠失传，汉时根据秦名重新制作。由此可见，画像石中刻绘的古代帝王所戴的均为汉时的通天冠。

①王彦．从武氏祠汉画像石看汉代冠饰［J］．装饰，2004（01）：33—36.

②秦杨．从艺术遗存分析汉代的服饰特点［D］．杭州师范大学，2009.

③黄能馥，陈娟娟．中国服饰史［M］．上海：上海人民出版社，2014.

七、远游冠：武梁祠画像

武梁祠前石室第二石第二层的孔门 19 弟子中的 17 人、第三石楼阁燕居与车骑图中的主要人物、第七石第三层宴享和六博中的主要人物，皆着与上述通天冠近似的一种斜顶冠，可见这是一种服用范围较广的冠饰。汉代人谈到汉代的冠制，往往谈到冠名，其形制虽多相近，但尺寸与装饰却各有差异，是一个重要的标志。而一般的画像石刻较为简略，只能看到形象轮廓，难以具体详尽区分，因而研究者在引用武氏祠画像石资料时，对此类冠饰叫法不一，有的称"高山冠"，有的称"通天冠"，有的称"远游冠"。经比较分析，石上所刻画的冠饰样式与《后汉书·舆服志》[①] 中所记远游冠更为近似，"远游冠，制如通天，有展筒横之于前，无山述"。这种冠前梁高耸，向后倾斜，上面加金玉装饰以表示爵位等级。

八、元宝形帽：武梁祠画像

前石室第三石、第四石车骑出行图中，在主车前或肩扛戟或佩带宝剑的骑吏、第十一石第一层荆轲刺秦王中为秦王护驾的执剑盾的武士，都戴一种元宝形、有网纹的帽饰十一石第三层的车骑行列图中，轺车上乘二人，有榜题曰："行亭车。"（秦汉时期，无论地方乡里或都会城邑普遍设"亭"，《汉书·百官公卿表》载，"大率十里一亭，亭有长"，亭长皆习设备五兵，其职能以维护社会治安为主，并要迎送来往于亭舍的官吏。）车后一人执笏躬身相送，根据画面和题注判断，此人应是亭长，其所戴也是这种元宝帽。孙机先生在论述汉代武士的服饰时曾提及了"武弁"："画像石中的武弁，常特地刻画出网纹来，表示原物的质地是细疏的织物。当弁涂漆后，就会硬化，变成一顶笼状的甲壳，即所谓的笼冠……多数是嵌在帻上。"

九、其他冠饰：武梁祠画像

雄鸡冠。《史记·仲尼弟子列传》[②] 说："子路性鄙，好勇力，志伉直，冠雄鸡。"前石室第二石第二层刻了孔门弟子十九人，左起第九人为子路，头戴雄鸡冠，双袖卷至肘上方，前有榜题"子路"，此外后石室第九石第二层所刻孔门弟子二十人均朝左方，最右边一人头戴雄鸡冠，也应是子路。

绵羊角帽。前石室第二石孔门弟子中左起第五人及后石室孔门弟子二十人中的少数人戴一种状似绵羊角的帽子、左石室第二石第二层人物画像中有三人戴此帽、左石室第七石第二层"二桃杀三士"中的公孙接、田开疆、古冶子装束相同，均头戴下垂的绵羊角帽，但三人的帽子或前垂或后垂，由此推测这可能是一种帽顶可以摆动的软帽。

仆从冠。前石室第三石楼阁燕居图中在楼外射箭的仆吏、第六石第二层水陆攻战图中执剑持盾、执戟相戈之人、第七石第四层庖厨图中汲水、杀鸡之人，都戴一种相似的冠饰，以

①[宋]范晔.后汉书·舆服志 [M].北京：中华书局，1965.

②[汉]司马迁.史记·仲尼弟子列传 [M].北京：中华书局，1959.

画面场景、人物活动推断，这可能是一种仆射的装束。

十、有帻之冠

汉代的冠制较为复杂，西汉与东汉的冠便有很大不同。西汉的冠同秦代，为无帻之冠，在冠下与冠缨相连，结于颌下，《续汉书·舆服志》说："古者有冠无帻，其戴也，加首有，所以安物。"洛阳出土西汉空心砖上的冠服者、满城西汉墓出土的玉人都是直接以冠压发，这些冠仅能罩住发髻，而不能避风保暖。到了东汉时期则先要以巾帻（帻，本是古代身份卑微，不能戴冠者用来包发的头巾，《释名·释首饰》说："二十成人：士冠，庶人巾。"包头，而后加冠。武氏祠汉画像石刻凿于东汉末年，从前文引用的冠饰图中可以看出其刻画的人物多戴有帻之冠，显示了当时的冠饰特征①（如表4-1所示）。

表4-1 秦汉时期代表性冠饰

图例	说明
文吏服饰	 汉代文吏生活的首服以汉冠和巾帻为主。西汉时期的冠制只约住顶发，不裹头，有冠无巾帻。
金珰	 金珰是一种金质冠饰，最早见于《后汉书》的记载中，佩戴于侍中、中常侍的冠前，以示其官职等级。
冕冠	 冕冠的顶部盖一木板，名"延"，延板长一尺二寸，前垂四寸，后垂三寸，前后两端分别垂挂数串玉珠，名"旒"。
五梁冠	 汉代贵族女性较为通用的冠饰。其造型低至眉上，与额头衔接处齐整，具有冠的特征。

①王彦.从武氏祠汉画像石看汉代冠饰［J］.装饰，2004（01）：33-36.

续表

	图例	说明
通天冠		通天冠，高九寸。汉代的九寸大约是现在的 21 厘米。是身份等级较高的人所戴的冠。
远游冠		远游冠前梁高耸，向后倾斜，上面加金玉装饰以表示爵位等级。
元宝形帽		元宝形帽是一种元宝形、有网纹的帽饰。
其他冠饰		《史记·仲尼弟子列传》记载了雄鸡冠、绵羊角帽、仆从冠。
有帻之冠		以巾帻包头，而后加冠。

第四节　秦始皇陵兵马俑冠饰

　　冠饰属于服饰礼仪的重要组成部分。在远古的时候，人们只能戴帽子，而没有冠饰。据《尚书大传·略说》[①] 记载："周公对成王云：'古人冒而勾领。'"在《淮南子·氾论训》也提出了："古者有鍪而绻领，以王天下者矣。"高注曾言："古者，盖三皇以前也。鍪，头着兜鍪帽，言未知制冠时也。"在形成冠冕制度以后，人们就逐渐忽视了帽子。在《说文·冒部》中提出："冒，小儿及蛮夷头衣也。"帽子的主要作用是抵御寒冷，对身份与地位没什么象征。秦汉时期，武士通常是戴口冠和武弁大冠。这两种冠都是基于弁冠进化而来的。在《释名·释首饰》中提到："弁，如两手相合，相合捐也。"在《后汉书·舆服志》也提出了：弁"制如覆杯，前高广，后卑锐。"由此能够看出弁的外形就好像两个手扣在一起，也可以说像是一只上翻的耳环，领下有缨相结。秦陵兵马俑中的牵马俑戴的就是这种弁，而咸阳杨家湾出土的西汉兵马俑都装备了这种相似的弁。由此可以看出，秦汉初期通常是骑兵所着，而后在弁下衬以平上帻，就是汉朝诸武官的穿着物。

　　《后汉书·舆服志》提出："武冠，一曰武弁大冠，诸武官冠之。侍中、中常侍加黄金珰。"刘昭在《晋公卿礼秩》注释中提出："大司马、将军、尉、骠骑、车骑、卫军、诸大将军开府从公者，著武冠，平上帻。"在汉代，弁大冠的生产发生了极大变化，材料大多是薄而稀疏的织物，带有网状图案，有些还在织物上涂漆，例如：马王堆汉墓3号墓和武威磨嘴子62号新莽墓都出土了漆纱弁。前者被放在漆盒里，后者被戴在死者的头上。磨嘴子弁周围裹细竹筋，顶部用竹圈架支撑，内衬赤帻，突出展现了武弁的具体情况。这些弁的纱孔眼十分清楚。不仅实物是这样，画像石上武弁，也把网纹刻画得极为清晰。

　　鹖冠其实就是加鹖尾的武弁大冠。《后汉书·舆服志》曰：这种冠"环缨无蕤，以青系为绲，加双鹖尾竖左右。鹖者，勇雉也。其斗对，一死乃止。故赵武灵王以表武士，秦施之焉"。鹖属于一种十分好斗的小型猛禽，也将其称为鹖鸡。曹操曾在《鹖鸡赋·序》中云："鹖鸡猛气，其斗期，其于必死。今人以鹖为冠，像此也。"洛阳金村战国墓出土的错金银狩猎纹镜上的骑马者头上也是戴的这种冠。冠体中的网眼十分清楚，并且还有十分明显的两只鹖尾。在秦始皇陵兵马俑坑中出土的将军俑头所戴的冠饰虽然没有极为清楚的羽状鹖尾，但是在冠体后面有极为清楚的两歧，似鸟尾状，应为口冠。此外，秦陵铜车马上的两个御官俑同样是戴的这种冠，由此可以知道这两个御官俑的身份较高，并且其中一个的腰部还佩有环绶。在秦朝，只有将军以上的官职才可以佩戴环绶，因此，表示这两个御官的职位至少在将军之上。由此可知，在秦朝，戴鹖冠的武士身份一般都较高，绝大部分为将军。《汉官仪》曾云："秦破赵，以其冠赐侍中。"由此可以表明，在秦朝时期，同样有文官佩戴此冠。到了汉代的时候，《后汉书·舆

---

①［清］宋翔凤. 尚书大传·略说［M］. 济南：济南出版社，2018.

服志》一书记载："五官、左右虎贲、羽林、五中郎将、羽林左右监皆冠鹖冠，纱谷单衣。虎贲将虎文绔，白虎文刃佩刀。虎贲武骑皆鹖冠，虎文单衣。"

秦始皇坑中出土的御手俑，还有车右俑，以及军队中下层的吏俑，都戴着长长的冠。它的形状通常有两种，也就是单板长冠与双板长冠。单板长冠，冠的形状就好像梯形板状，长度为 15.5—23 厘米，前端宽 6.5—10.5 厘米，后端宽 13.5—20.3 厘米。前半部分平直，后半部分略微呈 45 度角上扬，尾部下折如钩。下钩的左端和右端用三角形板密封，形成楔形槽状的冠室。也有用作封堵者，楔形槽冠腔，不封闭任何一端。也有非常罕见的冠，其末端是折叠和卷曲成一个螺旋的方式，扁髻的顶端罩于冠室内。冠的前半段的平板的扬起部分，分别压在额发与顶发上。所述冠上设有环形带，环形带的前端压在所述冠状前端的平板上，后端附于所述后脑扁髻的中腰。此外，还有两根条带，上端和环形带连接并绑在一起，然后两条带子沿着脸颊引系结额下，尾巴挂在脖子前面。这样就将冠固定在头顶上了。

根据观察残留的彩绘痕迹，可以得出冠是赭色或朱红色，还有一些为白色。双板长冠，其冠的形状和单板长冠一致，并且大小宽窄也十分相同。而不同的地方仅仅在于冠的正中间有一条纵行缝，由此表明是通过左右两片大小相似的长板拼接形成的。它的系结方式及颜色、质地都与单板长冠一致。戴单板长冠的为御手兵马俑、车右俑和低级军吏俑，戴双板长冠的为中级军吏俑。冠加帻与不加帻属于极为突出的变化。在《后汉书·舆服志》①中有这样的描述："古者有冠无帻，其戴也，加首有支页，所以安物。三代之世，法制滋彰，下至战国，文武并用。秦雄诸侯，乃加其武将首饰，为绛袙，以表贵贱。其后稍稍作颜题。汉兴，续其颜，却摞之，施巾连题，却覆之，今丧帻是其制也……至孝文乃高颜题，续之为耳，崇其巾为屋，合后施收，上下群臣贵贱皆服之。文者长耳，武者短耳，称其冠也。"

根据考古资料可以看出，秦朝与西汉没有有帻的冠，到汉朝时才出现加帻的冠。刚开始帻只是包头发的头巾，后来演变成帽子的形状。在《急就篇》颜注："帻者，韬发之巾，所以整婧发也。常在冠下，或单着之。"身份低下的人不可以戴冠，所以只能戴帻。在《释名·释首饰》中提出："二十成人，士冠，庶人巾。"蔡邕《独断》卷下："帻，古者卑贱执事不冠者之所服。"秦"为绛袙以表贵贱"，由此可以看出，在秦朝是把帻施于武士，是高贵与卑微的象征，但只有单着之，没有增在冠下。根据秦兵马俑坑考古资料中的兵马俑和马来看，在已经出土的千余件陶俑中，头戴巾帻的就有 4000 余件，其形状类似瓜皮小帽，把头发与发髻全部置于其内，前至发髻，后至脑后，左右至耳根。帻的后缘上部分都具有一个三角形叉口，在叉子的每一边都有一个带子，带子被绑在一起，使帻可以紧束在头上，其颜色大部分是深红色。在秦始皇兵马俑坑中，高级、中级、下级的军吏都戴有冠，戴帻的人其身份和地位都不高，只是一些普通的士兵。由此可见，在秦朝时，冠与帻的区分极为明显，戴冠的人身份很高，而戴帻的人身份较低。把帻容纳到冠下，让它变成冠的衬垫物，这种做法根据文献来看，起源于西汉，然而，这种现象在考古资料中迄今尚未见过。西汉时期也可能出现了，但并不常见。

---

①［宋］范晔．后汉书·舆服志［M］．北京：中华书局，1965.

　　在汉代画像中常见到的鹖冠，也应该源于战国时的赵国。据前面所述，箕形冠加貂皮暖额称为貂蝉冠，其后由实际御寒作用改为将貂尾插在冠上作为冠饰。后改用鹖尾。鹖是一种黑雉，出于上党。《后汉书·舆服志》有云："鹖者，勇雉也，其斗对一死乃止，故赵武灵王以表武士。秦施之焉。"另《古禽经》有云："鹖冠，武士服之，象其勇也。"汉代的虎贲皆戴此冠，应劭《汉官仪》称："虎贲，冠插鹖尾。鹖，鸷鸟之果劲者也。每所攫摄，应爪摧碎。"又载："虎贲中郎将，古官也……古有勇者孟奔，改奔为贲，中郎将冠两鹖冠。"又《续汉书》云："羽林左右监皆冠武冠，加双鹖尾。"现在我们见到的最早的鹖冠，为洛阳金村出土的战国铜镜上的武士头冠，上插很明显的两条鸟羽（如图4—10所示）。武士戴鹖冠到后来形成了一种制度，《后汉书·舆服志》："五官、左右虎贲、羽林、五中郎将，羽林左右监皆冠船冠，纱縠单衣，……虎贲武骑皆鹖冠，虎文单衣。"从洛阳出土的汉代空心砖模印砖画上，即可看到这种冠的形象。①

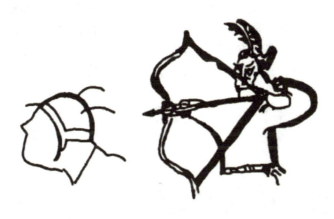

图4—10　洛阳金村出土的武士头
（图片来源：作者自绘）

　　发式，头发的式样，也就是我们常说的发型，是人们依据各自的兴趣爱好或风俗习惯，通过绾、编、盘、叠、扎、义髻、修剪等方式所创造的头发的造型。不同的发型可能还具有不同的等级意义。秦始皇陵每一尊兵马俑的头部都结有发型不同的讲究的发髻，而且留有的胡须也都各有特点。有学者根据他们在俑阵中所占据的位置的不同推测发髻的位置和身份是有一定的对应关系的：发髻在后头部的等级最低，在头的左上部的高一级，在头右上部的则更高一级。② 秦兵马俑发式种类繁多、造型奇特，但将其分类总结后发现，可以将众多的发式分成主要的两种类型：一种是扁髻，一种是圆椎髻。而扁髻又可以分为六股宽辫扁髻和没有经过辫制的扁髻；圆椎髻又可以分为单台圆椎髻、双台圆椎髻和三台圆椎髻三种类型。每一种发式都有不同的特点和造型，下面我们对其一一详细介绍和梳理。

①李秀珍．秦汉武冠初探［J］．文博，1990（05）：293—296，292.

②余洁．商代头饰与发式研究［D］．郑州大学，2013.

扁髻是一种形状扁平的发髻绾结样式。根据笔者的实际调查发现，现存在兵马俑博物馆一号坑内，部分着铠甲的士兵俑和全部头戴皮弁的骑兵俑以及在三号坑内的全部军吏俑着此种发髻。秦俑中目前所见到的扁髻位于头部的正后方，主要有两种形式：一种是经过辫制的扁髻，都是六股，袁仲一先生将其称为"六股宽辫形扁髻"；另一种是直接将头发沿后脑发际线向上没有进行辫制的扁髻。一部分着六股宽辫形扁髻和全部没有辫制扁髻的俑头上还配有各种冠饰，而另一部分六股宽辫形扁髻直接裸露在外面。

（一）六股宽辫扁髻

六股宽辫扁髻（如图4-11所示），造型非常独特罕见，头发前面为中分样式，将头发向头的左后方、右后方梳拢于脑后，把头发分成六股并辫成六股长方形（如图4-12所示）的宽辫然后反贴于脑后。大多数非常扁平呈长方形，但也不难发现一些略有不同的其他形状的扁髻：有一些上窄下宽略呈梯形（如图4-13所示），有的非常紧贴头皮非常扁平，有的发髻相对圆鼓，还有的扁髻略成方形且相对较厚。这些形状的差异，据笔者推测，应该与每个士兵头发的发量、长短、头型及个人的绢结手法、个人爱好不同所致，从中也能体会到兵马俑制作者的精细之处。

图4-11　六股扁髻正面　图4-12　长方形六股宽辫扁髻　图4-13　梯形六股宽辫扁髻

（二）没有进行辫制的扁髻：秦始皇兵马俑博物馆

没有进行辫制的扁髻，主要见于戴长板冠和戴鹖冠的军吏俑和铜马车上的铜御官俑头上（如图4-14、图4-15所示）。头发前面为中分样式，有一些由于头上压冠，额头部分的头发造型略微疏松，没有紧贴头皮，更给人一种意气风发的感觉。编结方法是：把头发中分（如图4-16所示），梳理整齐后拢于脑后，再将其沿脑后的发际线向上折起。在头顶部位将剩余的头发绢成一个小髻，并插一笄再把这个小圆髻罩于冠室之内。而扁髻的上部，有一块与冠相连的大致呈三角形的布巾将其包裹，防止头发外散和下坠。但由于头发较多，后面的头发有些往下微塌。可见头发束得不是很紧实，这种辫结方式相对于六股辫的扁髻没有那么牢固，容易散乱，辫结方式也相对简单。并且目前只在高级军吏俑及御官俑头上发现这种发式，由此推测看出着此种发髻的人活动量并不很大，相比其他的发髻非常易于拆卸，打理起来，较为快速、简便。

图4—14　戴鹖冠的扁髻　　　图4—15　单板冠扁髻　　　图4—16　前额中分

（三）圆椎髻：秦始皇兵马俑博物馆

圆椎髻，就是形状像扁圆柱体的发髻，一般绾于头顶或者脑后。秦俑坑出土的大部分俑都着圆椎髻，基本拢于头顶的偏右的位置。特别是在一号坑内，放眼望去大部分的俑都是圆椎髻的发式（如图4—17所示）。但细细观察，也会发现即使同为圆椎髻，其发髻的样式和绾结方式也有很多不同之处，可以根据其发髻的台阶数，将这些圆椎髻分为单台圆椎髻、双台圆椎髻和三台圆椎髻，下面对其一一进行介绍。

图4—17　一号坑里的圆椎髻俑

1. 单台圆椎髻：秦始皇兵马俑博物馆

单台圆椎髻，头发中分，整个发型从正面看上去有一个高高的圆椎形发髻在头顶的一侧，脑后多有三条发辫，汇聚之后盘于头顶的发髻之上，发髻只有一层，像一个圆丘，上有朱红色发带和发绳扎束发髻。整个造型看上去非常精神、爽朗，给人一种血气方刚的感觉，十分具有男子汉的气质特点，个别着此种发髻的俑头上戴冠，单台圆椎髻在圆椎髻俑中所占的比例不多。编结方法和步骤是：将头发理顺，中分；分别将两侧的太阳穴处及后脑发际线部位的头发各辫成三股小辫再并将这三根小辫汇合，用褊褚固定在头上；将汇合好的小辫连同其剩下的头发一起束到头顶偏右的位置，用宽发带将其束好，固定住；然后把扎好的头发向内卷曲形成圆丘形，并扎上发绳，这样就将整个发髻固定在头上了。还有一种编结方式与前述略有不同，在发髻上会有三个棱：在束好发带之后，将头发再平均分成三份，再将其分别折叠成圆丘形。

2. 双台圆椎髻

双台圆椎髻基本造型与单台圆椎髻一致，不同的是发髻看上去有两层，一般第一层的头发走向为横向，第二层头发走向为纵向，有的束的发髻较高，有的发髻较矮呈矮包状。双台圆椎髻在圆椎髻俑中所占比例最多。前面的绢结方法基本与单层台阶的发髻相同，也都是先将两侧的太阳穴处及后脑发际线部位的头发各辫成三股小辫，之后再束发髻的方法为：先将头发在头顶绕一个小环；再将剩余的头发或折成一道或折成两道从这个环中穿过，或者直接将剩余的头发从环中穿过后在发髻一旁叠立；再用发绳将整个发髻束紧。还有一种绢结方法跟单台圆椎髻的第二种方法很相近，将束好的头发分成三份或者是四份，一起向前绕成环形再将剩余的头发从根部再环绕一周，将尾发从环中穿过使其立在发髻一侧，再用发绳系紧（如图4－18所示）。

单台圆锥髻　　　　　　　戴冠的单台圆锥髻　　　　　　　双台圆锥髻

高耸的双台圆椎髻　　　　矮包状双台圆椎髻　　　　余发叠立的双台圆椎髻

图4－18

3. 三台圆椎髻

三台圆椎髻与前两种造型基本相同，只是编的发髻比双台圆椎髻还要多出一层，有明显的三个环结，整个发髻造型看上去更加富有层次感，十分美观，造型更加醒目，更具奇特感。前面的编结程序同样与单层、双层圆椎髻相同，之后的发髻绢结方法是：先将束扎后的头发绕成环形；再将头发围绕这个环形绕一周；将剩下头发从第一个环中穿过，并将尾发藏于发髻中；用发绳将其固定。另外一种绢结方法是：将扎好的头发分为两到三股，交盘成一股，再绕成环，之后的方式与前一种相同，但是在发髻上会有棱脊。

二、冠饰

《说文》①中记载："冠，弁冕之总名也。"说的是冠是冠、冕、弁、帻的总称。早在远古时期，人类由于对于自然界禽、兽的崇拜和模仿，从而形成和发展了冠。

《后汉书·舆服志》中记载："上古冒皮，后代圣人易之，见鸟兽有冠角𩑔胡之制，遂作冕缨蕤，以为首饰。"在生产力低下的原始社会，捕猎对人类来说并不是一件易事，人类将捕获来的禽、兽的羽毛、角等插在头上，一来是起到装饰作用，二来是向其同伴和异性炫耀，而这便形成了冠最初的模样。可以说从一开始，冠就不仅是人类追求美、与大自然媲美的一种表现，更是一种财富和能力甚至是地位的象征。而在冠的形成之初同样与原始社会的一些宗教活动有一定的关系，甚至有些观点认为冠直接或间接来源于原始时期的祭祀和巫术。由此我们也可知，原始社会时期人们戴冠是与对自然的敬畏而产生的宗教信仰、图腾崇拜有关。而戴冠到了夏商周奴隶社会时期则是出于对"礼"的需要。为了维护宗法等级制度，统治者们需要用"礼"来约束和控制人们的思想和行为规范。崔高维注的《礼记·问丧》②中记载："冠，至尊也"说的就是冠，象征着一个人的身份的高贵。正是由于礼仪和装饰的双重需要，人们将从原始社会逐渐演变而来的冠改制成我国古代冠冕的基本结构形制，并在历朝历代的过程中不断继承和发展下去。

到了秦朝，冠的发展延续了前朝的基本形制但又有所创新，根据目前出土的兵马俑来看，戴冠的武士俑不在少数，从中我们可以了解到，冠在秦兵马俑中不仅有束发的功能，还具有划分等级地位的功能。在秦始皇陵兵马俑中已发现的冠式主要有两种，分别为长冠及鹖冠。

（一）长冠：秦始皇兵马俑博物馆

秦始皇陵兵马俑中出土的御手俑、部分车右俑，以及一些中下级军吏俑，都着此种冠网。从俑的正前方看此冠的形状呈长梯形，仔细辨别，冠的形状大致有以下两种：一种是笔直的单板长冠；一种是中间有道接缝的双板长冠。

单板长冠，顾名思义，远看冠的前半段形状如同一条长板，但为前窄后宽的长梯形，所有的长冠长短大小没有固定统一，整个板的长度在 15 到 20 厘米，上面宽 6 到 10 厘米，而

---

① [汉] 许慎. 说文解字 [M]. 南京：凤凰出版社，2004.

② 崔高维. 礼记·问丧 [M]. 沈阳：辽宁教育出版社，1997.

底端宽 13 到 20 厘米。冠前端是向内折叠的，由发带压在头上，留在冠上的勒痕清晰可见，冠尾有一个向下折过来的三棱小室，两侧被封住，最底下的宽度比上面的板的底端稍宽，从后面看略呈梯形，而绢成的椎髻就放在这个三棱形的小室里。一些个别冠的冠尾处并没有那么直挺而是略向上卷曲，冠尾处并没有完全形成一个三棱形小室，只是将冠搭在发髻的顶上。发髻小室与发带相连，发带宽约 1.5 米，将后面的发髻拢起并与压在冠前端的发带相汇在太阳穴处，系一结，与之一起沿两颊向下系在颔下，飘于胸前。带尾或长或短，一般在 10 到 15 厘米，系活扣。发带的作用不仅可以将冠很牢固地固定在头上，而且将发髻很好地勒住，防止散乱。

还有一部分长冠形制跟单板长冠的形制基本相同，但是要比单板冠略宽一点，而且在中间有一道清晰明显的接缝，有一些冠两个板之间没有凹陷，很平直，而有的冠沿接缝向里凹陷，略呈内凹的弧形，由两块板拼接而成，故名为双板长冠。另外，一些个别冠的冠尾处并没有那么直挺而是略向上卷曲，冠尾处并没有完全形成一个三棱形小室，只是将冠搭在发髻的顶上（如图 4—19 所示）。

这些长冠的颜色多为赭红色，有少数是白色。冠带的颜色比冠的颜色稍微亮一些，为橘红色。冠的材质虽看上去比较坚挺，但是在发冠的前端由发带所压的向下塌下去的勒痕非常明晰，不似竹板或者木板也不似普通的布质，而应是几层经过黏合的布料，而这层黏合剂很有可能是漆。漆不仅有良好的黏合性，而且也是起着色和保护作用的好染料。而发现的冠的颜色大都为赭红色，这也与生漆氧化后颜色大致吻合，多层布料的黏合增强了硬度，使其冠的造型更加硬朗。

图 4—19 单板长冠多方位视图

（二）鹖冠：秦始皇兵马俑博物馆

在出土的所有俑中，戴明冠的俑为数不多，目前佩戴明冠的主要有秦兵马俑坑出土的高级军吏俑，以及铜车马上的两个驾驭马车的御官俑。明冠的造型相对来说非常奇特，远看似两个形状一样的卷筒，或是 V 形两块长方板，但近看之后，特别是从冠的后面和侧面观察才发现左右两边的造型并不一样。一边是卷曲后底而呈圆形的卷，一边是卷曲后底而呈倒 S

形的卷，并且两个卷在前半部分是交叠在一起的，前端由冠带相压、固定。其中在交叠处，倒S卷的上半卷曲的部分将圆形卷包裹在内，两个卷下连接着一个扁长形的凹槽向内倒扣在头上。带尾约在10厘米，系活扣，飘在胸前。冠的颜色呈深褐色，冠带颜色稍亮，为橘红色。冠的质地相对硬挺，但又不完全没有柔软度，推测此种冠的材质应该与长板冠的材质相似，多为多层漆布叠合而成。从三号坑出土的这尊将军俑上看，他所戴的冠造型比其他的俑冠稍显塌陷，并且从服饰及体型神态可以判断，此人是一位资历较老的将军，戴此种冠的时间要比其他人长，所以冠的造型没有其他俑看上去那样笔挺。因此，从冠的造型上可以估计此人等级资历的长短（如图4—20所示）。

图4—20　鹖冠多方位视图

第五节　凤凰饰首的汉代女性

中国古代妇女使用了大量的珠宝，特别是用于头发装饰，具有极为多样化的特点，其中包含了发簪、发钗、发冠、钿、梳子等，材料和款式都非常漂亮。在唐代的时候，这些发饰则更加精致。其中，一些凤凰和花卉造型的作品最为典型。看这些带着金、银、宝石的凤凰展翅飞翔，牡丹等花随风花瓣绽放，发簪在女人高高的发髻上，使其光华璀璨，并寓意幸福美满，它形成了一种独特的艺术形态，使女子风仪显得与众不同。在中国传统文化里，凤凰是百鸟之王，它是美丽的、高贵的、幸运的，它通常被用作女性的象征。早在汉代就有用凤凰等祥鸟装饰冠饰的，"太皇太后，皇太后入庙服……簪以玳瑁为擿，长一尺，端为华盛，上为凤凰爵，以翡翠为毛羽，下有白珠，垂黄金镊"。此时，后宫之主们入庙便佩戴着有凤凰的爵装饰头部。

凤冠是古代汉族妇女至高身份符号，其象征性很强。在龙凤两性的分化形成中，秦始皇和武则天两位历史人物在这一变化中扮演了重要角色。秦始皇下令三妃九嫔头戴凤钗，脚穿凤头鞋，首次将"凤凰"作为一种象征，通过政治手段，将凤与女性用服饰符号结合起来，这对于后世凤的女性化具有重要意义。

　　李斯在《谏逐客书》说："秦始皇进军六国，不树龙旗，而建翠凤之旗。"据说，宫中嫔妃插凤钗，此俗也起于秦始皇。秦代的凤钗，到了汉代发展为以凤凰形象为主的冠饰，为太皇太后、皇太后、皇后祭祀时所戴。《后汉书·舆服制》记载，太皇太后参加谒庙典礼，戴剪氂蔮（一种假髻），钗上插有"以翡翠为毛羽"的凤凰形饰物。由此可知，汉代已将凤凰之形作为等级之至高女性的装饰物了。

　　凤凰是由各种鸟类最美丽的部分组合而成，例如：它的喙像鸡，下颌像燕子，翅膀像鸳鸯，尾羽长得像孔雀或雉鸡。汉代许慎曾经在《说文》① 中提出："凤，神鸟也。天老曰：'凤，神鸟也。天老曰：天老，黄帝臣'。'凤之象也，鸿前麟后，蛇颈鱼尾，鹳颡鸳思，龙文虎背，燕颔鸡喙，五色备举。'"湖北省天门湖罗家柏岭石家河文化遗址出土的新石器时代凤形佩，其尾部就是拖着一根与孔雀羽毛相似的圆弧形花纹，好比孔雀翎。这是石家河文化的一个代表，现保存在我国国家博物馆中。它类似于商代妇好墓中出土的凤凰玉吊坠。商代甲骨文中，很多的凤字，都呈现出孔雀的形状，尾羽很长，有些凤字的尾翎上还清楚地绘制着圆形斑点。袁珂在《中国神话传说》② 一书中进行了记载。商代三星堆出土的一只孔雀，高 7.2 厘米，宽 11.6 厘米，下半截断，嘴里衔着铜丝环，好像衔着什么东西；头上戴有羽冠，尾翎上有圆孔，是孔雀，更像是凤凰。它被挂在一棵青铜树上作为装饰。在河北定县出土的一件汉代金、银、铜管上也有美丽的凤凰图案，看起来像孔雀开屏，但是也有如雉一样的凤凰，并且在周代青铜器上也出现的较多。

　　凤凰饰首的应用是中国传统文化一个重要的形成阶段。在这个阶段，凤的形态演化得到了很大的发展。这一点，我们可以从两汉时期的各类手工艺、建筑装饰中，看到其在两汉时期的重要案例。在这些图案中，最明显、最具有时代特色的，就是有关凤凰等被神化的瑞鸟的图案。这些形形色色的神兽，总能带给人一种祥瑞、兆庆之感，在我国古代装饰艺术中占据着十分重要的地位。

　　凤冠作为婚礼服中不可替代的饰品已经深入人心。每当提起凤冠就会与婚礼服联系到一起，新娘出嫁时必备凤冠霞帔，因此它无形中潜藏着喜庆的寓意。而凤冠的发展也是历经百变由简入繁最终形成了较为固定的，被大多数人所认可的样式。

　　从秦代开始，妃子们就开始使用凤钗，到了汉朝这种饰品就演变成凤凰形的头饰，据《清稗类钞》③ 云："凤冠为古时妇人至尊贵之首饰，汉代惟太皇太后、皇太后入庙之首服饰以凤凰。其后代有沿革，或九龙四凤，或九翠四凤，皆后妃之服。"因此凤凰的形象及凤形装饰物饰在头部成为流行，由此产生了凤冠。到了宋代凤冠被正式列入礼服制度当中，在隆重场合或册封后妃时均佩戴凤冠。但当时凤冠只有地位较高的女性才能佩戴。到了明代，其平民嫁女子才可在结婚时假借凤冠。《续通典》④ 所载，则日庶人婚嫁，但得假用九品服。

---

①［汉］许慎．说文解字［M］．南京：凤凰出版社，2004.

②袁珂．中国神话传说［M］．北京：人民教育出版社，2019.

③［清］徐珂．清稗类钞［M］．北京：中华书局，2010.

④［清］嵇璜，刘墉．续通典［M］．杭州：浙江古籍出版社，1983.

明清至民国时期凤冠已成为民间女子出嫁必备。

总的来说，凤凰是一种鸟类和雀鸟的形态的结合体，几千年来，人类不断地变化着不同的形态，但它依然可以被称为凤凰，从而满足人们对爱情的美好憧憬，对好运的祝愿。凤形对发饰的艺术有很大的影响。在河南安阳殷墟的妇好墓中，出土了一件头饰，上面刻着一只鸟类图案，《诗经》中也提到过，这件头饰与"天命玄鸟降而生商"有一定的联系，说明这件头饰有着凤凰的影子。比如，鸟形骨笄，笄首为长喙、圆眼的鸟形，鸟冠类似鸡冠，还有短翅、短尾。另外，在陕西长安沣河地区发现的一件"骨笄"，其上也有一只高冠长尾的凤凰和鸟雏。在妇好墓中还发现一件玉梳子，发簪上雕有双鸟，形似鹦鹉，冠羽似凤。美国明尼苏达美术馆也有一件中国商朝时期的玉梳，其背后雕刻着一只飞禽。北京故宫博物院有一尊商朝的人形雕像，头部有圆形的冠，冠上有两只相对而立的飞禽。陕西铜川秦陵出土的一件银钗，钗梁上雕刻有鸟纹，其形制为一只飞禽。在春秋后期，山东莱芜西上崮宣的一座春秋晚期墓葬中，也发现有一柄双凤象牙篦子，其顶部的把手做成两个凤凰的形状，通过榫接连接，左右相对。大多为这种类型的饰物。根据相关的文献记载可以知道，至少从秦汉时期开始，凤凰就以发饰的形式出现了。

在五代马缟《中华古今注·钗子》中就有提到："钗子，盖古笄之遗象也，至秦穆公以象牙为之，敬王以玳瑁为之，始皇又金银作凤头，以玳瑁为脚，号曰凤钗。"而在《后汉书·舆服志下》中也对太皇后、皇太后等身份尊贵的人着入庙服时需佩戴的发饰进行了介绍："簪以玳瑁为擿，长一尺，端为华胜，上为凤皇爵，以翡翠为毛羽，下有白珠垂黄金镊。"显然，它指的是一只凤凰站在用珍珠装饰的花朵上，是"左右一横簪之"，成对使用。皇后的发饰同样是这样："步摇以黄金为山题，贯白珠为桂枝相缪，一爵（雀）九华（花）。"陈祥道在（《北堂书钞》作"八爵九华"）的注解中提到："汉之步摇，以金为凤，下有邸（底），前有笄，缀五采玉以垂下，行则动摇。"此外，在汉代《释名·释首饰》中也有提到："步摇，上有垂珠，步则摇也。"另外，汉代刘歆所著的《西京杂记》[①] 也对采取的黄金步摇进行了记载。

古语有云："女为悦己者容。"爱美是女人的天性。那些优雅奢华、自然独特的珠宝，怎么会从她们的生活中消失呢？两千多年以前，汉族女性也是如此。古代人开始认识到首饰对于女性的重要性，他们说合适的珠宝可以增强女性气质的魅力，使之焕发光彩。首先要说明的是，首饰的意思有两种，首先是指作为头发装饰的东西，即发饰，所谓"珠翠宝玉，妇人饰发之具也"。直到后来首饰的范围不断扩大，所有能让人变得美丽的饰品都被叫作"首饰"，例如：戒指、项链、耳环、玉坠等。文史君所说的也是前者。

提到首饰，首先，我们来谈谈汉代女性的发式，这一时期，女性的发型主要分为三种：一种是椎髻，这是一种很常见的发型。另一种是把头发高高绾起，盘在头顶的高髻，这种发髻在绾发的时候非常复杂，一般都会出现在宫廷和贵族妇女中。还有一种是垂在脑后的堕马髻（如图 4—21 所示）。根据《后汉书》的记载，堕马髻这款发型是梁冀的妻子孙寿首先发

---

① [汉] 刘歆. 西京杂记 [M]. 北京：中国书店，2019.

明的，后来洛阳的女子也都纷纷效仿，风靡一时。首饰通常用于装饰发髻，其他两种发型很少插戴饰品。

图 4—21　堕马髻

一、发簪

　　发簪，又被称为"发笄"。发笄分为两种，一种是安发之笄，主要是用来固定头发的，男女都可以用；另外一种是冠笄，是男性使用的，用来固定他们戴的冠。发簪的材料很多，金、银、象牙、玉、玳瑁经常在皇室贵族中看到，而其他的材料如木、荆、竹等簪子都是普通人常佩戴的。除此之外，也会经常看到骨簪和石簪。在汉代，玉簪是非常贵重的，汉武帝极为喜爱能歌善舞的李夫人，在她的宫殿曾经利用玉簪搔头，后来后宫中的人纷纷仿效，基本都是使用玉簪，玉的价值翻了一倍，所以玉发簪也被称为"玉搔头"。

　　还有一种使用玳瑁制成的簪子，也是非常出名的。在《孔雀东南飞》中刘兰芝在离开焦家的时候，头上戴的就是玳瑁簪。玳瑁簪也可以用珍珠和玉石来装饰。《有所思》中，一位深情的女子，原本是想要将一支"用玉绍缭"制作的双珠玳瑁簪，送到海南的情人手中，但是在得知自己有所思之人后选择了放弃。发钗的款式很多，一般呈现在簪首，有圆形的，有如意形的，有耳挖形的，可以一物兼两用。不过比较多的还是兽形和花形，兽形包括龙凤、孔雀、麒麟、鱼形等，而花形包括梅花、菊花、莲花、牡丹、桃花等。凤簪之所以受到社会的高度关注，与两汉时期对凤鸟的尊崇有着很大的关系。

二、发钗

　　发钗的作用与发簪相似，主要是用来插发。发钗应该是受树枝形状的影响，刘熙在《释名·释首饰》中提出了："钗，叉也，像叉之形。"由于钗制成两股，但是发簪只有一股。制作发钗的材质多种多样，有黄金、白银、翡翠、琥珀、珠宝等。贫穷人家的妇女也会用铜制、铁制，甚至是兽骨做发钗。钗首具有多样化的改变，从一朵花到一只鸟或一只燕子，各不相同。汉昭帝时，宫中曾一度盛行一种名为"飞燕钗"的发钗，又被称作"玉燕钗"。此外，金爵钗、凤头钗、合欢钗也十分出名，常为贵妇所用。

对于农村妇女来说，她们用的主要是荆钗，有些荆钗真的是用荆条制成的，后来的铜、铁发钗，也被称为荆钗。荆钗布裙是寻常农家女子的标配，梁鸿的妻子孟光，就是穿着荆钗布裙，和丈夫在一起。在长辈面前，古代妇女有时被谦虚地称为"荆妇"，据说就是从这个词开始的。在汉代，青铜发夹似乎是极为常见的，其中之一，三子钗，在东汉十分流行。这种钗为铜质，长度不超过 20 厘米，中间有一条长条横框，两端有对称的三叉。而更繁复一些的簪子，则是在簪子的中央的发丝分成两个分叉，组成一个"品"形。三子钗，也叫"三珠钗"，一般都是在节日里着盛装的时候才佩戴。崔瑗在《三珠钗铭》中写道："元正上日，百福孔灵。魑糜如云，乃象众星。三珠横铳，摄媛赞灵。"

三、步摇

在汉代妇女的发饰中，让人最心动的莫过于步摇了。什么是步摇？刘熙曾经在《释名·释首饰》写道："步摇，上有垂珠，步则摇也。"一步一摇，摇曳生姿。步摇是通过发钗演变而来的，在发钗上装饰了一些可以活动的珠玉等。早在战国时期步摇就出现了，宋玉在《风赋》中说："主人之女，垂珠步摇。"西汉初期步摇的造型结构比较简单，从长沙马王堆汉墓一号墓出土的帛画来看，当时的步摇只是在发钗上饰有几颗晶莹剔透的圆珠而已。到了东汉时期，步摇的制作就大多使用十分奢华的材料，步骤也十分复杂，并且进入了礼服的范畴。在《后汉书·舆服志下》说："步摇以黄金为山题，贯白珠为桂枝相缪，一爵九华。"底座用金线制作，缠绕成桂枝，再用白珠装饰。此外还有熊、虎、赤黑、天鹿、辟邪、南山丰大特六种神兽。在行走的时候，金枝、珍珠、玉石一起振动，增添女性步态之美。这种步摇只在皇后谒见宗庙时佩戴，贵族及其下属都是没有资格佩戴的。

四、簪花

古代簪花妇女最繁盛的应该是唐、宋时期。唐代画家周芳的《带发夹的美女》展示了当时女性的时尚。实际上，头戴鲜花的习俗同样出现在汉代。在四川成都的羊子山出土的女俑发髻高耸，上面就有四朵硕大的菊花。与珠宝翠面相比较，鲜花到处都能看到，各个阶层的妇女都可以用它来打扮自己，"晨起簪花，听其自择，喜红则红，爱紫则紫，随心插戴"，可多可少。由于季节的原因，簪子上的花朵也是不一样的。春天的时候，牡丹和芍药是常用的；夏天的时候，石榴和茉莉是常用的；秋天的时候，更多地使用菊花。秋葵是汉族人民经常食用的一种蔬菜。它能够开出绚丽的花，并且还可以用来做簪发。另外，汉朝女性的头饰还包括巾帼、华胜等各式各样的发饰。巾帼是一种类似于发髻的帽子，是一种用假发做成的帽子，戴在头上即可，也可以在"巾"上配上"簪""钗"等配饰。妇女也将巾帼作为礼品，比如汉明帝曾将其母阴皇后的巾帼送给其哥哥东平王刘仓。华胜，亦称"花胜"，是一种以金、银、玉等制成的花饰，与"三子钗"的配饰有异曲同工之妙。从汉人的角度来看，西王母是一位身着华胜的神仙人物。

文史君曾言："戴金翠之首饰，缀明珠以耀躯。"汉代珠宝的原料来源非常广泛，所能找到的原料都是为了满足各阶层妇女的需要，因此尝试制作首饰，这基本为后世的首饰样式奠定了基础。汉代五彩缤纷的首饰不但点缀了贵族女性的生活，而且给普通女性增添了一抹绚丽的光彩（如表4—2所示）。

表4—2 女性发饰配饰

名称	图像	来源	说明
发簪		中国国家博物馆、故宫博物院	发簪分为两种：一种是安发之簪，另外一种是冠簪。图例分别为玉发簪和玳瑁簪。
发钗		中国社会科学院、考古研究所	发钗主要是用来插发。制作发钗的材质有黄金、白银、翡翠、琥珀、珠宝等；贫穷人家的妇女也会用铜制、铁制，甚至是兽骨做发钗。
步摇		中国国家博物馆	步摇是通过发钗演变而来的，在发钗上装饰了一些可以活动的珠玉等。在行走的时候，金枝、珍珠、玉石一起振动，增添女性步态之美。
簪花		纽约大都会博物馆	各个阶层的妇女都可以用簪花来打扮自己。图例为华胜，是一种以金、银、玉等制成的花饰。

第五章　魏晋南北朝时期的冠饰文化

第一节　魏晋南北朝时期历史背景

魏晋南北朝（公元220—589年），又被称为三国两晋南北朝，是中国历史上只持续了369年的一个时期，在政治上经历了多次更迭。从公元220年曹丕称帝直到公元589年隋朝灭南朝，统一中国，共历时369年。它分成三国时期（原为曹魏、蜀汉、孙吴）、西晋时期（和东晋合称晋朝）、东晋和十六国、南北朝时期（共150年）。此外，处在长江以南，全部建立在建康（孙吴时期建业，也就是今天的南京）的孙吴、东晋，南朝的宋、齐、梁、陈六国，统称为六朝。魏晋南北朝是中国历史上政权更迭最为频繁的一个时期。因为长时间的封建分裂和不断的战争，这一时期中国文化的进程遭受到了十分严重的影响。其突出表现为玄学的兴盛，道教的兴起以及波斯、希腊文化的进入，使得魏晋到隋的300多年，和30多个朝代的相继兴衰过程中，这些新文化因素相互影响、相互交织。从而使儒学的发展与孔子学说的形象以及历史地位在这个时期更加的复杂。

魏晋南北朝时期是中国历史上罕见的混乱时期，战争频繁发生，无论是自然的还是人为的，人的生命就像没有价值的草芥。就连看似坚固的政权也能一夜之间成为下一个王朝的传奇，更不用说人类的生命了。在这个幻灭的时代，作家们更加意识到自己的渺小和无能为力，也许前面还是开怀畅饮的好友，在下一场战争中就可能会被杀死，能够和自己吟诗作对的朋友，也许就因为政权的更迭而被杀死。这一时期，文人心中的幻灭感更加强烈，文人深深感到生命是短暂的、无常的。因此，佛教在汉末开始兴盛并非没有道理。既然没有改变现实的能力，宗教一般可以为人们提供精神上的慰藉，文人也接受了佛教的思想，表达了对命运和轮回的感受，动荡的时代给文人的心灵带来了创伤，并在文学作品中得到了生动的反映。

魏晋南北朝是贵族控制的时期，贵族们通常将家族的利益放在首位，却把人民的生死和国家的存亡放在第二位，奸诈的朝臣统治朝廷，政治黑暗，志存高远的人无法获得重用，并且还有一些不愿意与政权同流合污的文人纷纷出世，与世隔绝，最为著名的就是"竹林七贤"。竹林七贤的才华在那个时代获得了社会与人民的认可，并且七人知道凭借自身的力量不能对政权的腐朽进行改变，所以在山里隐居。尽管统治阶级一再要求这七个人出山，他们也不为所动。其中，嵇康更是利用生命对腐败的政权进行了抗拒。晋代陶渊明，不愿为五斗米折腰，并且看不上同僚对上司的阿谀奉承和贿赂，在做了几十天小官以后就坚决辞官离去，不再对统治阶级抱有不切实际的期望。文人通常会在他们的文学作品中反映出报效无门与对污浊政治的不屑一顾，以及对国家命运的绝望。

魏晋南北朝时期的政权大部分都孱弱无力，加上政治的黑暗和混乱，学者们大多是隐居不问世事，加上战争年代对文学思想的影响，文人的独立意识与自我意识的觉醒，促进了这一世道。在魏晋南北朝时期以前，社会相对稳定，多数学者思考的是如何当官为国家效力。然而，魏晋南北朝时期，社会一片混乱，没有一个帝王值得这些文人学者奉献自身的才华。于是知识分子自然而然地开始思考自身存在的意义，思考自身与宇宙的关系，他们的思想不再局限于治理世界的知识，而是开始思考更深层次的哲学问题。魏晋南北朝文人，由于其处在特殊的时代，所以内心世界的精神和其他朝代的文人不同，自我意识的觉醒，对生命和宇宙的哲学思想也为未来的一代又一代的哲学开辟了道路。经过他们的文学作品能深深感到这些文人刻在骨子里面的孤独，乱世中飘零的愁闷，和报效无望、对当权者的绝望，并且对生活和宇宙不倦地去探索、想象。这些复杂的文学作品在中国文学史上留下了浓墨重彩的一笔。

第二节　审美概述

魏晋时期服装的主要特征是自然、洒脱、舒适、清秀。在汉族文化的影响下，一些少数民族的统治者沉迷于汉服，并开始穿汉服。后来，原有的深衣制在民间逐渐消亡，以巾帛裹头成为这个时期的主要服饰。比较流行的是小冠上笼巾的笼冠。汉族男子的服装通常为袖口宽松、无拘无束的服装。汉代妇女服饰在秦汉初期旧制基础上进行了改变，巾帛裹头，下着长裙，腰束丝带，流行假发髻。

魏晋南北朝是一个长时间分裂、战争频繁、封建王朝不断变化的时期。在这一时期，历史学家习惯从建安时期（公元 196－公元 219 年算起），直到隋开皇九年（公元 589 年）到陈末，大约 370 年①。这一个世纪中，除了西晋曾较短（三年）实现了统一外，整个国家长时间呈现出分裂的形态，先后创建了大小 35 个政权。各个政权有时争夺势力范围，有时企图统一全国，战争频繁发生。时局多变、群雄角逐，社会极度动荡。战争不仅是阶级之间、国家之间的战争，也是统治阶级之间的战争，错杂交织，难以详述。

这一时期大致可以划分成三个阶段：第一个阶段是从汉末战争到西晋统一；第二个阶段是从西晋末年到东晋十六国；第三个阶段是从刘宋金、代晋和北魏统一北方，直到隋统一，也就是我们所说的南北朝时期。在第二个和第三个阶段，该国处在南北对抗的政治局势中，

①何满．魏晋南北朝妇女妆饰审美观［J］．山东省农业管理干部学院学报，2010，27（04）：138－139.

在这期间，北方经历了三次分裂；西晋结束后，南方则经历了东晋、宋朝、齐朝、梁朝、陈朝五个时期；隋朝灭陈后，全国才实现了统一的政治局面。秦汉帝国具有强大的政治向心力，在继承商人和周朝冠服制度的基础上形成了服饰文化。此外，秦汉时期吸收与整合了春秋战国时期不同国家服饰文明的优点，到了东汉明帝的时候，制定了能够适应封建政治和宗教的服装系统，并且对后世的服饰文化产生重大影响。汉朝建立 400 年后，皇室衰落了。在经历了三国鼎立和两晋王室的冲突后，中国内部逐渐分裂，让生活在北方边境的少数民族占了上风。蒙古族游牧民族匈奴、羯、鲜卑，藏族游牧民族羌、氐相继入侵中原，建立了 10 多个小朝代，历史上又称"五胡十六国（包括 13 个五胡小王朝和三个汉族小王朝）"[①]。

从 4 世纪到 6 世纪，中国处在十分混乱的南北朝时期。在此期间，战争与民族大迁移促进了胡、汉杂居，实现了南北交流，从北方游牧民族和西方国家传来的异质文化和汉族文化之间形成了碰撞和影响，促进中国服装文化的发展进入一个新时期。魏晋南北朝妇女的服饰对秦汉时期的古朴之风进行了继承，也对盛唐繁丽之俗、飘逸灵动、清秀空疏、高大巍峨的风格进行了吸纳，并且吸收了大量民族服装特色，推动女性社会地位的提升，产生了大量新风格的女性饰品，让这一时期的妇女妆饰异彩纷呈。

这个时期的女性结合自身的内在经验选择合适的服装，然后经过外在的服装来体现自己的姿态和内在的魅力，从而达到一种整体的和谐统一。结合此种观点来说，魏晋南北朝时期，女性的飘逸洒脱、略带男子的英武之气的男性心态，决定了她们对服装的审美理想不但要追求一种轻柔飘逸的美，更要追求服装的实用性，使得汉代的宽袖服装慢慢演变成"上俭下丰"，上衣短小，裙子上升到腰部，中间束以衣带。这不仅能够良好地展现女性的苗条、美丽、优雅，而且更简洁，方便生产和生活劳动。由此可以看出，魏晋南北朝时期女性的冠服审美意识有了很大的提高，她们知道如何选择与自己的身体、气质相适应的服装，并利用服装充分发挥自己的内在美，从而展现出服装的真正价值。正是在这样浓厚的艺术氛围和审美意识的熏陶下，这一时期的女性饰品发展迅速，不断获得创新。

第三节　魏晋南北朝时期冠饰特点

魏晋南北朝时期冠饰对后人影响最大的是纶（guān；古代配有青色丝带做的头巾，指配有青丝带的头巾）巾：苏轼就在《念奴娇》中用"羽扇纶巾"对诸葛亮的形象进行了描述，此巾因诸葛亮使用，因此又称为"诸葛巾"。在东汉末年，纶巾主要是一块帛中束首，在《释名·释首饰》[②] 中记载"二十成人，士冠，庶人巾"。提到平民百姓用幅巾来裹头，在魏晋南北朝时期流行起来。对唐宋时期的男性首服也产生了一定的影响。主要冠饰为笼冠。笼冠在魏

---

①贾权忠. 中国通史第 3 卷 [M]. 沈阳：辽海出版社，2020.

②江冰. 魏晋南北朝服饰文化论略 [J]. 南昌大学学报（人文社会科学版），1991，22（2）：76—80.

晋南北朝时期，男女都使用。这种冠帻上加以笼巾，也就变成了"笼冠"，由于笼是由黑漆纱制成的，所以也被叫作"漆布笼冠"。晋顾恺的《洛神赋图》就是按照曹植《洛神赋》进行绘制的长幅卷轴画。在这一图中，描绘的洛神形象，不管是从发式还是从服装来看，都属于东晋时期流行的装束。图画中侍者大都戴着笼冠，笼冠的形象和北朝墓葬出土的形象略有相似。由此可见，笼冠是北朝时期的一种主要冠形。魏晋南北朝时期的巾帻，通过帻后加高，体积慢慢缩小至顶，称为"平上帻"或叫"小冠"，上下兼用、南北通行①。另外，"小冠""白高帽""突骑帽""卷荷帽"等在魏晋南北朝也十分流行（如表5-1所示）。

表5-1　魏晋南北朝男子冠饰特点

名称	文物名称	图像	来源	线描图	说明
笼冠	笼冠陶俑		中国国家博物馆		它是古代形如覆杯、前高后锐，以白鹿皮所做的弁和帻的复合体。由本来结扎很紧的网巾状的弁，演变成了一个笼状硬壳嵌在帻上，《晋书·舆服志》称为"笼冠"。南北朝时的笼冠两耳下垂比西晋时长，但顶部略收敛。
突骑帽	鲜卑服武士陶俑		中国国家博物馆		风帽是由北方少数民族带入中原地区的，又称突骑帽、长帽、大头垂裙帽。多数风帽圆顶，帽的前檐位于额部，在脑后及两侧有垂裙可垂至肩部。
白纱帽	《历代帝王像》		美国波士顿美术博物馆		南朝皇帝所戴的礼帽，是南朝时一种特有的冠帽，尤为天子的首服，通常以白色纱縠制成，高顶无檐。多用于宴见、朝会。皇帝登基时亦多戴此帽。

①任继愈. 中国古代服饰［M］. 戴钦祥，陆钦，李亚麟著. 北京：中共中央党校出版社，1991.

续表

名称	文物名称	图像	来源	线描图	说明
进贤冠	骑马陶俑		中国国家博物馆		古代礼制讲进贤冠，为前高后低的斜势，形成前方突出一个锐角的斜俎形，称为"展筒"。展筒的两侧和中间是透空的。
介帻	陶牛车与俑群		南京博物馆		常套束在进贤冠之下，文官常戴用。其色黑，两旁垂有长耳。
武冠	河南洛阳永宁寺出土北魏武冠陶俑		洛阳博物馆		侍中、常侍也戴武冠附貂蝉。貂蝉，就是貂尾与附蝉饰的金珰。东晋南朝皇帝所戴的通天冠上附蝉。皇帝的近臣、侍中、常侍武冠上附蝉。

一、高髻

　　魏晋南北朝时期，女性们十分追崇飞仙式的高髻，喜欢高而微斜的发式。在这一时期，出现了各种风格的假发髻，称为假髻。魏晋南北朝时期，假发髻被规定为命妇的首饰。在《文献通考》卷四中记载："魏制，贵人、夫人以下，助蚕，皆大手髻。"大手髻也就是假髻。在这一时期，民间也十分流行假髻。在《晋书·五行志》中记载了："太元中，公主妇女，必缓鬓倾髻以为盛饰，用发既多，不可恒戴，乃先于木及笼上装之，名曰假髻，或曰假发。"

　　北齐时期，假发髻的造型向奇异化的方向发展，出现了飞、微、斜、偏等各种发式①。《北齐书·幼主记》中提到："又妇人皆剪剔以着假髻，而危邪之状如飞鸟，至于南面，则髻心正西。"此外，其他许多妇女效仿西部少数民族妇女，把头发绾成单鬟或双鬟鬓式，高高

---

①张承宗，陈群．中国妇女通史·魏晋南北朝卷［M］．杭州：杭州出版社，2010．

地耸立在头上，并且还有丫髻、螺髻等。南朝时期，受佛教人物衣冠服饰的影响，妇女多在头发中间分出鬟鬘，梳成上竖的环式，被称为"飞天髻"。另外，还会在前额涂黄（名"额黄"）、眉心点圆点（名"花钿"），并且在鬟边或者胸前插鲜花、手腕上戴着手镯，或者利用金和银、玳瑁做斧头、钺、戈戟等形式来当作发饰（如图5—1所示）。

图5—1　顾恺之列女仁智图卷

二、假发

魏晋南北朝时期，高髻十分流行，假发也得到了普遍使用。对于短发的人来说，为了让她们的发髻能够跟上时尚的标准，她们不得不在头发之间加上一些假发来梳发髻，或者用假发把发髻扎成一个发髻，戴在头上。这种假髻也有各种名称，例如，"蔽髻"就是其中的一种。蔽髻主要是梳好以后，再插上各种金银首饰，而且使用的首饰也有严格的要求。当时，还有一种十分流行的假发髻，称为慢"缓髻"，通常由贵族妇女佩戴。这一假发髻竖立在头顶，一定要有明显的前倾趋势，才可以形成十分雍容华贵的特殊效果。有时，由于发髻太高，几乎站不起来，其余的头发垂在前额，只是露出眉毛和眼睛。下垂的发髻也盖住耳朵，而且和脑后的头发紧紧贴在一起，有的形成齐肩长发。

这一时期，朝廷对命妇使用的假发髻饰物有着十分严厉的规定，根据金钿的多少来区分等级。伴随假发髻的流行，头发供不应求，而且假发髻的价格非常高，以至于贫穷的妇女买不起假发，不得不向邻居借，这被称为"借头"。在当时掀起了一股"借头"潮流。东晋名士陶侃的母亲因家贫不能招待客人，不情愿地把自己的头发剪下来卖钱买酒的故事，就是在这样的环境下产生的。魏晋南北朝时期妇女的发式与以往各朝代妇女的发型不同。"蔽髻"这一假髻，晋成公在《蔽髻铭》中对其进行了描述，它的发髻上镶嵌着黄金饰品，并且有严格的规定，非命妇是不允许使用的[①]。普通妇女除去自身的头发绾发外，也有戴假发髻的。但是这些假髻非常随意，没有蔽髻发髻那样精致的装饰，在当时称为"缓鬟倾髻"。

---

①李芽.中国古代首饰史第3册［M］.南京：江苏凤凰文艺出版社，2020.

在我国西安南郊最新发掘的一处南北朝古墓中，就出土了乐俑，它生动地展示了当时女子以戴假发为时尚的信息，墓葬中女乐师的发型都是高高竖立的，装饰色彩明显。由此可见，当时的女性为了实现发式造型高大的目的，会利用发髻来完成。《晋书·五行志》中也有记载，这一朝代的妇女为了达到高而大的发型目的，不惜借假发髻、假头。这一时期的假发髻十分多样化，包含了百花髻、芙蓉归云髻、百花髻、涵烟髻等，风气大盛。究其原因，各种怪异的发型是与当时的夸张、超越形式美的时代精神分不开的。在战争的社会背景下，人们心理十分抑郁，人们渴望个性张扬，人的内心需求在这种动荡的社会环境下无法获得满足，因此会利用其他的方式进行表现。一些夸张、超然、富有想象力的发型，利用自身独特的魅力，变成了替代的方式，并且在某些程度上，更加直观地展现了当时的社会风格。在这里，重点介绍灵蛇髻和飞天髻。

（一）灵蛇髻

魏晋时期最著名的发型是灵蛇髻，在《采兰杂志》中记载了："甄后既入魏宫，宫庭有绿蛇，口中恒有赤珠，若梧子大，不伤人；人欲害之，则不见矣。每日后梳妆，则盘结一髻形于后前，后异之，因效而为髻，巧夺天工，故后髻每日不同，号为'灵蛇髻'。宫人拟之，十不得一二也。""视蛇之盘形而得到启发，因而仿之为髻"，蛇的形状和神态给了甄后灵感与遐想，并模仿它形成发式。虽然故事很离奇，但却向我们揭示了这款发式的具体特点：它看起来像一条游动的蛇，盘绕缠绕，所以被称为"灵蛇"。这一发式，在晋人顾恺之的《洛神赋图》中能够找出遗迹，图中的洛神，即梳着这一发髻。女人梳这种发髻，主要是把头发梳过头顶，然后一股股地扎起来，再扭成各种形状。根据生活汲取灵感，把夸张的造型运用到发式中，这与当时打破常规、自由表达内心情感的社会氛围是一致的。从这里也可以看出是时代特有的精神推动了发式的独特与新颖（如图5-2所示）。

图5-2　洛神赋图

（二）飞天髻

南朝时期，在佛教的影响下，妇女多在头顶中部划分成髻鬟，并做成竖环，称之为"飞天髻"①。它先是在宫中流行起来，然后在民间得到普及。飞天髻是基于灵蛇髻演变而来的，这种发髻的梳法通常是集发于顶，分成数股，并弯成圆环，直耸于头顶。从河南邓县南北朝墓出土的"飞天"壁画中就能够看出。和灵蛇髻相比较，飞天髻更加重视形式美的改变，多股发髻耸立缠绕，形成流畅的线条与多变的形状。它与人们在动荡的社会中以一种创造性的方式表达他们被压抑和不安的渴望有关。时代精神在某种程度上影响了妆饰艺术的表现形式。

魏晋南北朝时期，许多妇女仿效西域少数民族的风俗习惯，把头发梳成单环或双环的发髻，盘在头顶。如东晋顾恺之的《洛神赋图》，画中的女子盘着双髻，还有梳丫髻或螺髻者。如在河南邓县出土的南北朝彩色画像砖中，图中就有梳环髻与丫髻的妇女。在南朝时期，做成上竖的环式，称为"飞天髻"（如图5—3所示）。并且还能看出在发髻上插入摇簪、花钿、钗镊子鲜花等所进行的装饰。

图5—3 《斫琴图》

三、鬓发

魏晋时期，文人雅士崇尚精致的仪态，这和当时的饮茶潮流具有一些联系。茶文化中对美、清幽、自然淡泊的追求，体现了那个时代对自然优雅的推崇。当时女性的鬓发长长飘下，体现了女性的优雅、知性之美，对重清谈、尚优美的风格进行了展示。这一时期的妇女喜欢将鬓发留长，并且垂到耳朵下，长至脖子上，有的甚至垂到肩膀上。在甘肃嘉峪关的魏晋壁画中，有对当时人们社会生活的描绘。发现当时妇女的鬓发被剪成狭窄的薄片，通常长至颈部，给人一种摇摆的感觉。在当时的许多诗句中都可以看到对鬓角的描写。例如，梁朝

---

① 王恩厚．争奇斗异话发式［J］．文史知识，1993（09）：29—33.

江洪《咏歌姬》诗句中就有这样的描述："宝镊间珠花，分明靓妆点。薄鬓约微黄，轻红澹铅脸。"其中，"薄鬓"就是那一时期最为典型的一种妆饰，主要是把鬓发梳理成薄薄的一片，形如蝉翼。[1] 在顾恺之《列女图》（如图5—4所示）中，有很多贵妇就是这样的发型。魏晋时期，女性将头发长度推向极致，鬓发表现出夸张和超脱的形式美，这是动荡时期女性对妆饰艺术大胆追求的表现。

图5—4 《列女图》局部

魏晋南北朝时期妇女的发型多种多样，最著名的有飞天髻、灵蛇髻、云鬓等。除了以上描述的几种发髻外，还包含百花鬓、涵烟鬓、盘桓鬓、归真鬓、凌云鬓等。它们在南北朝时期都十分流行。

第四节　佛教文化的影响

魏晋南北朝服饰的发展伴随东方佛教的发展，甚至可以说它与佛教的盛行具有紧密的联系。一方面，当时的中国人把服饰时尚强加在佛像上，从敦煌壁画、云冈石窟、龙门石窟都可以看到。魏晋以前，菩萨的帔帛还保留着印度人的感觉，织物重，浮感、浮力不强。魏晋时期，随着佛教文化中国化的发展，中原地区出现了佩菩帔。另一方面，伴随佛教的兴起，荷花、金银花等装饰图案大量出现在人们的服装面料或者是镶边装饰中，让服装具有了一定的时代气息。与此同时，帔帛的染、画、绣、画金等面料、图案和装饰的细节都由中原世俗的人们进行，帔帛慢慢发展成具有中原特色的服装形式。

从魏晋南北朝到唐朝，经历了两个截然不同的时代的演变。单单从佛教艺术风格的不

---

①高强.谈魏晋南北朝时期发式的美感［J］.艺术教育，2010，198（01）：143.

同，就能够看出两个时代的情况和特点的差异。根据帔帛的色彩来看，魏晋南北朝的艺术是十分黯淡的，蓝色和绿色的色调给人十分凄惨凄凉的感觉，但也为佛教艺术的发展提供了条件。然而，如果没有魏晋南北朝混论，仅仅由"罢黜百家，独尊儒术"的汉代承袭过来，那么佛教和帔帛很难流行起来，而且难以出现十分轻松开放的大唐盛世。唐代诗人孟浩然《春情》曾言："坐时衣带萦纤草，行即裙裾扫落梅。"这是对帔帛随风飘摆的视觉感受进行了具体描绘。帔帛作为一种附加的服装，开拓了身体的视觉效果，不仅实用，而且创造了活泼优美、婀娜多姿的造型效果。但是，这并不是魏晋时代无法实现的虚幻美感，而是一种更加真实的服饰发展。

一、魏晋南北朝佛教衣冠服饰的发展

魏晋南北朝时期，佛教受到当时统治者的高度重视，佛教服饰也发生了一定程度的变化（如图 5—5 所示）。与佛教的发祥地相比，在发展过程中，中国的僧袍完全融入了中国的实际情况，不仅有很多名字，而且形状和结构也逐渐中国化。游僧是魏晋南北朝时期佛教繁荣的幕后贡献者，对佛教的传入与发展具有十分重要的作用。"百衲衣"是游僧纵游四方，吃百家饭的服饰。梁代慧皎在《高僧传》卷六《义解·释慧持传》中就进行了这样的记载："持形长八尺，风神俊爽。常蹑革屣，纳衣半胫。"[1] 一般来说，"百衲衣"主要是由有施主衣、无施主衣、死人衣、往还衣、粪扫衣这五种衣服的碎片缝制而成的，直到僧侣的地位获得了提高，佛教文化获得了广泛的推广，游僧逐渐成为当地寺庙中的和尚，百衲衣才最终从人们的视线中消失了。取代它的是"三衣""五衣""天衣""袈裟"等。三衣是僧伽梨、安陀会、郁多罗僧，分别用在进出城镇、进宫和集会上；日常作业与就寝；听讲、礼诵；等等。

梁代慧皎的《高僧传》卷十《唱导·昙光传》中就有记载："宋明帝于湘宫设会，闻光唱导，帝称善，即敕赐三衣瓶钵。"五衣主要是基于三衣，增加了僧祇支与厥修罗。僧祇支左开右合，上长过腰，穿着的时候覆在左肩，掩于两腋，僧侣和尼姑都可以使用。厥修罗专门为尼姑使用，它是用长方形的布料做成的，缝纳两侧，穿的时候伸入双腿，腰系纽带。在吴承恩的《西游记》中，相信很多人都会记得唐僧那一身火烧不破的袈裟。然而，到了魏晋南北朝时期，袈裟开始变成了僧人的一种服饰。《高僧传》卷四《高僧传·竺僧度·答杨苕华书》就记载了："且披袈裟，振锡杖，饮清流，咏波若，虽王公之服，八珍之膳，铿锵之声，晔晔之色，不与易也。"也就是说，把袈裟当成是僧人的一种标准服饰。在佛教中，认为法衣有五德：如果有一小块袈裟，你就总能比别人更尊敬；真心敬重袈裟可以达到三倍的果位；真诚的尊重袈裟，可在三乘道上不逆转；获得袈裟乃至四寸，也就有足够的食物；众生都想获得袈裟，就能有一颗慈悲的心，解决自己的矛盾，由此可见，佛教对袈裟是如何地重视。[2]

---

①，②刘颖娜．佛学文化影响下的魏晋南北朝服饰［J］．中国民族博览，2016（01）：185—186.

　　中国佛教文化也根据中国的传统改变了袈裟的颜色与质地。为弘扬佛教，提高僧人地位，大多数主持仪式并诵读佛法的高僧都穿着金缕织成的袈裟。在《西游记》中就有这样的记载："遣使送释迦牟尼佛袈裟一，长二丈余。帝以审是佛衣，应有灵异，遂烧之以验虚实，置于猛火之上，经日不燃。"但是在这以前，《三国志》卷四《魏书·齐王芳纪》也记载了："景初三年二月，西域重译献火浣布。"《异物志》中也有记载："斯调国有火州，在南海中。其上有野火，春夏自生，秋冬自死。有木生于其中而不消也，枝皮更活，秋冬火死则皆枯瘁。其俗常冬采其皮以为布，色小青黑；若尘垢污之，便投火中，则更鲜明也。"《傅子》中曾说："汉桓帝时，大将军梁冀以火浣布为单衣，常大会宾客，冀阳争酒，失杯而污之，伪怒，解衣曰：'烧之。'布得火，炜晔赫然，如烧凡布，垢尽火灭，粲然洁白，若用灰水焉。"与此同时，在一些神话传记中也对它进行了描述，例如，《神异经》云："南荒之外有火山，长三十里，广五十里，其中皆生不烬之木，昼夜火烧，得暴风不猛，猛雨不灭。火中有鼠，重百斤，毛长二尺余，细如丝，可以作布。常居火中，色洞赤，时时出外而色白，以水逐而沃之即死，绩其毛，织以为布。"所以，《西游记》当中的描述并不是无中生有，魏晋南北朝时期，袈裟都是用火浣布制成，以此来炫耀佛法。此外，还有天人穿的"天衣"。《南齐书·舆服志》中曾有记载："衮衣，汉世出陈留襄邑所织。宋末用绣及织成，建武中，明帝以织成重，乃彩画为之，加饰金银薄，世亦谓为天衣。"

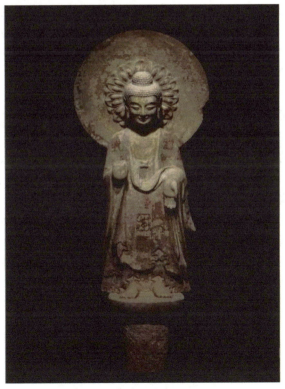

图 5—5　青州北魏背光佛造像

二、佛学文化影响下的魏晋南北朝服饰

魏晋南北朝时期，由于发饰与颈饰受到佛教文化的影响，逐渐产生了一些变化。例如，在以前一些斧式、武器和戈戟的发饰中融入了以花鸟为主的发饰，"惠帝元康时期，妇女之饰有五兵佩，又以金银玳瑁之属，为斧钺戈戟，以当笄"。在考古方面，南京泉山晋墓出土了斧头状的金簪。除了造型外，首饰图案也有一定的变化，如兽王锦、对鸟对兽纹绮等。在此其中，金银花图案、莲花图案则是受佛教文化的影响，大大丰富了那个时期的服饰品种，为魏晋南北朝的服饰添加了独特的色彩。

忍冬图案起源于印度，在魏晋南北朝时期获得了广泛传播与使用。事实上，忍冬是一种寒冷时不会凋谢的植物，又称"金银花""金银藤"。在佛教文化中，它的意思是"人的灵魂是不朽的，轮回就是永生"。由于佛教的盛行，在南北朝时期，金银花图案不仅出现在饰品上，还出现在衣服的边缘装饰上。菱格忍冬纹绮花纹长为5厘米、宽2.2厘米，出土于新疆吐鲁番阿斯塔纳307号北朝墓。花纹单元为菱形，四周用双色圆点状平行排列，连接点装饰圆形荷花。莲花呈八瓣状，左右、上下排列对齐，异常整齐。图案中间是一只凤凰，上下盛开着金银花，凤凰是一对鸟，左边双脚着地，展开翅膀，右边单脚着地，体形较左边的大，可能象征一凤一凰。

另外，"天王化生纹"也是受到了佛教文化影响的服饰之一。天王化生纹由"天王"字样、莲花和佛像组成，代表了"凡人若能够苦心修行，死后定能化生成佛"的道理。不管是"天王"，还是莲花和佛像，都具有浓厚的佛教文化色彩。这也表明在魏晋南北朝时期，人们已经把佛教文化和当地的吉祥、平安融为一体。与此同时，服饰上还出现了"儿童玩莲"的图案。在佛教文化中，莲花被赋予了"净土"的含义，表示"纯洁"和"吉祥"。伴随佛教的盛行，荷花也得到了广泛的传播，并结合当地对荷花的认识以及"太子莲华经"的寓意，形成了"童子戏莲"，象征着家庭的生育和繁荣。

魏晋南北朝时期的服饰变迁，在一定程度上受到佛教文化中开放、清静思想的影响。特别是在女装方面，开始大量出现瘦身衣风格与裸胸衣风格，缎带和披肩成为人们通过服装表达内心情感的一种方式。并且，在北朝时期，许多人把头发扎成各种各样的"螺髻"，据说佛教中释迦牟尼的头发就是螺旋形。《绣阿弥陀佛赞》就记载了："金身螺髻，玉毫绀目。"《北齐校书图》中女侍就梳着各种螺髻。并且在《颜氏家训·勉学》中也记载了："梁世士大夫皆尚褒衣博带，大冠高履。"魏晋南北朝时期，男子服装以宽袖长衫为主，这种露胸露臂的服饰风格，体现了佛教文化中的自由平等，也象征着佛教文化的平民化、民族化，以及自由化。

第六章　隋唐五代时期的冠饰文化

第一节　隋唐五代时期的历史背景

　　北周外戚杨坚由于禅登基的影响，创建了隋朝，定居长安。杨坚为隋文帝，其即位以后，实施改革。隋文帝提倡节俭，并且能够以身作则，因此隋朝初期，形成了节俭的社会风气。隋文帝的统治持续了 20 多年，历史称其为"开皇之治"。隋朝的大运河是古代世界上最长的运河，它的开通极大地推进了南北经济交流。大运河开通以后，隋炀帝曾经三次从洛阳乘船游览大运河，并对江都进行考察。公元 618 年，李渊称帝，定都长安，建立唐朝，而李渊为唐高祖。公元 626 年，秦王李世民发动政变，史称"玄武门之变"。此后不久，高祖退位，李世民成为皇帝，年号贞观。唐太宗从隋炀帝的死中汲取教训，他勤于政务，命令大臣们廉洁奉公，政府轻徭薄赋，鼓励生产。其在位时，政治十分清明，经济也得到了极大发展，国力越来越强盛。在历史上这一时期被称为"贞观之治"。

　　公元 649 年，太宗的儿子高宗即位，高宗当政时，武则天掌管朝政，逐渐夺权。公元 690 年，武则天称帝，改名为周。她是中国历史上唯一的一位女皇帝。公元 705 年，她被迫退位。直到唐玄宗统治时期，唐朝的政治局势又变得不稳定了，唐朝皇帝李隆基于公元 712 年即位，执政初期政治相对稳定，经济繁荣，唐朝进入了鼎盛时期，中国封建社会出现了前所未有的繁荣现象。此时的年份叫"开元"，历史上称之为"开元盛世"。据史书记载，唐代农业的最大发展是"稻米流脂粟米白"；与此同时，手工业在唐朝也很繁荣，例如丝绸纺织工业，以及世界闻名的唐三彩陶器等。

　　隋唐时期，中国边疆各民族迅速发展，呈现出"和同为一家"的和睦局面。外域贸易有了极大发展，唐朝政府积极鼓励世界各地的商人来中国做生意，经济获得了全面发展，人们思想得到了解放，充满了信心。文学艺术也蓬勃发展，隋唐时期是中国封建文化的鼎盛时期，有光耀千古的文坛，也有丰富多彩的艺术、书法和绘画。

　　经过 290 年的统治，唐朝经历了由盛到衰的过程。隋唐五代是我国古代历史上的一个重要时期，唐朝是中国历史上最强大的封建帝国。唐朝实行宽松的商业制度，便利的交通，统一的货币和度量衡，使商品贸易与文化交流空前活跃。唐代兼收儒、佛、道三教并立，从客观角度增强了政治的开放与民族的融合，加强了经济、文化、艺术的繁荣，融合中国各民族的文化，在内容和形式上都具有鲜明的时代特征。唐朝文化在国外广为流传，对伊朗、日本、朝鲜，南亚次大陆，阿拉伯甚至非洲都产生了十分深远的影响。

第二节　审美概述

生态美学是后现代社会语境下诞生的一门新兴学科。但是，我国丰富的哲学思想中也不乏生态美学的审美智慧，其中最具代表性的当数我国古代哲学中"天人合一"的思想理念。这一理念伴随着中华文明数千年的演化过程，甚至在许多情况下还占据着核心位置。在这种哲学理念的不断影响下，我国传统文化中的生态智慧可谓无处不在。隋朝时期，我国服饰发生了巨大的变化，服饰风格兼具汉族和北方民族的特征。隋炀帝时期，开始按照地位等级对服饰进行划分，具体表现在服饰的色彩方面，即命服的色彩以紫色、青色及绿色为主，百姓的服饰色彩以白色为主，屠夫和商人的服饰色彩则以皂色为主，这一风气一直延续到了唐代。[1] 由于唐代是我国封建社会的顶峰，其雄厚的物质基础使服饰领域的生态理念比其他任何朝代发挥得都更为充分。

首先，唐朝服装的图案设计呈现出浓重的自然情结。唐朝服装与冠饰虽然也继承并使用龙凤等象征皇权的图案，但是大部分装饰图案还是将来源于自然界的花鸟虫鱼作为描摹对象。即使是龙凤图案本身，也可以从二者身上找到世间的一些飞禽走兽的影子。因此，龙凤不仅是皇权的象征，也是吉祥的象征，更是人与自然和谐相处的象征。通过这些源于自然的图案，唐朝人含蓄地表达了对自然的崇拜与敬畏，表达了对自然这一人类共同家园的无限向往。其次，唐朝服饰的色彩传达着富含生命意蕴的自然情结。唐朝服饰所使用的颜色大都是自然的馈赠。例如唐朝妇女喜欢石榴花的颜色，便想方设法利用石榴花制作染料来染制衣服。此外，唐朝服饰色彩的自然情结还体现在对色彩热衷的心态上。例如人们将绿色在服饰色彩中的运用发挥到了极致，无论是深绿、浅绿、淡绿还是荷叶绿，都体现出唐人对自然界生命的热爱和崇尚。在图案的运用上，唐代流传下来的图案大多数都是古代人民所崇拜的物化形象，在唐代不仅有以花卉、动物为主的图案，还有龙凤图案，在唐代龙凤图案专为皇室所用，代表着皇权，平常百姓是不能僭越使用的。[2]

唐装通常是指唐代的汉服，其种类繁多。一是传统的襦裙装，这种风格流行于初唐时期，通常是沿袭了自东汉以来中国传统女子的上衣下裳制（如图 6-1 所示）。人们总是谈论衣裳制，实际上衣是衣、裳是裳，衣是指上身的衣服，而裳主要表示现代描述的裙子，衣和裳是分开的。这种女装不是连衣，而是两件套的连衣，一直延续到明末。唐朝的宽袖子基本

①叶向春．美术视域下唐代服饰艺术探讨［J］．纺织报告，2021，40（12）：115-116.
②张艳清．基于唐代服饰图案的设计表达研究［J］．艺术品鉴，2021（17）：70-71.

上都是方形的，与今天的和服袖子相似（如图6—2所示）。

图6—1　唐代襦裙装

图6—2　唐代女服

　　此外，还有一种晚唐的礼服，通常都是由朝廷命妇所着，被称为"钗钿礼服"。在中晚唐时期，服装中不断强化了中国传统的审美观念，逐渐复古，优先考虑显示女子身材，从返回到秦汉时期衣服大袖、飘逸如仙的风格，服装越来越宽大，这种风格影响了中国后期女装的根本观念，即松散随体肥大。唐代服饰在结构上展现出扁平、连通、无省道的特色结构。① 这种后来自然也成为礼教所要求的对象，柔软自然，无形无欲（如图6—3所示）。

图6—3　晚唐女服

---

①缪良云.中国衣经［M］.上海：上海文化出版社，2000.

第三节　隋唐五代时期冠饰特点

一、男性冠饰

　　唐代曾有一段胡帽盛行的时期，如底边翻卷、顶部尖细的毡卷檐帽、浑脱帽等。经过软裹的唐巾形状为后垂两个巾脚自然飘动，也有人称软脚幞头。隋代的幞头比较简单，在幞头的包头上加上固定的饰物，覆盖在发髻上，从而分出各种形状，这种饰物被叫作"巾"或"巾子"。初唐时期的幞头子较低，而顶部呈现出平状，以此不断加高，中间略为凹进，分为两半（如图6-4所示）。中后期，幞头更高，左右分半，就好像两个圆球，并且具有极为明显的前倾，称为"英王踣样"。

　　开元年间，也流行"官样"子，其最初在宫中出现，并且称为"内样"，也称"开元内样"。幞头的两脚最初就好像两条带子，从脑后向下垂，至颈或肩；后期两只脚逐渐缩短，将脚倒立插在脑后结中，在唐朝时期十分常见。自唐朝中期以来，从帝王、大臣，一直到平民、妇女都戴幞头，款式基本相同，但两足形状不同，或圆或宽，似硬翅，略向上，中间有丝弦之骨，也有一定的弹性。在唐朝末期，幞头超出了巾帕的范围，变成了固定的帽子（如图6-5所示）。

图6-4　软头幞头

图6-5　唐朝幞头

　　隋唐的首服，除去幞头（如表6-1所示）外还包含了纱帽，主要用于视听盛宴，和宴见宾客，在褥生和隐士之间也广为流行，其风格可以礼见人，以新奇为尚。至于南北朝时期的小冠与彩绘纱笼冠，在这一时期依旧在使用，有的还被融入冠服制度中。隋唐体系中最为典型的冠服为进贤冠。根据开元二十年《开元礼成定冠服之制》记载"进贤冠：三品以上三梁，五品以上二梁，九品以上一梁，为三师、三公、太子、尚书省、秘书省、诸寺监、太子詹事及教官王，诸州、县，关津岳读渎等流内九品以上服之。"在唐朝时期，进贤冠是所有各职文官、新皆能使用的，拥有普遍性与典型性。

表6-1　唐代男性幞头图鉴表

图片	名称及来源	线描图	特征
	硬脚幞头《步辇图》故宫博物院		幞顶前部圆状；幞顶后凸起部位方形且小于前部；两幞脚似柳叶状呈正八字向左右两侧打开
	翘脚幞头《韩熙载夜宴图》故宫博物院		除幞顶前部略前倾且为方形，上两幞脚消失且无绳扣以外，其余同圆顶翘脚

二、女性冠饰

隋唐冠饰是中国古代女性冠饰发展的重要转折时期，隋唐之前的女性冠饰虽在贵妇阶层中偶有出现，但没有明确的制度规定和形制记载，隋唐在继承这种女性戴冠的习俗以后，不仅兼容南北贵妇头饰以成隋唐冠饰形制，更是对贵妇冠饰的形制、使用作了明确的行文规定，甚至直接影响到了宋明贵妇冠饰的形制和使用规定，因此隋唐冠饰的研究就显得非常重要。再加上中国素来有"衣冠礼仪之邦"的称号，冠在中国的文化体系里具有明贵贱、分秩序的重要作用，同时也是中华文化中等级制度的象征之一；对于女性来说，由于冠饰具有强烈的装饰作用，所以家财丰厚的贵族妇女往往不惜成本、不惜代价创造更具美感的冠饰。因此，研究这一时期的女性冠饰（如表6-2所示），不仅展示了唐代女性的生活情趣和审美观[①]，还可以深入研究我国古代的礼制研究和女性的服饰制度等问题。

---

①周鹏．唐代服饰纹样在现代服装设计中的创新应用——以女性服饰为例［J］．纺织报告，2020（09）：61-62，74.

表 6-2　唐代女性冠饰图鉴表

图例	名称及来源	线描图	说明
	李倕冠饰 陕西考古博物馆		李倕冠饰由绿松石、琥珀、珍珠、红宝石、玻璃、贝壳、玛瑙、金银铜铁等组成，很多金饰下还有翡翠鸟鲜艳的蓝色羽毛。
	萧后冠 扬州中国大运河博物馆		隋唐时期的命妇礼冠。
	唐彩绘双环望仙髻女舞俑 陕西历史博物馆		双环望仙髻是古代汉族妇女发式之一，是一种高状作双环形的发髻。双环望仙髻的特征是环状双髻高耸于头顶，有瞻然望仙之状，流行于初唐及盛唐时期。
	堕马髻女立俑 西安博物院		基本特点偏侧和倒垂的形态未变。堕马髻一般梳发方法是将发拢结，绾结成大椎，在椎中处结丝绳。

发髻是束在头顶或脑后的头发，由于绾束方法的差异，形成的效果也各不相同（如图6－6所示）。唐代妇女最为常用的发式包括：高髻、反绾髻、双髻、堕马髻、囚髻、抛家髻、倭堕髻、从梳百叶髻、低髻等30多种。

图6－6　唐代女发髻

虽然唐代女子有许多发式，但一般分为两种类型：一种是梳于头顶，另一种是梳到脑后。以下主要对高髻、倭堕髻、堕马髻、花髻、闹扫妆髻等十分典型的发髻进行阐述（如图6－7所示）。唐初，一些地位较高的女性改变了隋代的平云风格，仅仅是向上高耸，当作一些不一样的改变。《妆台记》中记载："唐武德中，宫中梳半翻髻，又梳反绾髻、乐游髻。"宫廷内外对其进行效仿，曾风靡一时。大臣曾要求唐太宗下令禁止，唐太宗虽然也试图谴责，但后来问亲密的大臣令狐德："女人发髻高的原因是什么？"令狐德表示："头属于上部十分重要的部分。"所以对高不再限制，更加多样化，飞髻、朝天髻等都是高髻。

图6－7　唐代女发髻

初唐时期，发髻通常扎得很紧，高高立在头顶。陆龟蒙在《古态》中提到："城中皆一尺，非妾髻鬟高。"而李贺也利用"峨髻愁暮云"等对当时高髻的高度进行了描述。当然，普通女性的头发是达不到这样的高度的。因此，假发极为流行。在头发上加上木头做的假冠、发垫等，使头上的发髻垫得很高，杨贵妃就十分喜欢使用假发，于是就把它叫作义髻。后来又出现了"蝉翼"，即把鬓角处的头发向外梳开，形成薄薄的一层，然后在头顶上扎成一个高髻。垂髻是将头发从一边扫到另一边，在耳朵周围拉成两个水滴形发髻（如图6－8所示），需先把头发扎在脑后，然后在头发末端打一个结，形成一个小团（髻）。而花髻主要是一种将各类鲜花插于发髻上作髻饰。

图 6－8　唐代女性发髻

在李白的《宫中行乐词》中就有提到"山花插宝髻"的诗句；万楚《茱萸女》中也说："插花向高髻"等。唐代的牡丹花因其厚重而被尊为百花之王、富贵之花，尤其是富贵人家的女儿，更喜欢用牡丹花簪插在发髻中，彰显自己的妩媚和富贵。《奁史·引女世说》中记载了："张镒以牡丹宴客，有名姬数十，首有牡丹。"周昉《簪花仕女图》体现的也是这种发髻。除去牡丹外，还可插一些小花，例如，罗虬的《比红儿诗》中提出的："奈花似雪簪云髻。"奈花是很小的白色茉莉花，插在发髻上，让黑发白花能够有效展现出黑者更黑的对比效果。这样的装饰法，一直流传于民间，并且变成了中国妇女发饰中的关键手段。鼎盛时期的唐代，最受欢迎的发式为倭堕髻，将头发从两鬓梳向脑后，然后向上拖曳，把头发梳到头顶绾成一个或者两个向额前方低下来的发髻。一些盛唐时期出土的女性陶俑，大部分都做成了倭堕髻。直到今天，日本妇女仍然梳着唐代风格的倭堕髻。

唐朝中后期，出现了许多新的女性发型，在唐德宗统治末期，京城长安流行堕马髻。其主要是将发绾至头顶上做成衣簇大髻，然后让它偏向一侧，就像自然获得发式一样，这在画家张萱的《虢国夫人游春图》中就可以看到。当时也很流行闹扫妆髻，这是一种极为散乱向上的发髻，白行简《三梦记》就曾记载了："唐末宫中髻，号闹扫妆髻，形如焱风散。"还有人说，随便梳成的发髻还应该叫闹扫妆髻，或者是盘鸦。另一种说法是，朝廷的一部分年轻侍女，常常将头发向左右分开，在头顶做一排多种发型，十分的繁缛。

"丫头"和"丫髻"就是来自女性的发式。当女性还是未成年的时候，她们的头发通常是在头顶扎成两个发髻，左右各一，与树枝丫杈十分类似，所以称为"丫头"，发展到后面的"丫头"则变成了对年轻女子的代称。李嘉祐《古兴》提及了"十五小家女，双鬟人不知"，这首诗描述了女孩的绾鬟式。而丫髻和丫鬟的主要区别可以分为两部分：第一，丫髻就是一个实心的发髻，但是丫鬟则是空心的发髻；第二，丫髻通常高发顶，而丫鬟大多垂于耳际。在梳绾的过程中，女性的年龄不同，发式也各有不同。通常在女性幼年时，主要以丫髻为主，在成女以后则改用丫鬟，到了出嫁的时候，再把发髻变成少妇的形式。假如已经过了婚龄但是没有出嫁，就只能梳鬟，不可以梳髻。由此可以看出，发式是当时妇女是否婚嫁的一种标识。杜甫《负薪行》提到："夔州处女发半华，四十五十无夫家……至老双鬟只垂颈，野花山叶银钗并。"这两句诗词描述了四川夔州地区的妇女，由于常年的战乱，男丁不断减少，有些女性到四五十岁都没有嫁出去。即使两鬓斑白，但是依旧梳着待嫁的发髻。

下面就对这一时期的一些发髻进行简要介绍。

（1）倭堕髻

晚唐词人温庭筠有"倭堕低梳髻，连娟细扫眉"的词句，为我们呈现了一名晚唐美人的形象。它所呈现的形态也是双鬓抱面，发髻有单个或多个，由后向前置于头顶。也有人把它称为乌蛮髻。盛唐时的很多女立俑都是这个发型，配上她们标准的圆润脸庞，显得生活格外幸福（如图6-9所示）。

图6-9 倭堕髻

（2）堕马髻

堕马髻也许是人们最为熟悉的唐代发型之一。实际上，这一名称在汉代已经出现，但是汉代堕马髻的具体形态还不能确定。唐代使用这一名称主要是用来描述发髻偏于一侧的发式。堕马髻的形态为双鬓抱面（鬓发垂于耳际且向脸部梳拢），发髻不是位于头顶正中，而是偏向一侧。也有人把它称为抛家髻。这种发髻在晚唐尤为多见。从著名的《虢国夫人游春图》中就能看到梳堕马髻的女性形象（如图6-10所示）。

图6—10　堕马髻

（3）高髻

高髻是非常高大的发髻（如图6—11所示），还可以根据发髻的形状细分出不同种类。常见的比如单球髻和双球髻等。这种发型在唐朝的贵族妇女中很流行。梳理时真、假发结合，将头发梳到头顶层卷而成，将玉簪插在旁边，发髻前插入串珠步摇晃动，并且在头顶戴上牡丹。

图6—11　高髻

（4）半翻髻

大致是将头发向上梳于头顶再向前或者向后翻绾所形成的一种高髻，还可细分为单刀半翻髻、双刀半翻髻。这种发髻的流行时间比较长，从唐代初年到盛唐时期都能见到，视觉上似乎能提高人的海拔。这位女俑梳着高高的单刀半翻髻，身穿小袖腰襦，外罩绣花半臂，裙褶处遍绣柿蒂花，左手拿着小镜子，右手似乎打算补个妆（如图6—12所示）。

图 6—12 半翻髻

（5）双缨髻

这是双高髻的一类。把头发的中间部分绑起来，然后编盘两个缨状的髻，立于头顶，每个缨髻前佩戴一朵银花。晚唐时期，流行于朝廷与仕宦家的女性中，到了宋代更为流行（如图 6—13 所示）。

（6）玉环飞仙髻

其属于高髻的一种。将头发分成六份，一股向后再上折成环状，五股向上盘卷成五个环，中间的环最大，两侧渐小，发髻两边插上凤衔玉珠步摇，在发髻中间饰正凤，和珠翠、羽毛组成孔雀开屏花冠。据说杨贵妃就曾戴过这种发髻，高级宫廷艺伎也喜欢戴这种发髻（如图 6—14 所示）。

图 6—13 双缨髻

图 6—14 玉环飞仙髻

第四节　隋唐五代礼冠制度

礼冠是指在重大礼仪场合佩戴的冠饰，通常在祭祀、朝会等场合中使用。这类冠饰大多工艺精湛、体量硕大，并且有严格的等级和形制规定，是礼制在服制上的体现之一。《说文解字》中写道："冠，絭也，所以絭发。"从字面上理解，冠可以被视作一种覆盖在头发上，能够束住发束的发饰。冠饰分为男性冠饰和女性冠饰。男性冠饰的起源可追溯至尧舜时代。进入商周时期后，正式的"冠冕"成为等级秩序的象征，并制定了以冠饰为主的首服等级制度。和男性的礼冠制度相比，女性的冠饰制度出现得较晚。据记载，女性冠饰出现礼仪的作用大约是在南北朝时期。隋唐女性冠饰，可谓是中国古代女性冠饰发展史上的重要里程碑。在此之前，尽管贵妇阶层中偶尔可见女性冠饰的点缀，但并未形成系统的制度和明确的形制记载。然而，隋唐时期，这一传统不仅得以传承，更融合了南北贵妇头饰的精髓，从而塑造出别具一格的隋唐冠饰风格。更为重要的是，隋唐时期对贵妇冠饰的形制与使用进行了详尽的规范，这一制度不仅在当时盛行，而且对后世的宋明贵妇冠饰形制与使用规定产生了深远的影响，为后世冠饰文化的发展奠定了坚实的基础。

第五节　隋炀帝萧后冠

礼冠是指记载于舆服制度中且专在重大礼仪场合佩戴的冠饰，例如祭祀、朝会、亲蚕礼等场合，这类冠饰大多工艺精湛、体量硕大，并且有严格的等级和形制规定，是礼制在服制上的体现之一。

一、萧后冠

隋炀帝的萧皇后是梁明帝萧岿与张皇后的女儿，生于后梁国国都江陵（公元 570 年），大业元年（公元 605 年）隋炀帝继位之后，将其封为皇后。隋炀帝遇刺身亡，萧皇后开始了颠沛流离的生活。先后辗转于宇文氏军中、窦建德军中以及突厥部落。唐贞观四年（公元630 年），唐大败突厥颉利可汗，唐太宗遂以礼迎萧皇后回京。贞观二十一年（公元 647年），萧皇后卒，唐太宗以皇后之礼将其与隋炀帝合葬于扬州，"庚子，隋萧后卒，诏复其位号，谥曰愍，使三品护葬，备卤簿仪卫，送至江都，与炀帝合葬"①。

2012 年 12 月 19 日，我国发现了扬州曹庄隋炀帝陵墓。通过考古发掘与研究表明，第一墓为隋炀帝墓，第二墓为隋炀帝萧后墓。考古学家在隋炀帝墓与萧后墓中清理出 400 多套

---

① （宋）司马光.《资治通鉴》卷一百九十八《唐纪十四》[M]. 北京：中华书局，1956.

珍贵文物，其中一件名为"M2出土冠饰"的文物就是萧后冠（如图6－15所示）。这一冠饰是目前考古界发现的等级最高、保存最完善的冠。由于扬州的酸性土壤不适宜保存金属文物，所以萧后冠饰保存状况较差。由于这一冠饰的重要性、复杂性和脆弱性，不宜继续对现场进行全面清洗，扬州曹庄隋唐墓葬联合考古队决定在整个提取后开展实验室考古清理。在国家文物局的指导下，扬州文物考古研究所和陕西省文物保护研究所达成合作，共同进行隋炀帝萧后冠实验室的考古保护研究。冠饰持有者萧皇后是历史上十分著名的人物，她是隋炀帝的皇后，是一个完美聪明温柔的女性。在隋炀帝的统治期间，因为滥用民力导致天下大乱，她多次进谏无果。终究天下局势并非一个女性能够扭转的，最后萧后流亡突厥，隋炀帝被叛军缢杀。

图6－15　萧后冠复制品

萧皇后是历史上有名的皇后，即使她的美貌不在古代四大美女之列，但历史中记载了很多她迷人的故事。萧后冠是历史和文化的沉淀，也可以说是对古代精细首饰工艺的再现。即使她的后冠是以金属铜与玻璃为主要原料，基于纯铜的条件下镏金，利用大量美丽的花瓣与花蕊组合而成，冠饰的制作工艺却是让人引以为傲的宫廷技法，其精美程度让人十分震撼。萧后冠上的材料极为丰富，主要包含了铜、金、铁、玻璃、汉白玉、珍珠、木、漆、棉、丝等。而制作后冠的技术也极为复杂，主要包含了焊接、掐丝、镏金、贴金、錾刻、锤揲、镶嵌、珠化、抛光、剪裁、髹漆等，多达11种工艺，最后将这些细部构件组合在一起，可以想象到它的复杂细腻的程度（如图6－16所示）。

图6－16　出土冠和仿制冠

二、裴氏冠

裴氏冠是阎智夫人的礼冠，阎智字识微。裴氏是阎立德之孙媳，生于贞观二十一年（公元 647 年），卒于天授二年（公元 691 年），葬于长寿二年（公元 693 年），终年 45 岁，于神龙二年（公元 706 年）合葬于长安万年县崇道乡。阎识微曾任职婺州兰溪县令兼朝散大夫，裴氏应当就去世于这一时间段内。阎识微最后的职位是朝议大夫兼太州司马，之后就因其弟阎知微于圣历二年（公元 699 年）牵连而死。

裴氏冠 2002 年出土于西安马家沟，出土后即交付陕西省文物保护研究院进行整理复原（如图 6—17 所示）①。根据《唐阎识微夫妇墓出土女性冠饰复原研究》中的材料来看，裴氏冠整体材质为铜鎏金，头冠残件包括博鬓 2 件、弧形条状饰件 5 件、水滴形宝钿 4 件、逗号形宝钿 2 件、六瓣花形饰件和花苞形饰件各 10 件、山石树干形饰件 3 件，玉石、玻璃、珍珠、金属条、金属片以及金属丝若干。裴氏冠的胎体"可能是用铁丝或竹木围成框架，表面罩以'方目纱'制成的"。冠底部包裹一圈头箍，发箍上方是 4 片水滴形宝钿按中心轴对称分布，另外两个逗号形宝钿分别位于水滴形饰件旁边，两个长约 16.4 厘米的博鬓同样以水滴形饰件为对称轴分布于冠饰的两侧，博鬓上立有螺旋花梗小花。冠饰的前部中心位置是一个凤鸟衔珩的饰件，周围对称分列飞天小玉人，冠饰顶部左、中、右各一棵花树，螺旋梗小花均匀分布于冠体的空余位置。

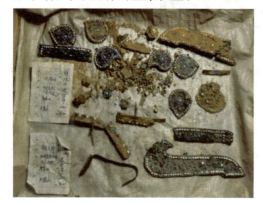 

图 6—17　裴氏冠复原图

①张煦．唐阎识微夫妇墓出土女性冠饰复原研究．陕西师范大学，2014．

第七章　宋辽金元时期的冠饰文化

第一节　宋辽金元时期历史背景

从公元907年梁朝建立到1368年元朝灭亡，中国经历了辽、宋、夏、金、元五代，共延续了460多年，这是中国历史上又一个民族大分裂、民族大融合的时期。当时，虽然战争频繁，但各民族之间的政治、经济、文化交流密切，少数民族的政治权力受到汉族先进经济文化的影响，民族融合不断提升，全国经济重心南移，农业、手工业和商业的发展水平超过了上一代。毕昇发明了活字印刷，指南针被广泛使用，火药武器不断改进，这些都对世界文明的进步产生了重要的作用。与此同时，理学的出现，宋词、元曲的兴盛，世俗文学的出现，促进了中国文化的进一步发展。

一、辽

辽代（907—1125年），是中国历史上契丹人建立的王朝。它有九位皇帝，持续了218年。辽代鼎盛时期，据《辽史》①记载其疆域"东至于海，西至金山，暨于流沙，北至胪朐河，南至白沟"。契丹族原是一个游牧民族，他们在吸收农耕技术后，为了维护民族特色，把游牧和农业民族的管理进行了划分，并且提倡以习俗为基础的统治，建立了两院制的政治制度。此外，契丹还创造了契丹文字（如图7-1所示）来保留自身的文化。

---

① （元）脱脱等 . 辽史 ［M］. 北京：中华书局，1974.

图 7-1　契丹文八角铜镜

二、宋

宋朝（960—1279 年），它是中国历史上继承五代十国的一个朝代，分为北宋和南宋。并且持续了 18 个皇帝，历时 319 年。960 年，后周的各个将领在陈桥发动兵变，建立了宋朝，由军节度使赵匡胤担任皇帝。赵匡胤为了能够规避晚唐时期诸侯国割据以及宦官专权混乱的局面，采用了重文抑武的策略，强化了权力的集中，剥夺了军事将领的军事权力。宋太宗即位后，统一了全国，和辽签订了《澶渊条约》。1125 年，金朝大举南下，发生靖康之乱，北宋灭亡。康王赵构在南京应天府登基，建立南宋王朝。绍兴和议以后和金国的分界线为秦岭淮河一线，1234 年，宋朝联蒙灭金，1235 年，宋元战争爆发。1276 年，元朝占据了临安，在崖山海战以后，南宋灭亡。

两宋特殊的形势让民族关系呈现出以下特点：第一，民族政权并立。第二，两宋政权的民族政策主要是软弱，多次用军均告失败。对辽、夏、金以输纳岁币等方法来交换和平。第三，民族矛盾十分明显，两宋、辽、夏、金等政权都被民族政权的进攻所摧毁。第四，民族融合成为主流形式。少数民族慢慢接受中原内地的先进文化，一部分少数民族领导人把汉族先进的方法与经济结构推广到边疆地区，加快了边疆的发展。在宋辽、宋夏、南宋、金朝之后，出现了一段较长时间的稳定与和平。北宋、辽、夏分别在边疆地区开展贸易活动。南宋时期，大批契丹人、女真人进到中原，和汉人一起生活、工作。而这一时期关系的主要影响在于一方面，频繁的国家战争为各族人民带来了巨大的灾难；另一方面，促进了各民族人民的交往与交流，形成了民族融合的全新发展，推动了统一多民族国家的进程（如图 7-2 所示）。

图 7－2　《清明上河图》中的宋代街景

宋朝是中国历史上商品经济、文化、教育和科学创新高度繁荣的一个时代。虽然宋代在后世被认为是"贫弱"的，然而其民间经济以及社会经济的繁荣远远大于唐朝。宋代是儒学复兴、理学兴起、科学技术快速发展、政治启蒙、宦官军阀严重缺位的时期。在中国历史上，兵变和民变的数量以及规模相对较少，而北宋由于推广占城稻，因此人口迅速增加，从980 年的 3710 万人增加到 1124 年的 1.26 亿人。

宋初在五代十国的残破基础上，不断施行了一系列有利于农业恢复和发展的措施。太祖即位实行均田法"命官分诣诸道均田"①，废除了五代十国的无名苛税。五代十国结束了分裂局面，强化了中央集权统治，让中原与南方出现了相对稳定的局面，汉族、少数民族政权同时建立，民族融合得到不断增强，各民族文化获得了统一发展，把中国的先进文化传播到世界各地，同时也吸收了外国文化。

三、金

金代（1115－1234 年），它是由完颜阿骨打（完颜旻）建立的，这是中国历史上一个封建王朝，由女真民族建立，对中国的北部以及东北地区进行统治，西接西夏、蒙古，南接南宋。金代时期，瓷业和铁业十分繁荣，对外贸易垄断了西夏王朝的经济命脉。同时，杂剧和戏曲也获得了迅速的发展，金代院本为后续的元代杂剧奠定了基础。金朝初期采取贵族公认的勃极烈机制，后来慢慢由二元政治向单一汉制进行转变。在军队中，金朝采用了军民统一的猛安谋克政策，是历史上第一个提出"中华一统"的朝代。

---

① （元）脱脱等．宋史（卷一七三）［M］．北京：中华书局，1997.

四、元

元代（1206—1368 年），它是中国历史上第一个由少数民族创建的大一统王朝，定都大都（今北京），历经五代 11 位皇帝，从 1206 年成吉思汗创建蒙古政权的 162 年，由忽必烈起封元开始共经历 108 年。元代时期，统一的多民族国家不断获得巩固，领土面积超过了以往的朝代，并且废除了尚书省与门下省，保留了中书省的行政、军事和监督三权，其包含枢密院和朝廷。地方上落实地方主义制度，这是中国最早的地方主义制度。除此之外，元代的商品经济以及海外贸易更加繁荣，和其他国家的外交往来十分频繁，派出使节、传教士、商务旅行等。在文化方面，元曲等文化形式也出现在这一时期，比较贴近世俗化。

第二节　审美概述

无论何种艺术，都无法脱离形式而存在，没有无形式的内容，也没有无内容的形式，人类在审美创造的过程中，运用并发展了形式感，并从大量美的事物中归纳概括出相对独立的形式特征。这些具有美的形式的共同特征被称作形式美法则，形式美法则是事物要素组合的原理。形式美法则在服饰艺术中无处不在。我国古代的冠服艺术首先是按照"对称与均衡"的原则，运用规定的造型、色彩、质料、图纹、饰物组成了一个艺术整体，而展现出来的不同款式、不同用途的冠冕体现着不同的形式美感。若离开了形式，内涵将无从寄托。

辽代的衣冠制度并不统一，而金朝的服饰一开始也并不是很完整，直到元代才变得越来越成熟和华丽。

一、宋

宋朝在创建五代与十国以后，长时间的战争导致民不聊生，政治、经济、文化陷入了僵局，宋代相对稳定的政权环境为社会供应了栖息的地方，宋代统治者同样清楚了解到国家未来的发展方向，服饰、冠饰文化也获得了稳定的发展。

首先，经济的繁荣促使宋代人民逐渐关注服饰审美。在古时候，商人的地位一直很低，宋代统治者为了促进经济的发展，提高了商人地位。宋代贸易市场的开放和发展促进了人与人之间的关系，加强了人们美学的交流，使得经济获得发展，商人在政治上更加的放松。商旅南北，在一定程度上加速了货币流通，推动了宋代市场的自由化，并且还出现了相似的货币交子。而海上贸易的发展给宋代创造了巨大财富，茶叶、瓷器和布匹商人逐渐发展到海外，海外贸易为国家带来的税收变成了宋代的一项主要收入。随着宋代的经济发展，社会各阶层收入的不断提升，人们具有更多的闲钱来添置衣服，这对宋代人审美的提高也是一个有效的推动（如图 7-3 所示）。

图7－3　清明上河图中戴花冠的宋代女性形象

其次，宋代政治的繁荣和稳定，给了文人审美的时间和心情。宋朝文人地位的提升使其具有大量的时间与心情去感受自己的服装问题，一系列的举措不仅促进了经济的繁荣，也使文人对自身的服饰文化有了独特的观念与看法，使其成为服饰文化史上的华丽篇章。自宋朝300年战争以来，宋朝体现出来的不是尸横遍野、民不聊生，而是文人的闲情逸致，清幽致远、悠闲看南山的精致姿态，人们的服饰通常都是十分清新脱俗的，极其朴素大方、简单理性。

最后，程朱理学引导宋代人审美。由于对程朱理学的推崇，在一定程度上增加了程朱理学对宋代文人的影响，并且在服饰上也得到了相应体现。在保自然、灭人欲的观念影响下，人们的审美标准变得非常理性和平淡，程朱理学重视传统，所以人们选择传统的服装；程朱理学重视对材料本质的尊重，所以人们在选择服装颜色的时候大多选择本色，风格简单而优雅。

二、辽

文学在不同阶段的审美追求也表现出不同的价值取向，例如早期的纬武经文就被看作美矣盛矣的审美满足，而后期则表现为一种新的更高层次的尽善尽美，甚至天人合一。[①] 自然美在传统美学中几乎等同于艺术美，与社会美并列。自然物所显示出来的美如山川河流、动植生物、风雨云雾、四季景象、日月星象等，在古典时代是最能激起人们愉悦感的形式。少数民族的生活习惯往往与地理环境有着极其密切的关系，契丹民族长期的游牧生活，使其生存与自然融为一体，因此，服饰装饰中的自然主义倾向是十分明显的。辽代金冠的形态中包含了大量的自然仿生形态，反映了草原游牧民族对大自然的一种崇尚之情，例如卷云金冠、镂空凤鸟纹金冠（如图7－4所示）、莲叶形冠叶等，都是自然形态在金冠外形上的一种抽象化表现。

---

①黄震云.辽代的文化观念和文学思想［J］.民族文学研究，2003（02）：55－61.

图7-4　镂空凤鸟纹金冠

　　另外，繁镂、繁刻等工艺在金冠上气韵十足，例如陈国公主的高翅婆金银冠、内蒙古博物馆藏高翅婆金银冠、凌源博物馆藏高翅遮金银冠与多伦县贵妃墓的复翅婆金银冠。这些金冠将要表现的凤凰、祥云、花卉等纹饰蕴含在整体錾镂的冠面之中，其中錾镂的卷草纹，不仅作为装饰的主体结构，还强化了纹饰的视觉冲击效果。

　　辽代的审美还具有统一性。每一类型的金冠造型形式统一，其组织结构存在一定的规律性，具有金冠形式语言上的独创性，比如高翅金冠（如图7-5所示），全部都是由一个圆筒形冠体和分布于左右的两片立翅构成，细微的差异仅存在于冠体的成型方式带来的形态不同，以及两侧立翅的厚薄曲度问题；莲叶金冠构成形式全部为依靠冠叶将冠体围合成筒状，卷云金冠是上部冠叶前后两两相缀，形成饺子一样上扁下鼓的造型，透雕额冠的外形无论是抽象还是具象形态，都以中线为基准左右对称。可见辽代金冠的造型在每一种类型中都具有一致性。

图7-5　高翅鎏金银冠

最后，辽代金冠中的纹样装饰基本都有重复和连续的表达形式，例如在卷云金冠、镂空凤鸟纹金冠、莲叶金冠中多次出现的背景鱼鳞纹，已达到排列整齐的视觉效果，给人以秩序稳定的视觉体验。这种大面积的重复性，一方面表现了辽代工匠制作技艺的高超，另一方面也体现了契丹贵族对秩序遵循的特殊情结。这种重复产生的秩序感，不仅缘于他们之间起了相互呼应的牵连作用，从而构成了一种装饰美的基础，还诠释了他们对大自然形态的眷恋和内心的尊崇。

三、金

金俗尚白，认为白色是洁净，富贵人家大多穿貂皮与青鼠、狐、羔皮，而较为贫穷的人家则穿牛、马、獐、犬、麋等毛皮。金人追崇火葬，真正留下的遗物少之又少，对金人《文姬归汉》中所绘服饰的分析，是以当时的绘画为基础，具有画家所经历的鲜明时代特征：首戴貂帽，耳戴环，耳旁各垂一长辫，上身着半袖，内着直领，足登高筒靴，颈围云肩，此种描述应当接近金服。

四、元

元代蒙古族服饰是他们审美观念的外化，同时也表现出蒙古族独特的审美特点，具体表现为以下几个方面：第一，辅料及材质多样化，用料丰富，大量选用金、银、铜、铁、玉等，最大限度发挥了不同材质的审美特点。第二，服饰图纹和刺绣工艺。蒙古族服饰图文设计上使用了各种纹饰，如：万字纹、鱼纹等，代表了吉祥、祝福、如意、自由，蒙古族服饰的设计是基于大都中原服饰等许多元素的吸收和融合，并且具有展示人物故事的图案，在形式方面具备浓厚的装饰性，图案颜色十分协调，形成装饰和实用颜色有效结合的艺术形态，刺绣工艺通常用在头饰、帽、领、袖口等部位。元代蒙古族服饰的图案非常丰富，花样繁杂。在继承传统的基础上，吸取其他元素的长处，以自身的审美情趣融入服装中，展现出绚丽多彩的整体特点。第三，肌理美和色彩美。蒙古族长袍的领口处镶有几种颜色的库锦镶边，而每一条中间都利用色彩艳丽的金银线压边，从远处看，给人十分华丽丰富的感觉，近繁而不薄，凹而特殊的纹理美，增加了豪迈气魄的感觉，在色彩的运用上，蒙古族首先体现的是色彩的和谐感。一般而言，它是明亮和华丽的，给人一种吉祥和幸福的感觉。

此外，蒙古族服饰的色彩也采用对比色的搭配，腰带的颜色通常与袍服的颜色形成鲜明的对比。蒙古族服饰色彩在其中还有另一种意识，色彩习俗不仅对人们长时间生产生活中逐渐形成的特定颜色概念进行了反映，还对其包含的意义和内涵进行了认可。例如蓝色是天空的颜色，崇拜天空的观念赋予了它永恒不变的含义。对蒙古族人民来说，红色是太阳和火的象征，蕴含着幸福、胜利和激情的含义。总之，蒙古族服饰的颜色蕴含着对生命力量的崇敬和对自然心灵的净化。

第三节 宋辽金元时期冠饰特点

一、宋

宋代女子冠饰大致有以下特点：（1）冠的名称多、形状多，戴冠的女子多。中国女子戴冠历来有之，但是不分老幼，贫富贵贱皆戴冠的只有宋朝。宋以后，女子戴冠的热潮骤减。（2）高大，高髻加高冠是宋代女子冠饰的一大特点。（3）简练概括。宋代女子冠形来源于自然，又高于自然。许多花冠都是从花的形态演变而来，像重楼子花冠、玉兰花冠、莲花冠等都是从现实中的花形提炼出来的。（4）朴素精致。宋代女冠质朴而不粗略，装饰简单，但外形优雅、工艺精湛，给人一种纤细、柔弱、朦胧之美。与唐代雍容华贵的服饰之风相比，宋代女性更加崇尚清新自然的服饰格调，因此宋代的冠服搭配，表现出宋朝人对自我的高度自信和对质朴无华、平淡清真的审美趣味的把握，宋代冠服总体上呈现端雅清淡的韵味。

宋代女性戴冠的热情，特别是戴花冠的热情，在这之前和之后都从未见过。同时，随着北宋女性群体消费能力的提升，又促使人对审美需要的日益扩大，注重精神享受和审美追求的北宋女性对艺术家们提出更高的要求，艺术家们也认识到实用性和审美性的重要性，他们把握其中的关系，平衡特性将规律运用到花冠上以满足社会的需求，花冠适应社会的变化，适应着人的审美改变及市场需求，成为人人都可以享受到的艺术品，成为流行时尚。

北宋女性花冠艺术的形式美体现在花冠的造型层面、色彩层面，各层面因素有规律的组合展现了宋代儒雅清新的整体风貌特点，体现了北宋艺术家创造美的能力，惊叹于古人鬼斧神工背后所蕴藏的独具匠心，是智慧和思想精神的凝结，至今影响现代工艺的发展。

从阶级上看，冠服制度在宋初沿袭晚唐、五代遗制的基础上，力图恢复旧制。除在重大场合着冕服要戴的"冕冠"之外，有专家说："宋代冠巾的名目和形制甚多，常见的有通天冠（或称承天冠）、凤冠、远游冠、进贤冠、貂蝉冠、獬豸冠、紫檀冠、平天冠、矮冠、头巾、幞头（如图7-6所示）、京纱帽、笔帽、乌纱帽、卷脚帽、盖耳帽、裹绿小帽、花冠等。"宋代朝服是朱衣朱裳，黑皮履，这种服装要求导致官员们的朝服款式一致，官员们仅由其服饰的搭配不同来体现官职高低与不同。其中按照"冠"的种类不同可分为："獬豸"（冠上有角形，以示秉公执法，公平公正）、"进贤冠"（是一种饰有簪笔的"梁冠帽"，以示坦诚纳言之意）、"貂蝉冠"，它们依次为法官、文官和武官的朝服冠。每一种冠上都饰有不同的象征饰物以寓意冠者的职责。依官员品级的高低不同，这些冠在具体造型上显现出差异，冠的梁数和装饰材料因品级有异，梁数越少，官级越低，依此类推。冠上用来装饰的金饰、银饰、玉、玳瑁等饰物有别，不同品级的官员运用不同的材料。经过以上的梳理，清晰地呈现出了宋代冠冕的文化渊源，宋代冠冕是沿着中华文明的发展脉络，基于崇尚礼制，并以前代冠服等级制度为蓝本演变而来的。

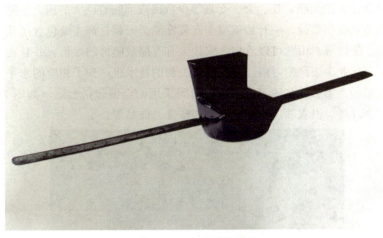

图 7-6　宋代展脚幞头

　　例如进贤冠（如图7-7所示），最早是在两汉时期盛行，由缁布制成，冠前高七寸，后高三寸，长八寸。按地位的高低加设不同的梁数，一般公侯设三梁，二千石以下到博士设两梁，博士以下都是设一梁。汉元帝时期，把进贤冠放在介帻之上，大体形状是冠的前下部是位于额上的"颜题"延伸到后面结成两个突起的三角的"耳"，冠的上部是介帻，介帻的上面是展筒，冠梁就设在展筒上。到了两晋时期，展筒就萎缩成了"人"字形，不同的是冠耳升高。南北朝、隋朝都承袭前制。唐代对进贤冠的佩戴对象和范围又做了严格的限定，要求九品以上的官员才可以佩戴，而到了宋代进贤冠的形制有了变异，《宋史·舆服制四》记载："进贤冠为漆布为之，上缕纸为额花，金涂银铜饰，后有纳言。以梁数差，凡七等，以罗为缨结之。"从上面的这段文字可以得知宋代文官的进贤冠除了材质上有所区别于其他朝代外，更为重要的是宋代的进贤冠在形制上加了"纳言"，而其他各朝进贤冠没有设"纳言"这一服饰形制。

图 7-7　进贤冠

宋朝因为民族冲突的加剧，辽、金、女真等少数民族面临着巨大的压力，财政状况也受到制约，政府一再要求提倡节俭，一开始就很少有装饰品。宋朝首饰主要包含了头饰、耳环、颈饰、腕饰、腰饰、带饰等。由此可以看出，宋代人有着佩戴坠饰的习俗，并且在辽金元时期具有极为成熟的玉石行业、崇拜的习俗，而且制作玉制的技术也达到了相应的水平。金元两个朝代的人都具备在帽子上增加饰品的习俗，这段时间采用的金银包括金冠（如图7-8所示）与金阶摇发饰品、金耳环、银衣领、颈饰、臂饰、腰带、饰品等。

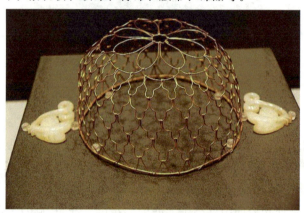

图7-8　金代金丝冠

二、辽

"辽代金冠"是根据器物朝代、材质、功能对出土金冠的模糊称谓，在文献史料中的记载，均根据其表面的镏金效果称之为"金冠"。辽代金冠是辽代贵族用来装饰头部、固定佩戴者的发髻的，是为契丹皇家或者贵族所服务的，是象征王权至高无上地位的装饰品。根据《辽史》卷五六《仪卫志》记载："大祀，皇帝服金文金冠，白绫袍，绛带，悬鱼，三山绛垂。""金文金冠"是指金冠的"金"颜色或者是冠上的金色图案花纹，辽代金冠一般是皇帝行大祀之礼等重大场合才会穿戴，以彰显皇室的威严。

卷云金冠为男性贵族冠，与其成对搭配的冠式类型为高翅金冠，陈国公主墓于1986年在内蒙古通辽市哲里木盟奈曼旗青龙山镇出土的卷云鎏金银冠（如图7-9所示），现藏于内蒙古文物考古研究所，是陈国驸马萧绍矩之冠。据陈国公主驸马合葬墓发掘简报载：冠体高31.5厘米，宽31.4厘米，冠箍口径19.5厘米，重约587克。整个冠体由16片鎏金银片重叠组合而成，银片均先锤击成型，再用细银丝缀合，冠前正面中间由2片云朵形银片上下叠压，背面亦上下叠压，上片呈莲瓣形，下片呈云朵形。冠口用长条形双层银片卷曲成圆环形，与冠体用银丝缀合相连。冠体16片银片上錾有镂空的鳞形纹、蜀葵团花纹、古钱纹、火焰纹等，冠正面正中上片錾刻双凤，下片錾有道教人物真武形象及云朵、凤凰，冠背面两片均錾刻双凤、云朵。围绕正面对凤饰件，有22枚圆形饰片，上錾飞鸟、飞凤、鹦鹉、鸿雁、花卉及火焰图纹，冠箍錾刻缠枝卷叶纹，内容题材丰富。整冠为银质，表面镏金，具有金碧辉煌之感。该冠出土时位于驸马头部右上方，冠内残留部分深红色纱织物。

图 7-9 陈国公主墓出土卷云鎏金银冠正、背图

另外，北方草原地区冬季寒冷干燥，因此皮质帽冠成为契丹民族生活的重要组成部分，也被认为是辽代金银冠造型大体的来源之一。在早期皮质帽冠的基础上加以改进，从而衍生出了毡冠、纱冠、貂蝉冠等。

三、元

元朝作为少数民族建立的王朝，其女性冠饰也充满了异域风采。元朝的后妃均佩戴"姑姑冠"，也称"故故冠""顾姑冠"等。这种冠饰与中原女子的冠饰在形状上非常不同，这种冠是用桦木皮或者竹子、铁丝之类较轻的材料编织成一个腹细两头粗的柱状骨架，顶端是平顶帽形，底端连着一顶兜帽，发髻藏在兜帽里面，佩戴时用带子将兜帽牢牢地系在下巴上，骨架上包裹着红绢、金绢或者青毡，再以翠花或者珍珠进行装饰。姑姑冠顶部的正中或者旁边插着一束羽毛或细长的棒，上面再饰以孔雀的羽毛或者野鸭尾部的小羽毛。这种"姑姑冠"非常高大，几乎有两三尺高，尤其是贵族妇女的姑姑冠往往又华丽又高大，进入庐帐或者乘坐马车时需取下才可以进入。普通平民女子的姑姑冠则是用黑色粗毛布包裹，装饰上也较为简单。

第四节 宋代女子冠饰

对于古代女性戴冠有着详细记载的为秦代。据五代马缟《中华古今注》中载："冠子者，秦始皇之制也。令三妃九嫔当署戴芙蓉冠子，以碧罗为之，插五色通草苏朵子。"在唐《明皇杂录》同样提到了："太平公主玉叶冠，虢国夫人夜光枕，杨国忠锁子帐，皆稀代之宝，不能计其直。"玉叶冠是价值连城的宝物，通常只有贵族的妇女可以佩戴。由此能够看出女性戴冠早在秦汉、隋唐时期就已经出现，其大部分是花冠、玉冠，但并没有形成时尚潮流。妇女戴冠的习俗是在宋朝形成的，由于程朱礼学的影响，人们逐渐讲究礼仪规范，讲究服饰文化，服饰风格含蓄内敛，形成了宋代具有特色的冠饰文化。

高冠、团冠、莲花冠、花冠等是宋代女性的主要冠式。团冠盛行于宋皇裕、至和年间，用黄镀白金、鹿胎的皮革或玳瑁等制作。贫家妇女用竹编成团形，涂以绿色，并装角而制成。花冠在唐五代女子花冠的基础上进行了创意创新，愈趋精巧，头冠上的花朵装饰用的都是罗帛等物模仿真花制作而成，常常会用到长得像花或者鸟的形状的钗子和笸子装饰在发髻上作装饰用，其中有做成花儿绽放形态的，有装饰成飞鸟展翅的，也有做成花塔的，等等。一般女子们会用花、鸟形状的簪、钗把它们固定在发髻上，也有把四季花卉同时镶嵌观赏做装饰的，并称之为"一年景"，冠上簪除用鲜花以外，还有各种假花。宋人十分崇尚牡丹、芍药，而且栽培有方，花朵相互簇拥生长，其中有二尺高的被称为"重楼子"。

正如沈从文在《古代的文化》中所说："五代女子的花冠云髻已日趋危巧，宋代再加以发展变化，因之头上真是百花竞放，无奇不有……"[1]

一、花冠

花冠就是用花装饰成的女性冠饰。这里的花，不仅仅指鲜花、真花，也泛指用金银珠宝或者丝帛等各种材料制成的花朵状饰物。花冠源自唐代，盛行于宋朝，名字是一样的，只是风格不同。唐代花冠作为帽子戴在头上，直到发际，而宋代花冠，是用丝绸和仿花做的。

宋人在生活中崇尚自然美，如东京汴梁（今河南开封）兴起的冠上戴花风尚，每到春暖花开，大自然中有什么样的花，人们的发间就会出现什么样的花，千姿百态，别有一番情趣。花是自然赋予的，对花的选择则是人为的，和宋代山水画崇尚自然善于描绘"纯粹的自然之境"相似。宋人对自然四时的审美素养很高，春之怡然戴杏花冠、茉莉花冠、牡丹花冠，夏之苍翠戴莲花冠，秋之明净戴菊花冠、攒云五岳冠，冬之凝重如冰戴梅花冠，造型则有单朵花、双朵花和多朵花，不同的时节有不同的发式和花冠，发髻之上"清而小凡，雅而秀稚"，姿态极美，郁勃着青春的活力。如《女孝经图》中头上饰满鲜花的仕女（如图7—10所示）。

图7—10　《女孝经图》中戴花冠的仕女

（来源：作者自绘）

---

①沈从文.古人的文化［M］.北京：中华书局，2014.

另外，还有很多花朵装饰的冠，如菊、杏、桃花、梅，等等，它们都是用玳瑁、绢、银、罗等不同材质制作而成的，其技艺精湛，细节丰富，具有柔美恬静、清新自然、细致玲珑、秀逸灵动的美学特征。还有"翠冠"，即翠玉所饰之冠，在李清照《永乐遇》中写道："中州盛日，闺门多暇，记得偏重三五。铺翠冠儿，捻金雪柳，簇带争济楚。""翠冠"非雕绘满眼、繁缛富赡之美的龙凤翠钿冠，其材质体现出"清水出芙蓉，天然去雕饰"的浑然天成、格调清新之美，形制简洁疏朗，焕发着宋代朴实自然、天真纯洁的时代精神和审美风习。在许多宋代的绘本、绢本中，为我们生动形象地展示了诸多花冠造型（如表7-1所示）。

政和、宣和时期，"尚急扎垂肩"，也就是说，北宋流行的一种妇女戴着高冠，宽过不了寸，广不能过一尺。宣和后，"多梳云尖巧额，鬓撑金凤"。因为女性在插花上的影响，皇帝和大臣们也有插花。宋代妇女喜欢佩戴真花，多为牡丹、芍药。他们穿的衣服和戴的发饰形成了一系列的模式。例如，穿紫衣服、戴白花；穿着鹅黄色衣服、戴紫花；穿着红衣服、戴着黄花。有的妇女穿着紫色的衫，下面穿着橙色的长裙，头上扎着紫色的花，女人们为节日盛装打扮。周密在《武林旧事》中记载了："元夕（正月十五日夜）节物（应时节的景物），妇女都是戴珠、翠、闹蛾、玉梅、雪柳……但是衣多并且尚白，下所宜也。"闹蛾是一种女性头饰，利用乌金纸剪成蝴蝶形状，用朱砂粉染成。玉梅是一种由白色丝绸制作的梅花，雪柳是用纸或丝做成的迎春花枝条。

表7-1 宋代女子花冠造型特征

图例	出处	说明
	《宫乐图》台北"故宫博物院"	仿生式花冠。制作材料为丝帛，形似帽状，罩在头上，固定在发髻间。这种花冠形制较大，几乎能覆盖住整个头部。由于是用丝帛制成的，女性佩戴起来也较为轻巧便捷。
	《招凉仕女》台北"故宫博物院"	重楼子花冠。此花冠高度约为人面部高度的2倍，由底托和4层纱相叠而成，底部有类似叶子等的饰物，整体上远望如同小山，头纱向下延至颈处，显得穿戴者身材纤细。

图例	出处	说明
	《瑶台步月图》 故宫博物院	玉兰花冠。此花冠从侧面看呈现"凹"状，似待放的玉兰花，发髻绾于花冠中间，与北宋初期追求高而不宽的冠饰风格相匹配，凸显仕女纤秀的身姿。
	《中山出游图》 美国弗利尔美术馆	团冠。此冠饰的造型为团形，因此团冠也称为圆冠，因外形为圆团状而得名。宋末元初画家龚开所绘的《中山出游图》中描绘了钟馗小妹头顶团冠的形象。

（一）一年景花冠

宋代花冠中最为出名的莫过于"一年景"。在包括日用器物的各类图像中，"四时"常被合为一景。陆游《老学庵笔记》一书中载："靖康初，京师织帛及妇人首饰衣服，皆备四时。……花则桃、杏、荷花、菊花、梅花皆并为一景，谓之一年景。"① 当时京城人把这种从头到脚展示一年四季景物的穿戴，称为"一年景"。

为了让发髻变得更为光彩和夺目，宋代女性有的采取金银珠翠制作成许多花鸟、簪钗、梳篦插在髻上；有的将绢、金、玉、玳瑁制作成桃、杏、荷、菊、梅等花卉戴在发髻上；有的花冠用花装饰，用漆线、金、银、玉制成高冠，再插上白角长梳，在左右两边插上花，同时将四季的名花都镶嵌在花冠中，就称作"一年景"。

例如《宋仁宗皇后坐像》（如图7-11所示）中皇后身旁的侍女衣着极其华丽，腰间系大红金革带，脚穿翘头弓鞋，头戴冠饰，将春桃、秋菊、冬梅等不同的花朵拼凑在一起，即"一年景"。整个画像中从正面来看冠饰形成一个"凹"字，两侧描绘了戴一年景花冠的侍女，她们身穿相同款式的圆领小簇花长衫，领、袖、下沿均是用小珠缀边，冠前缀着珠翠圆花，花垂珠络冠上插满绢制花，其中主要有桃花、牡丹、菊花、山茶花等四季花朵。

---

① 陆游．老学庵笔记［M］．李剑雄，刘德全点校．北京：中华书局，1979.

图 7-11　《历代帝后图》中戴一年景花冠的侍女

（二）重楼子花冠

重楼子花冠主要是对重楼子进行模仿。宋代钱选所绘的《招凉仕女》（如图 7-12 所示）中，佩戴重楼子花冠的仕女头有 4 层纱冠，挨着头发处是利用绿纱做成的花托，2 至 4 层，形似一座小山的花骨朵，最外面则为一层略尖。这顶头冠十分高，从远处看去就好像头上立着一顶小山，从上向下延伸到脖颈，和外衣领沿连接起来。重楼子冠上只佩戴了一支银凤簪，簪首在前，簪尾在后，其主要作用可能是对花冠进行固定。

图 7-12　戴重楼子花冠的仕女

从图中可看到，这种冠饰的确较为高大，从图像的比例上来看，几乎是面部长度的两倍。这种重楼子花冠应该是用竹篾等较为轻巧的材质编成花瓣式的架子，层层叠叠，然后外蒙罗纱，在与发髻接合处又装饰青色的叶子等饰物，两边下垂有两支斜插的朱红色发簪。虽然仅凭图画看得并不真切，但仍能看出重楼子花冠精巧绝伦、瑰丽大气的风姿。高大的冠饰，再配上女子薄如轻纱的服饰，更显得清瘦纤细，这也是宋代清丽淡雅服饰与唐朝大气张扬服饰的区别。而且，因为这种冠饰形制高大，佩戴后行动多有不便，所以重楼子花冠的佩戴并不普及。

（三）莲花冠

"莲花冠"，又被称为"莲华冠"。这种绕发髻周围似盛开莲花状的莲瓣冠式，因其形制似莲花，故称之。此冠整体呈莲花盛开的形状，飘然清新，为了表达对青春、纯洁、天然去雕饰的美好事物的崇尚，宋代女性多喜欢戴此莲花冠。

莲花冠是一种男女都可用的冠，男子佩戴的莲花冠的材质大部分是玉，而女子佩戴的莲花冠大部分由绢帛制成。莲花冠体形较高，给人一种庄严肃穆的感觉，冠顶形状像一个桃子，沿着冠沿贴近额头的地方有一圈绢帛制作的莲花花瓣，冠的下方垂着两条软脚带。此外，有的莲花冠还将幞头、寿桃、莲花结合在一起，代表着长寿富贵的美好含义。而男子的玉莲花冠通常为青白玉雕刻，形成尚未开放的莲花，冠饰大约为 6 厘米高，9 厘米宽，中间镂空，两侧有两个小洞，用来插玉簪（如图 7-13 所示）。

图 7-13　莲花玉冠

（四）玉兰花冠

宋代还有一种花冠，由于它的外形像玉兰花蕾而被称为玉兰花冠。这种冠饰惟妙惟肖地仿照了玉兰花的形态，前后实而左右虚，从侧面看形似字母"U"，底部应该是有口的，刚好将高高绾起的发髻嵌在中间。加上圆圆的发髻，从侧面看，又有些类似于元宝的造型，所以在宋人笔记中偶尔出现的元宝冠，指的多为这种样式或稍加改变的玉兰花冠。玉兰花冠既简单大方又美观实用，在宋代妇女中也较为流行。河南偃师酒流沟宋墓出土的厨娘砖上就形象地刻画了四位头戴玉兰花冠的厨娘形象（如图 7-14 所示），图中的侍女们梳着高高的发髻，头戴玉兰花冠。

图7—14　戴玉兰花冠的侍女

（五）花苞冠

宋代的歌姬还会戴一种小冠子，因其形状有三个突出的角，从远处看就像头上戴着一朵花蕾，所以称作花苞冠。南宋《歌乐图卷》中可见歌姬们穿着红色的长褙子，将头发梳成高高的发髻，戴着三角花冠（如图7—15所示），手持各种乐器。

图7—15　头戴花苞冠的歌姬

（六）扇形冠

我国箭沟壁画墓东北壁绘制了若干头戴扇形冠侍女像，在这些图像中，侍女们穿着红色和白色的褙子，戴着白纱扇形冠，冠前插着一支长长的裹头簪，手上拿着笙、琵琶、排笛、大鼓进行演奏。

二、凤冠

宋代女性戴冠是一种普遍现象，而且贵族女性戴的冠与男性戴的冠是一样的，具有等级之分。其中，最为尊贵的就是"凤冠"，也就是以凤凰为名。凤饰早在汉代就作为贵妇穿戴的头饰，皇后、皇太后的头饰都有凤饰。在宋代，凤冠和霞帔变成了皇后、妃子和士大夫的夫人与女儿的正式服饰。现存于台北"故宫博物院"的南熏殿旧藏《历代帝后图》就展现了北宋中期皇后佩戴凤冠的画像，如宋真宗刘皇后像、宋徽宗皇后像以及南熏殿宋神宗皇后像（如表7－2所示）。《政和五礼新仪》在写到皇后冠服"首饰花一十二株，小花如大花之数，并两博鬓"后，补充了一句"冠饰以九龙四凤"；而妃制则将龙改为翚（五色雉），"冠饰以九翚四凤"。有时更直接称呼为"龙凤花钗冠""九龙四凤冠""九龙十二株花钗冠"。①除去这些装饰外，最让人惊叹的是在不太大的冠饰上竟然点缀着众多精巧的人物像，有些冠饰顶端仅正面就至少点缀有十几位人物，英宗、神宗和徽宗皇后的礼冠下端沿口圈又排列有一圈人形装饰，栩栩如生，精巧无比，令人叹服。冠饰后端两侧各有三扇博鬓，上面点缀着游龙和祥云，下坠珠串。

表7－2　北宋中期皇后佩戴凤冠的画像

名称	画像	说明	来源
宋真宗刘皇后像		冠饰表面装饰有游龙、翔凤、卷云，并且刻画了众多微型仙人像，形象栩栩如生。正中有一较大龙首，口衔珠滴，垂挂下来。	台北"故宫博物院"
宋徽宗皇后像		凤冠左右两侧是三博鬓，镶嵌飞龙、仙人像，绣有珠滴和珠花。	台北"故宫博物院"
南熏殿宋神宗皇后像		冠上装饰有精美的图案，由各式金银珠宝镶嵌而成，整个冠饰底色为蓝色，有可能使用了点翠工艺。	台北"故宫博物院"

①扬眉剑舞.从花树冠到凤冠——隋唐至明代后妃命妇冠饰源流考［J］.艺术设计研究，2017（01）：20—28.

宋代"凤冠"的式样与唐五代女子流行戴花冠、高冠，并在高髻上点缀插梳有着莫大的渊源，其冠上有金物所饰镂刻上了精美花纹，并镶嵌上了宝石珠玉，美不胜收。唐代插梳在北宋宫中继续流行，宫妃们多在饰冠上安插白角长梳，所用的长梳数量四六不一，左右对称。由于长冠梳的博鬓向下垂向肩际，因此，又称为"垂肩冠"或者"等肩冠"。宫中妃嫔多模仿"凤冠"长梳的造型戴"白角冠"，对此，尚简的宋仁宗曾颁布条令规定妇女冠梳长不过尺，幅宽不能超四寸，但收效不大，仁宗以后，制作冠梳的材料少用白角（犀牛角），却反而使用了更为贵重的玳瑁、金银、象牙等物，其奢侈程度比宋初有过之而无不及。

三、白角冠

宋代的皇后、太后以及命妇，除了会佩戴凤冠，并且还会佩戴白角冠，其又名"冠梳"。根据宋笔记《绿窗新话·张俞骊山遇太真》的记载："仙问俞曰：'今之妇人，首饰衣服如何？'俞对曰：'多用白角为冠，金珠为饰，民间多用两川红紫。'"王栐《燕翼诒谋录》中提到："旧制，妇人冠以漆纱为之，而加以饰。金银珠翠、彩色装花，初无定制。仁宗时，宫中以白角改造冠并梳，冠之长至三尺，有等肩者，梳至一尺。……其后侈靡之风盛行，冠不特白角，又易以鱼枕；梳不特白角，又易以象牙、玳瑁矣。"从这一描述中可以看出，白角冠在宋代妇女中十分流行。

宋仁宗时期，宫中的女子大多都佩戴白角冠；皇祐初明确规定女子佩戴的白角冠宽度不得超过1尺，高不得超过4寸，梳的长度不得超过4寸；发展到宋仁宗，白角冠又出现了一定的变化，梳子是象牙为质，白角则用鱼魤（鱼头骨），给人以华丽之感。

四、团冠

团冠的造型为团形的冠式，团者圆也，故团冠也称为圆冠，因外形为圆团状而得名。最初用竹篾编制而成，并在其表面涂上防止虫蛀腐蚀的漆类防护材料，后用白角编织。团冠的外形在史籍中记载较为简单："俄又编竹而为团者，涂之以绿。浸变而以角为之，谓之团冠；复以长者屈四角而下至于肩，谓之鼙肩。"[①] 编好的团冠上面装饰着精美的金银饰物，四周的装饰物较长的下垂至肩，形成了一种独特的装饰，名为"鼙肩"，所以在团冠的基础上又发展为一种鼙肩冠。《宣和遗事》中"鼙肩鸾髻垂云碧"[②] 就描述了名妓李师师佩戴鼙肩冠的情形。

北宋李廌《师友谈记》载："宝慈暨长乐皆白角团冠，前后惟白玉龙簪而已，衣黄背子衣，无华彩。"文中提到女性团冠前后会插簪子，河南济源北宋墓壁画中可见到团冠凤簪的女性形象。由"以团冠少裁其两边而高其前后，谓之山口"可知，山口冠是团冠的一种，其样式多高耸，呈现中间低两侧高的造型样式。其形象如河南偃师北宋墓砖刻中的厨娘、宋徽宗大观二年（1108年）河南省新密市平陌村北宋墓侍女、宋末钱选《招凉仕女》中的仕女。

---

①得臣．麈史．四库全书子部［M］．杂家类085，页603下栏，页604上栏，上海：商务印书馆，1986.

②佚名．宣和遗事［M］．上海：上海古籍出版社，1990.

综上可以总结出两宋时期的团冠特点，其一，北宋冠子无论形状如何，皆戴于头顶，南宋冠子所戴位置大大后移，由头顶转至脑后；其二，北宋冠子顶部多呈现开口，不封顶，南宋冠子封顶（如表7－3所示）。

表7－3 宋代女子团冠造型特征

时间	来源出处	图例	线描图（自绘）	说明
北宋	河南济源北宋墓壁画			整体造型较宽较圆，戴于头顶正上方。
北宋	河南偃师酒流沟宋墓厨娘雕砖			山口形，整体较窄较高，戴于头顶上方。
南宋	《蕉荫击球图》故宫博物院			呈现椭圆形，整体造型较扁，戴于发髻偏后位置。

五、仪天冠

虽然在形制的记载上有一些差异，但是据史料所记载，仪天冠的佩戴情况却惊人的一致，而且仅限于一位皇太后，即宋真宗的刘皇后，也就是仁宗时期的应元崇德仁寿慈圣太后，谥曰章献明肃。皇太后刘氏在册封典礼上佩戴了仪天冠。"天圣二年（1024年），宰臣王钦若等五表请上皇太后尊号。……侍中奏中严外办，太后服仪天冠、衮衣以出，奏《隆安之乐》，行障、步障、方团扇，侍卫垂帘即御坐，南向，乐止。"[①]

---

①脱脱. 宋史（卷一百一十，志第六十三）[M]. 北京：中华书局，1977.

关于仪天冠的形制，根据"九龙十六株花，前后垂珠翠各十二旒，以衮衣为名，诏冠名仪天"① 可知，仪天冠应该是一种添加了龙、花钗和珠旒的冠饰，从前后垂有珠旒可知仪天冠的形貌应该类似于皇帝的冕，即有冕板，在冕板前后垂有珠旒。

六、珠冠

从字面意思就可以看出这种冠饰主要的装饰物是珍珠。在宋代，最为珍贵的珍珠莫过于北珠了。"天祚嗣位，立未久，当中国崇宁之间（1102—1106 年），浸用奢侈，宫禁竞尚北珠。北珠者皆北中来榷场相贸易。"② 这种珍贵的北珠产于当时的金朝境内，主要通过榷场贸易进入宋朝市场，"美者大如弹子，小者如梧子，皆出辽东海汊中"。名贵的北珠来之不易，所以用其制成的北珠冠自然是价值连城，非一般平民妇女可以佩戴。使用珠冠最多的当然是后妃贵妇。现存画像显示，宋代后妃的礼冠上装饰有大量的珍珠，尤其是额前口圈上的一圈珍珠，还有冠饰上偶尔点缀的珍珠，硕大浑圆，很有可能是名贵的北珠。

民间能佩戴这种华贵珠冠的也非等闲之辈，宁宗朝的韩侂胄权倾朝野，为了讨好他身边的小妾，有人"亟出十万缗，市北珠冠十枚"③ 送与他的十位小妾，"翌日，都市行灯，十婢皆顶珠冠而出，观者如堵"。由此得之，这种珠冠每顶费钱一万缗，在当时，也只有巨富之家才置办得起。珍珠昂贵而稀有的特性决定了珠冠的佩戴范围仅限于后妃贵妇，珠冠的流行程度也不似其他普通冠饰那样风靡，也正因此，珠冠在有宋一代虽没有大发展，但也如细水长流，从北宋到南宋，存在了较长的时间。

七、鹿胎冠

鹿胎冠的制作原料非常奇特，需要以牺牲孕鹿和鹿胎的生命来完成，较为残忍。其实，据医学史籍记载，鹿胎是一种名贵的中药，它是将母鹿流产的胎崽或从母鹿腹中取出的成形的鹿胎或胎盘，经过酒浸、整形、烘烤和风干等程序制成的，具有较强的补气养血功效，专治妇女的月经不调、宫寒不孕和崩漏带下等症，在《本草纲目》、《普济方》和《药性通考》中都有将鹿胎入药的记载。在《续资治通鉴长编》中记载有仁宗时期，景祐三年（1136 年）"壬戌，禁以鹿胎皮为冠"④。由此可知，鹿胎冠子应该是用母鹿胎的皮包制而成的冠子。依据宋代团冠的制作工艺可知，如果外蒙鹿胎皮，那么里面必须是用竹篾或金属丝编制而成一定的模型，然后在鹿胎皮表面再装饰上精美的饰物，最终形成珍贵的鹿胎冠子。虽然鹿胎冠子的制作颇为残忍，但也许因其新奇独特的原材料，吸引了众多爱美女性的目光。

综上所述，宋代灿若星河的文化成就支撑起一个历史上独一无二的辉煌时代，宋代的艺术精致、雅炼、士大夫味极浓，两宋的诗词、绘画、音乐、雕塑、建筑，乃至士大夫们饮

---

①，④李焘．续资治通鉴长编［M］．北京：中华书局，1993．

②（宋）徐梦莘．三朝北盟会编（卷116）［M］．北京：中华书局，1974．

③樵川樵叟．庆元党禁［M］．北京：中华书局，1985．

茶、收藏、服饰都体现出清雅的风格，给人以幽静之感。宋代冠饰文化是中国古代服饰文化中的一件瑰宝，在各方面强化、凸显了中华民族的文化特征，无论是从宋代以后汉族婚礼时新娘所穿着的凤冠霞帔上看，还是当下如火如荼的汉服风尚来看，它都给现代中国留下了多元的文化传统与文化遗产。

第五节　元代姑姑冠

一、姑姑冠概述

元代贵族女性头上饰有珍珠或珠宝的圆筒状冠帽被称为"姑姑冠"，又称为固姑冠、罟罟等。"姑姑冠"属于元代蒙古贵族妇女的独特冠制，在中国历代都是独一无二的。通过留存至今的极少姑姑冠实物以及壁画、纸本绘画、缂丝唐卡来看，姑姑冠在元代风靡一时，同时仅仅出现在贵族乃至皇族已婚妇女的头顶之上。

根据袁国藩《元代蒙人之衣着发式》以及《元代蒙古文化论丛》的记载，姑姑冠高约两三尺，利用柳枝以及粗铁丝，编结为骨，状若竹夫人。姚从吾先生曾言"形如鹅鸭"，普通妇女大部分以青毡褐皂包之，贵族和富有的人家，则以红青缎笼之。装饰彩帛金玉珠宝翠花等，上又有杖一枝，红青绒为缨，飞动飘逸，倍增艳丽。出入幕帐，须低回，大忌人触，降至末叶，则上下通，并插上雉尾当作装饰。然而，就元朝的妃子形象而言，似乎早在成吉思汗时代，姑姑冠就将雉尾当作装饰，大小圆顶帽，它是由皮革、毛毡或者是丝绸制成的，而小的，只能覆额，特别小的，只能覆盖发顶，都是以带系之项下。帽子顶部利用朱缨进行装饰，帽前缀上银饰，男女都可用。蒙古贵族妇女的姑姑冠存在严格的等级划分，妇女们必须根据自身相应的身份等级来佩戴姑姑冠，不得僭越。冠顶饰以的珍宝，如珍珠、玉石、金银器、羽毛等，其如何使用取决于佩戴者的身份和喜好。

二、姑姑冠结构与材料

大多姑姑冠高二尺左右，以竹木为骨，外层糊纸或皮，再利用红缎金帛进行装饰，并包着珍贵的丝织物，在中间点缀各种珠宝，冠顶插着十分修长的羽毛，或者装饰一些柳枝、铁杆等（如图7－16所示）。姑姑冠各个部位皆有装饰，如冠帽上的装饰、冠筒及冠筒顶部的装饰，但最为重要的还是姑姑冠顶部的装饰。

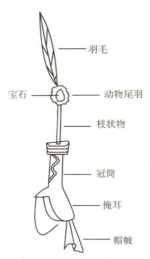

图 7—16 姑姑冠造型
（图片来源：作者自绘）

羽毛
宝石
动物尾羽
枝状物
冠筒
掩耳
帽峨

随着蒙古族社会背景的不断发展，其形制也发生了很多变化，这些变化不仅体现在不同时期的姑姑冠上，也体现在同一时期不同地区的姑姑冠上。但从整体上看姑姑冠基本上是筒状的，由于冠筒与冠帽之间的关系导致筒状的顶部有不同的形制，根据筒顶的形制特征主要分为以下三类。

第一类筒顶造型为斗状，这种结构最为常见、最为传统，斗状帽筒和顶部是相等的，这种斗状冠顶常出现于壁画中（如图 7—17 所示）。第二类筒顶造型为"鸭舌状"，这种结构的姑姑冠也比较常见，其特点是冠筒顶部一侧突出，长于另一侧，元代帝后画像中皇后所戴的姑姑冠冠筒就是鸭舌状（如图 7—18 所示）。由图可见，其冠细而高，主要由三部分构成：顶部常缀以珍珠、玉石、金银器、羽毛之类的饰物；中部的造型为上宽下窄；下部是冠筒底沿，与头部相连。第三类则为"T"字状，这种姑姑冠较为少见，冠顶两侧突出形如"T"字。在《朝觐图》中可以看到皇后与妃子均佩戴"T"字状姑姑冠，冠帽与冠筒间用布条固定。

图 7—17 斗状冠顶
（图片来源：作者自绘）

图7-18　元代皇后画像
a—皇后南必；b—皇后阿纳失失里

三、姑姑冠所受影响

元代蒙古族的生活环境是大草原，风沙大，生活环境恶劣，早期的姑姑冠在中部设计有兜帽，兜帽能起到防风沙的作用。"这种头饰缝在一顶帽子上，这顶帽子下垂至肩。"例如在元代名画《胡瓘番骑图卷》中，描绘有蒙古贵族出行狩猎的情景，其中两名贵族妇女的头饰便可以证实姑姑冠的兜帽设计[①]（如图7-19所示）。蒙古族入主中原后，政治中心逐渐南移，风沙减少，姑姑冠的兜帽设计逐渐消失，表面的装饰物开始增加。蒙古族以游牧狩猎为生，崇尚草原文化，而草原文化中抢婚风俗尤为盛行。姑姑冠在蒙古族中是区分未婚妇女和已婚妇女的重要标识。元代未婚少女们同青年男子们一样，常驰骋于马背之上，且女性服饰与男性差异较小，"无论是男是女，他们的服装都根据同一样式而裁缝……"，所以蒙古族女子头戴高耸的冠饰，可以增加辨识度，从而避免已婚女性被不知情的人抢婚。不仅如此，游牧民族不论男女都痴迷剃发结辫，元代女子剃发结辫更适于佩戴姑姑冠，她们通常使用下巴处的带子系住姑姑冠，将其牢牢固定在头顶。

图7-19　《胡瓘番骑图卷》局部

①田泽君.论元代姑姑冠的形态类型与文化内涵［J］.中国宝玉石，2020（05）：43-49.

四、姑姑冠的宗教信仰

姑姑冠的最初形成与蒙古族信仰的萨满教有关。萨满教源自母系社会的图腾崇拜和巫术，是一种崇拜自然、信仰多神的原始宗教。蒙古族信仰长生天，认为宇宙万物皆起源于长生天，是主宰万物之神，而萨满教中最重要的神即是天神。受到萨满教的影响，姑姑冠高高的冠筒形制重在表达其与天地宇宙之间的联系，冠筒越高则距离天神越近。此外，蒙古族人认为触摸姑姑冠是亵渎神灵，姑姑冠是神圣不可侵犯的，李志常曾在《长春真人西游记》[①]一书中提及姑姑冠"大忌人触"。

综上所述，姑姑冠是元代贵族女性特有的冠饰，形态独特，总体呈现出顶宽腰细底宽的形态特征。姑姑冠个体较大，这不仅使姑姑冠具有较强的视觉体验，也增加了庄严与神圣感。姑姑冠作为蒙古族物质文化的载体之一，在一定程度上代表着蒙古族传统服饰文化的理念与精华。蒙古贵族妇女的姑姑冠由最初满足日常生活的需要，进而演变为已婚妇女的标志，再到成为贵族妇女的身份象征，反映出其所承载的丰富的社会文化内涵。它随着蒙古帝国的建立而兴盛，伴随着元代的灭亡而衰落，但作为蒙古族重要服饰的一部分一直传承至今。姑姑冠是元蒙古族女性特有的头饰文化符号，其独特的形态特征，别具一格的材质选择，富有特色的装饰手法，精湛的加工工艺，特别是其所具有的文化内涵等，作为可借鉴和采用的设计语言对当今服装和首饰设计师等从业人员都具有一定的启发。对姑姑冠的研究既是对传统文化的继承与发展，也是对现今相关设计的思考与探索。

---

①李志常．长春真人西游记［M］．石家庄：河北人民出版社，2001．

第八章　明清时期的冠饰文化

第一节　明清时期历史背景

　　1368 年，农民起义的领导者朱元璋推翻了元朝的统治，创建了明朝。南京是明朝初期的首都。在 1405 年，曾帮助明成祖篡夺王位的太监郑和奉命七下西洋，他先后到达了印度洋、东南亚和非洲等地，但随后明朝开始闭关锁国。1421 年，明朝开始迁到北京，因为明朝末年的皇帝荒淫无度，再加之宦官祸乱朝政，起义领袖李自成攻打了北京。明朝末年，在东北居住的满族人开始繁荣起来，于是在 1644 年，李自成攻占北京后不久，满族人将他驱逐出北京，创建了清朝。在半个世纪后，清朝也成功地征服了很多地区。清朝由于取消了古板的人头税，造成人口不断增长，到 19 世纪的时候，达到了世界总人口的三分之一，人口的增加促进了农业的兴盛，因此当时中国经济总量占据了世界的三分之一。

　　但是，到了 19 世纪初期，清朝慢慢走向灭亡。嘉庆时期爆发了大规模的白莲教[①]、天理教起义。与此同时，英国、荷兰、葡萄牙等海上强国开始强制性进行对华贸易。1787 年，英国开始向中国出口鸦片，造成中国的国际贸易顺差转变为巨大的逆差。1815 年，清廷下令在外国船只上搜查鸦片，但是英国仍在禁烟令下走私大量鸦片，道光皇帝不得不派林则徐到广州禁烟。1839 年 6 月，在虎门销毁鸦片 237 多万斤，这就是著名的"虎门销烟"。英国政府于 1840 年 6 月发动了鸦片战争，标志着中国近代史的开启。

一、政治方面

　　明朝时期，即使明代依旧是封建社会和君主专制社会，但民主和选举制度的雏形在明代慢慢形成。随着资本主义社会制度的出现，民间政治氛围极为浓厚，民间也能够讨论政治。朝廷在一定程度上由内部选举官员，形成内阁，由首相领导内阁，不再依靠皇帝处理国家事务。例如在万历后期，超过 30 年没有上朝，国家仍然正常运行。然而，这种状态也有不好的一面，

---

　　①白莲教是唐、宋以来流传民间的一种秘密宗教结社。渊源于佛教的净土宗，相传净土宗始祖东晋释慧远在庐山东林寺与刘遗民等结白莲社共同念佛，后世信徒以为楷模。

皇帝退回皇宫，皇权被削弱了，朝廷内部有激烈的党内纷争，各种势力兴衰起伏，缺少能够控制全局的人物。因此明朝的政局持续混乱和黑暗，最后造成了内乱与明朝的毁灭。在清朝初期，采用了暴力统治，以及各地的屠城与屠杀的频繁发生，人口急剧下降。据有关统计，称明朝时期近 4 亿人口，但康熙初约 2000 人口，参加政会的主体大部分是满族贵族和蒙古贵族，汉族占据的比例较少，并且职位较低，在意识形态方面，采取的奴化政策，在朝堂之上，皇权再次获得了集中，民间不可以议政，文字狱不断，明代资本主义萌芽被全面扼杀。

二、军事方面

明朝时期采取的是卫所防卫机制，军政分离，文人统领军队，步兵是主体。在最初时期，军队战斗力很强，后来由于以文制武的政策，导致战斗力不断下降。而在武器方面，逐渐将火器使用到军队当中，有专门的神机营，在最初时期，海军十分强大，但是当时的军事理论并非侵略与掠夺，而是太过注重维护权力的虚假名声，最后造成庞大的海军变成了国家的负担，并未帮助国家开拓疆域，没有为国家创造财富。清朝时期，主要采取的是八旗制度，主要分为满八旗与汉八旗。事实上，汉朝八旗只是奴隶军队以及炮灰的角色，他们以骑兵为主，依旧采取胡人的战术。在武器方面，并未创建像明朝那种专门的火器研究机构，太过依赖冷兵器，并且不重视武器研究，火器大多数是购买的。就算是在康熙年间，也只是利用洋人传教士来开展小规模的制作，并未形成战斗力，而清朝末年，在火器战争中吃了许多亏。

三、经济方面

明朝时期，以农业经济为主，手工业、作坊为辅，鼓励商业快速发展，出现了许多手工作坊。此外，还有一定程度上的机械化操作，也有向资本主义发展的趋势。由于经济实力雄厚，国家与人民都极为富裕，只是后期的政治十分腐败才会造成国家财政赤字。而在清朝时期，由于商业被限制发展，重新回到小农经济，再加上闭关锁国，所以资本主义倾向消失。

四、文化方面

明朝时期的科举主要是八股文①，民间文学大多数以小说为主，小说和对联逐渐大规模地兴盛起来，民间书院众多，各类人才迅速涌现，文风鼎盛。而清朝时期，文字狱的增多，加上贬低汉人，大部分汉族文人隐居，导致文化开始下滑，而许多小说因为内容的问题被禁止，并且书籍审查十分严格，基本就属于文化的黑暗时代。

五、科技方面

明朝时期，由于航海时代已经开启，东西方的科技交流得到了很大的体现。西方传教士和科技人员来到明朝进行交流，逐渐涌现了一大批科技人才。例如宋应星、徐光启等人，因此明代在农业技术与机械方面获得了很大的进步，也包含了印刷术。彩色套印技术也应运而

---

①八股文：也称制义、制艺、时文、八比文，是明清以来科举考试的一种文体。

生，与当时的西方相比，中国在各种技术上仍然领先于西方，在武器方面也不逊于西方。而清朝时期，对技术也并不注重，在与西方进行交流的时候，自己不了解并认为西方的理论是错误的，因此清代在科技方面是十分落后的。

第二节　审美概述

一、服装是不同时期审美取向的重要展示

在早期的中国象形文字系统中，"美"字就好像在人的头上加了羽毛与羊角等各种事物；在古代，人们穿着动物的皮毛和其他东西，不仅可以保护自己免受寒冷，也可以美化自己。因此表明人类社会自古以来就在追求美，穿衣服是人们表现美的重要方式，是人们对美的追求。相关的审美意识形态是伴随人们对美的持续追求而存在的，不同的时代和群体对美具有不一样的欣赏态度与审美取向。服装是人类由野蛮向文明过渡的关键性标志，反映了特定群体在进化过程中的意识形态及审美取向。站在美学的角度来看，世界上没有绝对的美与不美。而研究是审美主体的人类群体的审美取向，深入研究审美客体，主要是美学的工作。美学是哲学的范围，其真正含义是开启智慧，增强人民对艺术与美学的品位，而不是具体的技能，也就是"重品位而非技巧"。例如服饰，我们知道，不一样的人类群体在不同的历史时期，都流行了不一样的服饰，对当时生产力的情况进行了反映，还因为衣服美丽的标准总是在改变，所以人们有不同的要求，服装主要用来掩盖羞耻、御寒、美化人体，并且审美取向也在不断改变。即使各个时期的服装并非不能在世界上共存，而且过去的服装也并非没有吸引力，但是以往的服装已不再是目前审美标准的典范，也不再是目前审美追求的取向。它们只是人们在一定时期内对服装之美和美追求的结果，并非美本身。结论会过时，但问题却一直存在；如果出现问题，就会产生矛盾，如果存在矛盾，就会获得发展，矛盾能够鼓励人们坚持不懈地追求。

二、审美取向的变化反映在明清服饰的演变中和它的根源

任何时代与群体的审美观念和审美取向都不是孤立存在的，而是特定的自然环境、相应的文化背景、生产力水平等原因的综合交叉体现的。随着这些因素的改变，审美取向也在不断改变。我们可以通过比较明清服装的不同来理解当时审美取向的变化。①

众所周知，自隋唐后，中国科举制度变成了选拔人才的公共服务体系，并且逐渐形成一批出身贫民但是能够获得官方哲学教育和等待成为官员的人，以天下为己任，能够进宫当官，变成社会的中产阶级。作为连接上层和下层社会的纽带，文人群体所信奉的关键意识形

①袁巍．陕西关中民间美术审美取向探究［J］．文学教育（中），2011（02）：100－101.

态在一定程度上对整个社会的审美价值造成了影响。在明清时期，士大夫之间的思想差异自然影响了各个社会的整体审美取向，我们能够从他们的服饰对比中进行窥探。中华民族创造的衣冠带履装束，是我国优秀文化传统中富有创造力与艺术魅力的主要财富。

周代的服饰文化形成了一套完整的冠冕礼仪，并且这一制度一直延续到明代。明代服饰审美取向通常体现为追求宽阔的造型、典雅含蓄的色彩、精致婉约的花纹和零星的装饰等，这与中国社会生产力地位和价值取向有着重要联系。传统上，中国是一个自给自足的农业社会，历届政府都把儒学当成官方哲学，这一点非常清楚。恭德温良是当时社会对士大夫阶层的普遍要求，这在服饰的运用上也有所体现。代表社会主力军的士大夫，衣着更加宽敞典雅、色彩更加含蓄、图案简单大方。上层官僚群体的服饰以华丽的色彩表现其高贵的地位，但依旧以简单的图案进行装饰，这些都展现了官方哲学对大众审美取向的引导。

在早期的明朝，将程朱理学①当作官方哲学与标准的科举选人标准，提倡"存天理，灭人欲"，使得社会氛围慢慢变得保守和内向；然而，死板的理学并不能阻挡人性之光，在明朝中期，伴随商品经济以及市民阶级的发展和崛起，出现了思想解放的趋势，理学纲常名教的权威被削弱，这是城市经济发展以后商人和市民意识的反映。商品经济价值规律对人们的道德理念形成了冲击，在理学的束缚下解放了人们的传统道德信仰，人们开始追求精神上的愉悦与物质上的享受。例如，在服饰方面，这一时期的社会已经打破了明初政府对各阶层服饰的规定，中上层阶级服饰慢慢变得华丽，但是依旧把宽大飘逸、古朴大气的士大夫阶层审美价值当作主流。总的来讲，它仍然是精致和克制的，张扬而不粗俗。官方制服越来越精致，但款式高雅而不俗。它与同时期的民间和士大夫服饰风格相似，反映了含蓄、淳朴的审美观念。

清末统治者参考晚明的思想冲击，在建国之初大力推行"尊儒重道"的政治策略，使得程朱理学重新流行起来。而相对应地，人们的审美观念明显朝着纲常名教退却，明末以来的思想解放潮流被强行打断。清代政治制度大部分采取的是明代制度，清代统治者对审美的了解是应该不断阻止明后期以来士大夫阶层的流连声色，重合回到转移人心以及整治风俗的道路上来，从而引导中国的知识分子"修身"，并沉浸在"文章"中，权利"复古"并远离现实。从此，中国文人阶层慢慢全部沉沦，失去了独立的信仰与人格，变成了统治者的附庸。

在讨论审美观念时，我们不仅要理解特定群体的意识形态和信仰，更要重视外部环境的影响。特定群体的价值观会发生变化，并影响审美取向进行改变，但是自然环境和生产力水平也在持续改变，因此，特定群体的审美价值也是它对应的历史文化背景、自然条件以及生产能力的反映。清朝的建立者是女真部落，其身处在十分严寒的关外，并且以捕鱼和狩猎为生，文化落后。由于与明军作战多年，他们的服装元素大多模仿明军，再加上他们独特的马蹄袖，清初服饰的主要特点就是简洁方便。清王朝统治中原以后，利用明朝军队在全国各地严厉镇压反抗，并以暴力实施剃发易服的策略。根据自身的习俗统一了男性的发型，废除了有近3000年历史的中国华夏衣冠。

---

①程朱理学，是宋明理学的主要派别之一，也是理学各派中对后世影响最大的学派之一。

　　清代盛行短而紧的服饰，这与明代形成了鲜明的对比。明代男子梳起发髻，清代男子剃发垂辫脑后，这些改变与审美取向无关，只是一种胁迫手段。虽然清初的官服和士大夫服在外观上和明代有所不同，但制作和装饰的方法都普遍采用了明朝的工艺，只是略有变化。清代中期以来，伴随统治阶级的愈加腐败，服饰制度与审美观念发生了极为明显的改变，那些极为精密与烦冗华丽的装饰风格，对上级社会暴发户近乎病态的审美取向进行了反映。在其他工艺品方面，如一些瓷器家具，也偏离了中国传统文人墨客含蓄内敛的品位，属于异族统治时代的写照，并且还是中国古代文明衰落的证明。清代服饰从开始的素朴简洁逐渐走向后来的华丽、烦冗，这都和统治者的历史发展背景具有密切联系。女真源于寒冷的白山黑水间、不事农耕，生存的困难使得他们具有较强的战斗力和战士精神，崇尚简约实用的审美取向。然而，在入关以后，社会逐渐稳定下来，它落后的文化传统在中华文明方面仍然是一个侏儒，虽然使用了汉字，但他们无法理解中华文明温和克制的精神追求和审美取向，并将其应用在服饰上，对中国服饰的优雅与华丽进行了简单的模仿，仅将各种装饰元素堆砌在一起。

第三节　明清时期冠饰特点

　　衣冠服饰在人类的生活中是极为重要的组成部分，其不但是非常实用的衣服和帽子，而且能发挥装饰与美好的效用。它不仅能够对人们的物质需求进行满足，并且体现了时代的文化。衣冠服饰的形成与演变和经济、政治、军事、意识形态、文化、宗教信仰、生活习俗等具有紧密的联系，并且具有相互影响的作用。从夏商时期开始，中国逐渐有了冠服制度，到西周时期，已经获得了完善。从那以后，帝王、皇后、嫔妃、贵族甚至老百姓的冠服都有了严格的划分。明代将汉族传统服饰当作主体，而清代则将满族服饰作为主流。并且两代人的上层社会服饰与下层社会服饰具有极为明显的等级差异，上层阶级的官服代表了权力，一直受到统治阶级的重视。

　　明代官员的主要首服承袭了宋元幞头，但是略有不同，皇帝戴乌纱折上巾，帽翅从后面竖起。官员朝服戴展翅漆纱幞头，常服为戴乌纱帽。此外，官员的妻子和母亲得到了诰封，也需要利用纹、饰来区分地位，通常是红色大袖礼服与各式霞帔。另外，上层妇女中已经开始采用高跟鞋，并且分为里高底、外高底。明代庶民的服装有长、短、衫或裙，基本上继承了中国传统文明，品种非常丰富。在服饰颜色方面，平民妻女只允许穿紫色、绿色、粉色等颜色的衣服，避免和官服正色混为一谈；劳动人民只允许穿褐色。除了自唐宋以来仍然流行的旧帽外，朱元璋还亲自制定了两种帽，并在全国各地广为流传，被学者们普遍使用。一种是方筒形黑漆纱帽，称为四方平定巾；另一种是六片合成的半球形小帽，叫作六合一统帽，取四海升平、天下归一的意思。后续流传下来，俗称"瓜皮帽"，主要是利用黑色绒、缎来制作的。

　　清朝时期，通过暴力手段引入了剃发易服的制度，男士服饰按照满族习俗统一。顺治九年（1652 年）颁布了《穿彩肩条例》，废除了带有浓厚汉族色彩的冠冕衣裳。明代男子绾发髻，穿着宽松的衣服，长统袜，浅面鞋。清朝时期，遂剃须留辫子，辫子垂头后，穿瘦小的马蹄袖箭衣、紧袜、深统靴。然而，官服与民服在制度上有明显的区别。清代官服的主要类型为长袍马褂。马褂主要是在袍子的外面加上外褂，由于来源于骑马的短衣而得名，其主要特征为前后开衩、当胸钉石青补子一方（亲王、郡王用圆补）。补子的鸟兽纹样以及等级规定和明朝差异不大。清朝官帽也和明代的不同，所有士兵和差役以上的官员都是戴似斗笠而小的纬帽，根据冬季和夏季分为暖帽和凉帽，并根据等级的差异来使用不同的颜色与材料的"顶子"，帽子的后面拖着一束孔雀翎。翎又称花翎，高级的翎上有"眼睛"（羽毛上的圆形斑点），分为一只眼睛、两只眼睛、三只眼睛，眼睛越多越贵，只有功勋卓著的王子或大臣才有资格佩戴。皇帝有时会穿一件黄色的马褂以示特殊的宠爱。随着影响的扩大，其他颜色的马褂逐渐在官员和士绅中流行起来，成为普通的礼服。四、五品以上的官员还挂朝珠，利用各种珍贵珠宝、香木制作而成，形成清代官服的又一特色。

　　随着丝纺绣染和各种手工业的持续发展，为丰富清代服饰品种提供了条件。在清朝时期，汉族和满族妇女的穿着发展不同。在康熙和雍正时期，汉族妇女仍然保持明朝的风格，小袖子和长裙是十分流行的。乾隆以后，服装渐胖渐短，袖口不断增宽、再加云肩，花样不断增加。到了晚清时期，大部分城市中的妇女已经开始穿裤子、衣上镶花边、绲牙子，衣服上昂贵的都花在了这里。满族妇女穿"旗装"、梳旗髻，又称为"两头"，着"花盆底"旗鞋。至于后人流传下来的所谓旗袍，长期以来主要在皇宫和皇室中使用。晚清时期，旗袍也为汉族妇女所效仿。

　　清朝是中国封建社会的晚期，皇权至上与权力的发展十分突出，并制定了十分严格的皇冠等级制度。按照《大清会典》及《清史稿·舆服志》中的相关记载，对清代帝后官吏冠服的定制以及特征进行简单的了解。根据河北承德避暑山庄博物馆收藏的大量实物来看，清代帝后和官员冠服的制作，都是选择那时最为名贵的绸、缎、罗、兽皮和银、珠宝等，通过最优秀的织绣匠师来进行制作，从而代表最高的工艺制作水平。这些冠服不仅继承了中国几千年的传统习俗，而且具有满族服饰的特点。与此同时，搭配各种特殊的颜色和图案，使其拥有较强的层次性差异。

　　清代的服饰制度对冠的材质和饰冠上的饰品有严格的等级规定。清代皇帝的王冠也是中国服装史上材料最珍贵、工艺最精湛、文化内涵最丰富、政治氛围最浓厚的典型装饰品。清代文献《穿戴档》是清朝皇宫专门记载皇帝一年四季穿着的一个档案，从每一年的正月初一开始，由宫中的太监进行记录。《穿戴档》中记载的内容真切地体现了皇帝在不同的场合穿戴的衣冠服饰，以及穿戴的方法与时间。它是研究清代宫廷服饰不可缺少的重要史料。咸丰四年《穿戴档》中记录的冠饰可以分为朝服冠、吉服冠、常服冠和雨冠四种。

一、朝服冠

朝服冠又被称作朝冠，主要表示清朝皇帝、皇后、文武百官以及命妇佩戴的礼冠[①]。在咸丰四年《穿戴档》中记载了：朝服冠分为夏朝冠与冬朝冠两种形式。夏朝冠（如图8-1所示）是皇帝在春夏季节佩戴的一种冠，佩戴的时间从3月25日到8月9日；冬朝冠是皇帝在秋冬季节佩戴的一种冠，佩戴的时间从8月9日到次年3月24日。并且还记载了夏朝冠上只有轻凉绒缨朝冠这一种，而且使用了四次，分别用在太庙、祭天、关帝庙拈香、祭方泽坛以及祭社稷坛的场合中。而这里出现的轻凉绒缨朝冠中的"婆"表示的是朝冠上面的两条带子，通常是用丝线织成的，并且连在发冠上，左右两边各有一条。在使用的过程中将其系在颌下，用于固定朝冠，使其不会掉下来。此外，在《穿戴档》中记录的冬朝冠用了很多次，其通常是在坤宁宫祭天神、祭太庙、祭天、乾清宫西暖阁阅时宪书、行礼、太岁坛拈香等各个场合中使用。冠檐是用熏制的貂皮和黑狐狸皮做成的，是体现身份的重要标志。十一月朔至次年上元，戴以黑狐皮为冠，其余的时间，冠为熏貂皮冠。此外，冬朝冠还可以分成黑狐缎冠和海龙皮缎冠这两种。根据统计，后者一共使用了三次，而前者一共使用了四次。在使用过程中，前者不符合相关的冠服制度，但是后者符合制度。此外，冠檐应只配熏貂与黑狐狸皮。然而，在记载中，皇帝并未使用熏貂作为皇冠的屋檐，而是采取了海龙皮，这与清朝的规章制度略有不同。根据冬冠与夏冠的应用状况可以看出，冬冠的使用都有严格的规定，非大型祭祀活动不允许佩戴，必须在祭祀活动结束后立即更换。

图8-1　夏朝冠（背面）

---

①周汛，高春明. 中国衣冠服饰大辞典［M］. 上海：上海辞书出版社，1996.

二、吉服冠

"吉服冠"，主要指皇帝在举行宴会、迎銮、冬至、元旦、庆生以及一些嘉奖和军事仪式时所使用的王冠。根据相关的记载，并没有详细记录使用的是哪一种吉服冠，然而笔者认为在《穿戴档》中记录的"正珠珠顶冠"就属于吉服冠。首先，按照清朝官服制度的规定："皇帝吉服冠冠顶满花金座，上衔大珍珠一颗"①，而"正珠珠顶冠"是唯一明确标注冠上缀珍珠的种类，并且上缀的正珠品级仅次于东珠。其次，根据《穿戴档》的记载"正月初……戴大毛貂尾缎台苍龙教子正珠珠顶冠，穿黄缂丝黑狐臁金龙袍、黄面黑狐皮芝麻花褂，戴正珠朝珠系内……用"②"正月初五日，上戴大毛本色貂皮缎台正珠珠顶朝冠，穿黄缎绣二色金面天马皮金龙袍、貂皮黄面褂，戴蓝宝石朝珠系内……"从这些记载能够看出，"正珠珠顶冠"通常是和吉服袍佩戴运用的，并且按照典章制度，吉服冠应该与吉服袍一起使用。因此，"正珠珠顶冠"就属于吉服冠。咸丰《穿戴档》中记载的吉服冠分为两种样式：夏季服冠和冬季服冠，夏季服冠表示天子在春夏两季所戴的冠，而冬季服冠表示皇帝在秋冬两季所戴的冠。皇帝的冬吉服冠按冠檐可分为三种：海龙皮、熏貂皮和紫貂皮，都是结合季节穿戴的。海龙皮皇冠是立冬以前所有穿戴的礼冠，而熏貂皮冠主要是在立冬以后才开始佩戴的，紫貂皮冠通常是在元宵节期间使用的，从 11 月的第一天到次年的元月十五日。③

从表 8—1④ 可以看出，夏吉服冠有绒草面缨冠和白罗面缨冠两种，其中绒草面缨冠使用较多，占夏吉服冠的 83%，白罗面缨冠只占夏吉服冠的 17%。绒草面缨冠有两种：一种是绒草面线缨正珠珠顶冠，使用了 2 次；一种是绒草面生丝缨苍龙教子正珠珠顶冠，使用了 3 次。在咸丰四年《穿戴档》记载中，夏吉服冠只使用了 6 次，用在拜佛、行礼、立夏拈香、接受祝贺、接受行礼、七夕节供前拈香场合中。夏吉服冠和冬吉服冠图案只有一种"苍龙教子"，也叫作"教子升天"，是一种传统织绣纹样。它是由大小两条龙构成的图案。大龙在上面，表示父亲。小龙在下面，表示儿子，表现教子成才、飞黄腾达等吉祥寓意。从夏吉服冠和冬吉服冠的用途可以看出，吉服冠的佩戴也有一定的限制，但是与朝冠相比使用场合更为广泛。吉服冠不同于朝冠，祭祀活动一完成就要马上更换，吉服冠在祭祀活动完成后还可以用于日常节日、寿辰期间行礼、拈香等活动，也可以在节日期间用于用膳、办事、见大人等日常活动。吉服冠本应配合吉服袍、吉服褂一起穿着，但是据咸丰四年《穿戴档》中记载，吉服冠并不是都配合吉服袍穿着，也有配合常服袍或朝袍穿着的情况。

---

①曾慧．满族服饰文化研究［D］．沈阳：辽宁民族出版社，2010.

②中国第一历史档案馆．（清代档案史料丛编第五辑咸丰四年）穿戴档［M］．北京：中华书局，1990.

③宗凤英．清代宫廷服饰［M］．北京：紫禁城出版社，2002.

④表中内容均来自中国第一历史档案馆：《清代档案史料丛编》（第五辑）［M］．北京：中华书局，1990.

表 8-1　夏吉服冠使用情况

日期	吉服冠
四月初十	绒草面线缨正珠珠顶冠缀珠重一钱九分
四月十一	绒草面线缨正珠珠顶冠缀珠重一钱九分
五月十一	绒草面生丝苍龙教子正珠珠顶冠缀珠重一钱九分
五月二十七	绒草面生丝苍龙教子正珠珠顶冠缀珠重一钱九分
六月初九	绒草面生丝苍龙教子正珠珠顶冠缀珠重一钱五分
七月初七	白罗面线缨正珠珠顶冠缀珠重一钱六分五厘

三、常服冠

常服冠，又称长常冠，是清朝皇帝佩戴的礼冠。它的等级仅次于吉服冠，使用时和常袍相配①。它也有两种款式，分为冬季和夏季。夏常服冠通常表示皇帝在春季和夏季参加各种祭祀、仪式和平时做事时所戴的冠。冬常服冠主要表示皇帝在秋冬时候佩戴的冠。

冬常服冠根据材质不同可以分成七种类型，最为常用的就是貂皮，总共使用了 67 次，占据了整个冬季常服冠材质的 32%。在貂皮中可再分为四种类型，其中，熏貂皮总共使用了 18 次，占据 8% 的比例；而熏貂皮种又可以分为三个类型，其中的大毛熏貂皮运用了 4 次，中毛熏貂皮运用了 6 次，小毛熏貂皮运用了 8 次。黑狐皮共使用了 21 次，占整个冬季冠材的 10%，其中以黑狐腿皮为主，黑狐皮仅使用过一次。这些材料中应用最少的是海龙皮与黑羊皮，各使用 16 次，占冬冠材料的 7%。除了以上材料外，还有青毡，总共使用了 48 次，占冬冠材料的 22%；天鹅绒一共应用了 31 次，占冬冠材料的 14%。天鹅绒主要是一些飞禽肋腹部的绒毛，将其作成服饰能够产生御寒保暖的效果，是十分珍贵的一种材料。在文献当中，出现的大毛、中毛、小毛主要是对裘皮的等级进行表示，大毛代表长毛裘皮，中毛的长短为大小之间，小毛等级最低，并且较为粗短。从以上内容可以看出，皇帝冬季冠最常用的冠檐材是貂皮，其主要是因为清初时期，貂皮是毛皮中等级最高的材料，而康熙之后，黑狐皮成为毛皮中的最高等级材料，貂皮仅次于黑狐皮，作为仅次于朝冠与吉服冠的常服冠，使用最多的材料是貂皮。皇帝常用的王冠就属于常服冠，它不但能够在日常活动中使用，也可以用于一些小的祭祀活动，使用这顶冠的次数非常频繁，几乎每天都有。在许多情况下，皇帝参加祭祀活动还是需要使用朝冠与吉服冠。在祭祀活动结束后，就换回了常服冠。因此，常服冠虽不如朝冠与吉服冠的等级高，但仍然是皇帝所戴王冠中最重要的部分。

---

①周汛，高春明. 中国衣冠服饰大辞典 [M]. 上海：上海辞书出版社，1996.

四、雨冠

雨冠是皇帝在遇到雨雪或祈雨时所戴的王冠。雨冠也有冬、夏两种款式，然而在咸丰四年的《穿戴档》记载中，夏雨冠只有一种（如表8—2所示）。皇帝的夏雨冠只有一种万丝雨缨冠，但缀珠重量各不相同。只有皇帝祈雨时才会佩戴，祈雨活动结束后，立即更换成常服冠。文献中记录的所有雨冠都是用来祈雨的。由此可见，皇帝在下雨的时候并没有使用雨冠，雨冠的实际作用逐渐消失，成为祭祀活动中的一种仪式冠。①

表8—2　雨冠使用情况

日期	雨冠	用途
四月二十	万丝雨缨冠缀珠重一钱二分三厘	大高殿、时应宫祈雨
四月二十七	万丝雨缨冠缀珠重一钱三分二厘	大高殿、时应宫祈雨
五月初十	万丝雨缨冠缀珠重一钱二分	钦安殿、龙王前、大高殿、时应宫祈雨
五月十九	万丝雨缨冠缀珠重一钱二分	天神坛祈雨

第四节　明代皇帝冠服

明朝建立之初，朱元璋整顿和恢复礼仪，废除元朝规定，根据汉人习俗制定新的服制（如图8—2所示）。明代文武官员的冠服分朝服、祭服、公服和常服四种。对于各种服饰的样式与尺寸、衣料、帽顶、绣样、色彩乃至鞋履，都有严格的规定。②

在政治、经济、文化技术发展的前提下，明代服饰呈现出自己的特点，成为中国服饰之典范。朱元璋先是禁胡服、胡语、胡姓，认为元代服饰皆胡服，"无复中国衣冠之旧"。继而又以明太祖的名义下诏，废弃了元朝的服制，"悉命复衣冠如唐制"的诏令衣冠悉如唐代形制，重新恢复了汉制。明朝大臣在朱元璋的授意下参考了周、汉、唐、宋的服饰形式，并根据汉人的习俗加以修改，将服饰制度作了重新规定。先后试用了近30年，才在洪武二十六年（1393年）确立了明代服饰基本的款式。明代服饰崇古而不泥古，朱元璋对于明代服饰制度的制定颇具创新意识。③

自服饰文化的阶级属性产生的一刻起，对国家的最高统治者——皇帝的服制要求就随之

---

①曾慧.清代文献《穿戴档》中的冠饰研究［J］.装饰，2018（07）：126—127.

②潘耀."汉官威仪"见真章——从明代孔雀纹补服说起［J］.文教资料，2014（07）：64—65.

③潘耀.从泰州出土服饰管窥明代冠服制［J］.东方收藏，2011（09）：48—50.

产生。因为"礼"自古以来便代表着皇权的正当性，与各种礼仪相对应的冠服制度相辅相成，其中最具代表性的是皇帝在重要活动中穿的衮冕。衮冕包括衣和帽子，是皇室在进行祭天、参拜宗庙、国家重大节日（元旦、皇帝生日）或者重大祭祀活动时皇帝和王公贵族穿戴的礼服。明代衮冕制是在朱元璋建立明朝十六年之后确立的，之后的朱元璋和明成祖朱棣经过三次修改确立了最终的形态。不过明世宗朱厚熜在位期间发现衮冕制与当时的《明会典》有很大的区别，于是在冠冕和礼服形制上进行了修改。《舆服志》中对于皇帝的服饰形制分为五类：冕服、皮弁服、通天冠服、常服、武弁服。

图8-2 明成祖画像

一、冕服

冕服由冕冠、冕服、附件组成，是中国传统中最高级的礼服，自周朝开始便是皇帝祭祀和特殊节日穿着的礼服。冕冠（如图8-3所示）是一个圆形的帽卷，用皂纱制作，覆盖板用彩色丝织品装饰。洪武十六年规定表面黑色、底面浅红色，二十六年改为底面红色。通天冠服是皇帝在祭祀、参加太子行礼以及各王冠礼、结婚等重大事件时所穿的礼服。分为头上戴的通天冠和穿的绛色袍。在明代之前穿着皮弁服的一般是贵族和官员，并不是皇家的礼服。明代朱元璋将其变为皇室专用。明代皮弁服由帽子、服饰、玉佩、腰带等要素组成，每个月的初一和十五在上朝时所穿，除了上朝，一般在下发重要诏命、大臣在重要节日进献表书或者接见外来使臣时也会着衮冕服制。

图 8-3　明初亲王朱檀的冠冕服饰

二、皮弁服

皮弁（biàn）服是明代皇帝、皇太子及亲王、世子、郡王的朝服。皇帝在朔望视朝、降诏、降香、进表、四夷朝贡、外官朝觐、策士传胪时穿皮弁服（嘉靖时定祭太岁、山川等神亦穿皮弁服）。据《明实录》记载，洪武二十四年，明太祖以百官侍朝皆穿公服，而皇帝独穿便服，"非所以示表仪"，于是命礼部仿效古制，作皮弁、绛袍、玄圭以临群臣。《大明会曲》所录洪武时期的皮弁服制度为："皮弁，用乌纱冒之，前后各十二缝，每缝中缀五采玉十二以为饰，玉簪导，红组缨。其服绛纱衣，蔽膝随衣色。白玉佩革带。玉钩𩏨，绯白大带。白袜，黑舄。"永乐三年又对皇帝皮弁服作了更详细的规定，并一直沿用至明末。

明代皮弁（如图 8-4 所示）以黑纱冒于外，不用皮革。明神宗定陵出土了一顶皇帝皮弁实物：皮弁高 19.4 厘米、口径 19 厘米，以细竹丝编结成六角形网格状作为内胎，上髹黑漆，内衬红素绢一层外敷黑纱三层，口沿里侧衬 33 厘米宽红素罗一道，口外沿用金箔贴成金箍一道（宽 0.8 厘米），前后钉有长方形金池一对，前面者长 4.8 厘米、宽 2.5 厘米，后面者长 4 厘米、宽 22 厘米。弁身分十二缝，每缝内钉包金竹丝一缕缀四色玉珠九颗与珍珠三颗（制度为每缝用五彩玉珠十二颗，以赤、白、青、黄、黑为序排列）。用玉簪（实物分为两段），系以朱纮、朱缨，贯簪处有葵花形金簪纽（径 32 厘米）一对，系缨处有金缨纽（径 2.6 厘米）二对。朱纮悬系方式与冕相同，即一端系于左侧玉簪（簪脚）上，再从颌下绕过，系于右侧玉簪（簪首）上，余端下垂。

图 8-4　明代皮弁

明初曾参考宋代制度制作通天冠服。洪武元年定，皇帝在郊庙之前省牲、皇太子诸王冠婚、醮戒以及社稷等祀时穿通天冠服。但从《明实录》等史料记载来看，洪武十年之后基本没有皇帝使用通天冠服的记录，《大明会典》所载冠服制度中也没有收入通天冠服，可能是洪武中期以后已经不用，其功能大部分被皮弁服代替。

第五节　明代凤冠

凤冠是基于凤钗、凤凰爵等凤形首服发展而来的。根据有关资料记载，后宫中的嫔妃插凤钗，其起源于秦始皇。在《中华古今注》中记载道：始皇以"金银作凤头，以玳瑁为脚，号曰凤钗"。到了汉代，太皇太后以及皇太后等谒庙时，在她们的礼服中，已开始使用凤凰作为头饰。魏晋南北朝时期的步摇也采用了嘴里含珠的凤凰鸟形象，当穿着者轻轻地走着的时候，凤凰在云髻上摇摆，摇曳生姿。东晋王嘉的《拾遗记》首次出现了"凤冠"一词，"（石季伦）使翔凤调玉以付工人，为倒龙之佩；紫金，为凤冠之钗……铸金钗像凤皇之冠。"这里，凤冠需要金钗来装饰，已经形成了组合而成的头饰。然而这时的"凤冠"形制、名称并没有纳入皇家礼制中，而是作为后妃的专属冠饰。

在唐代时期，就有宫女戴"凤冠"。在《乐书》卷一百八十中记载了："唐明皇造光圣乐舞，舞者八十人，凤冠五彩画衣。"通过考古研究发现，只有两名宫女戴着"凤冠"的形象。例如，在唐代懿德太子李重润墓的石椁上，有两名宫女头戴高冠，在冠上插着凤头金簪、凤嘴衔长缨、长缨之下还有步摇。然而，在唐代人的礼仪观点中，女性不应该戴冠冕。在《唐六典》卷4《礼部尚书》皇后和外命的服饰都是"钿钗礼衣"做的，没有冠冕。李商隐在《宜都内人传》曾言："改去钗钏，袭服冠冕……真天子也。"一方面，这表明那时女性的服饰并非"袭服冠冕"的规范；另一方面，这也表明女性已经有了戴冠的情形。明代皇后在祭祀朝会的时候主要继承了宋代制度，并且戴凤冠。

在明朝初期，参考宋代皇后的龙凤花发簪来设计皇后和妃子的凤冠，而凤冠的造型和宋代具有相同之处，然而也有一些改变。和前几代对比，清代妃嫔的凤冠有了很大的改变，首先是凤冠上不再有龙的装饰。乾隆时期，《钦定大清会典·礼部·冠服》中就记载了皇后"冠施凤，顶高四重，上用大东珠一，下三重贯东珠三，刻金为三凤，凤各饰东珠三，冠前左右缀金凤七"。1957年在北京昌平县（今昌平区）明定陵有出土。凤冠一共有四件，其中包含了三龙二凤冠、六龙三凤冠、十二龙九凤和九龙九凤冠各一顶，而孝端和孝靖这两位皇后各自有两顶。并且在冠上进行了龙凤装饰，龙是用金丝堆累工艺焊接的，形成了镂空造型，充满立体感；而凤凰则是利用翠鸟毛粘贴的，色泽持久艳丽。在冠上使用的珍珠和宝石其重量各不相同，最多的一顶王冠上面共有128颗宝石，最少的则有95颗；而使用珍珠最多的一顶冠上共有5449

颗，最少的则是 3426 颗，而最重的一顶冠为 2905 克，最轻的则是 2165 克。并且在冠上装饰了龙、凤、珠宝花、翠云、翠叶和博鬓，这些部件是分开制造的，然后插嵌在冠状结构的管孔中，从而形成一顶凤冠。凤冠主要是利用金属网为胚，再在上面点缀翠凤凰，并挂上宝石流苏的礼制冠。最早在秦汉的时候，凤冠就是太后、皇太后、皇后的规定服饰。

在明朝，凤冠有两种形式，一种是后宫妃子戴的，冠上装饰着凤凰与龙等；另一种是彩冠，通常为一般命妇佩戴，上面并不装饰龙凤，只装饰珠翟、花钗，俗称凤冠。在明朝灭亡、清朝崛起之后，清朝的服饰制度和明朝有了很大的不同。然而，都是利用凤凰图案来装饰女冠。底座用貂皮或青绒制成，并在上面盖红纬，并装饰七只金凤，在冠的正上方叠加三只金凤，每一只金凤的头顶都镶嵌了一颗珍珠。此外，在冠后缀上金翟一只，并在翟尾垂下数行珍珠。在明神宗万历帝定陵出土的凤冠包含了上述的四顶，下面我们对其进行具体分析（如表 8—3 所示）。

一、六龙三凤冠

这顶凤冠是孝端皇后的凤冠，整体高 35.5 厘米，冠底直径大约是 20 厘米。龙为金制，凤为点翠工艺（以翠鸟羽毛装饰的工艺）制作。其中，冠上饰有三条龙：在龙口正中间有一颗珠宝坠地，面朝前方；两侧的龙形向外，为飞天形，下面的如意云头用细丝制成，龙头则是衔着一长串珠宝饰品。三龙以前，中层是三只翠凤。凤形为翅飞，口衔珠宝略短，其他三条龙都装饰在冠后的中间位置，也都做成飞翔的姿势。冠的下部装饰着不同大小的珠花，珠花的中心镶嵌着红色和蓝色的宝石，周围环绕着翠绿的云彩与翠绿的叶子。冠的背面左右方向都具有博鬓，左右各为三扇。每扇扇子除了装饰着一条金龙外，还装饰着翠绿的云彩、翠绿的叶子和串珠的花朵，用珠子穿在它们周围。这个凤冠中，一共镶嵌了 128 块宝石，在其中红宝石 71 块、蓝宝石 57 块，并且装饰了 5449 颗珍珠。因为龙凤珠花和博鬓都是设置成左右对称，并且龙凤造型生动，而珠宝金翠色泽艳丽，让凤冠凝重而不呆板，给人一种华丽和谐的艺术感觉。因此，母仪天下的高贵地位得到了最好的体现（如图 8—5 所示）。

图 8—5 六龙三凤冠

二、三龙二凤冠

这顶凤冠是明孝靖皇后佩戴的，高度为 26.5 厘米、口径为 23 厘米，凤冠总共有一百多块红色和蓝色的宝石，而珍珠总共有 5000 多颗，并且色泽鲜艳、富丽堂皇，可以称为珍宝之冠（如图 8—6 所示）。

图 8—6　三龙二凤冠

三、九龙九凤冠

这顶孝端皇后佩戴的凤冠，总共高 27 厘米、口径为 23.7 厘米。重量为 2320 克，包含了 4400 余颗珍珠以及红色 150 块、蓝色 150 余块的宝石。冠由上漆的竹子与丝帛共同制成，正面装饰有 9 条金龙，并且口衔珠滴下，有 8 只点翠金凤，后部也有一金凤，共九龙九凤。后下部左、右各点缀着镶嵌龙珠滴三博鬓。这款豪华的凤冠镶嵌了 300 多颗红宝石和 4400 多颗珍珠（如图 8—7 所示）。

图 8—7　九龙九凤冠

四、十二龙九凤冠

孝靖皇后的凤冠饰有十二龙凤，正面顶上是一条龙，中间为七条龙，底部为五只凤。一条龙在上背面，三条龙在下面；两边各有一只凤。龙的形状或者昂首升腾，或者是四足直立，或者在行走，或者在奔驰，姿态各不相同。龙的下面是展翅飞翔的翠凤。所有的龙口都衔接着珠宝串饰，龙凤的下面装饰珠花，每一朵花的中心镶有一颗或 6、7、9 颗不同的宝石，每一颗宝石周围有一圈或两圈珠子（如图 8—8 所示）。

图 8—8　十二龙九凤冠

此外，龙凤间饰翠云 90 片，翠叶 74 片。冠与金口环饰有珠宝带，边缘镶有金条，中间镶嵌了 12 颗宝石。每颗宝石由六颗珍珠围绕，中间用珠花隔开。博鬓六扇，每扇饰有一条金龙，珠宝花 2 朵，珍珠花 3 朵，边垂珠串饰。整个冠共有 121 颗宝石和 3588 颗珍珠。共有 18 颗小红宝石嵌在凤的眼睛里。

表 8—3　明神宗万历帝定陵出土的四种凤冠对比

类别	图例	说明
六龙三凤冠		整体高 35.5 厘米，冠底直径大约是 20 厘米。龙为金制，凤为点翠工艺（以翠鸟羽毛装饰的工艺）制作。
三龙二凤冠		高度为 26.5 厘米、口径为 23 厘米，凤冠总共有一百多块红色和蓝色的宝石，而珍珠总共有 5000多颗。

类别	图例	说明
九龙九凤冠		总共高 27 厘米、口径为 23.7 厘米。重量为 2320 克，包含了 3500 余颗珍珠以及红色 150 块、蓝色 150 余块的宝石。
十二龙九凤冠		有十二龙凤，正面顶上是一条龙，中间为七条龙，底部为五只凤。一条龙在上背面，三条龙在下面；两边各有一只凤。

第六节　清代官帽

　　清代官员的官帽是由女真族人按照北方民族习俗改制后而独创的。清朝入关前形成的文武官员冠帽顶饰宝石制，是源于北方游牧、狩猎民族的传统服饰形式——由于北方地区春、秋两季风沙较大，冬季又特别寒冷，北方的多数民族都离不开帽子御寒或防晒。他们冬季戴皮毛制暖帽，夏季戴藤草编遮阳大帽，通常情况下，这些少数民族的首领和贵族，往往会在帽顶部镶有各类宝石，起初是作为装饰，后来慢慢演变为等级身份的象征。从元代开始，已经有一些皇帝和皇室贵族将特制的宝石作为帽顶装饰来彰显身份，这些做法都对后世的女真族人造成影响，甚至为后金（清）官制所全盘接受，最终形成清官制中的暖帽、凉帽定制以及帽顶装饰各类宝石的定制，使得清朝官制服饰显得丰富而严格。

一、官帽的分类

清代官制冠帽大体可分为冬季戴用的暖帽和夏季戴用的凉帽（如表8—4所示），两类冠帽不可同时期混用。暖帽和凉帽应按秋冬、春夏两种节气的不同，分别戴用。每年在暮春、深秋季节，逢初五、十五或二十五日，由当值大臣先期按例请旨，获皇帝批准后，文武百官方可更换冬、夏服装及冬、夏冠帽。

据乾隆《钦定大清会典》的记载，清代王公大臣和各级品官的暖帽主要形式为：帽身为圆筒形，均以貂、狐等皮制成；帽檐上仰，帽顶面呈圆锥形，表面坠有红纬，长出檐；顶部安有镂花金座帽顶，上缀各类宝石；帽檐下两旁置有垂带，可系于项下（如图8—9所示）。其中，各品官所用毛皮略有不同之处，其文、武一品官用熏貂、青狐皮，文、武二品及文三品官用熏貂、貂尾，武三品及文、武四品至文、武九品官均用熏貂。

图 8-9　暖帽

清代王公大臣和各级品官的凉帽主要形式为：帽身为倒喇叭口式，均以玉草或藤丝、竹丝为质织成，表面饰以纱罗，帽檐镶石青片金二层，帽里用红片金或红纱。帽顶面缀有红纬；顶部安有镂花金座，帽顶上镶各类宝石；帽内加圈，系带置于圈上，可系于项下（如图8—10所示）。

图 8-10 凉帽

表 8-4　清代两种类型的官帽对比

类别	图例	说明
暖帽		暖帽为盂形或盔形，作翻檐，多用皮、呢、缎、布制成，多黑色，中有红色绒线所制成的帽纬、帽子最高处有顶珠。一般官帽兽皮用熏貂，高等的可以用青狐，只有皇帝可以用黑狐。
暖帽		凉帽为喇叭形，作敞檐，多用藤、篾席为胎骨，外覆白罗，内里红纱，朝服冠帽缘作石青片金檐两层、吉常服冠作单层，另行服冠则无织品包覆，再上缀红色帽缨及帽顶。

　　暖帽和凉帽按照朝会、庆典、祭祀、出行和日常居家等不同的使用功能，暖帽可细分为冬朝冠、冬吉服冠、冬行服冠和冬常服冠，凉帽可细分为夏朝冠、夏吉服冠、夏行服冠、夏常服冠和夏雨冠等冠帽形式。清代王公大臣和文武百官暖帽和凉帽的帽型和用料基本一致，但相同系列之中的冠帽外形有一定的区别。如冬朝冠与冬吉服冠之间：冬朝冠（如图8-11所示）冠顶面宽大，面沿与帽檐相接，上面覆盖的红绒宽厚；而冬吉服冠（如图8-12所示）的帽檐则高高向上凸起，使较小的帽顶远低于帽檐之下，形成了另一种样式。

图 8-11　冬朝冠

图 8-12　冬吉服冠

二、官帽的组成

清代冠帽的等级性的体现方式主要是通过高耸的宝石帽顶和妍丽的羽翎等重要组成元素来具体体现的，是清代服饰中最具特色的一部分，带有鲜明的少数民族习俗和文化特色。

（一）高耸的宝石帽顶

在清代，上至皇帝、皇子，中有王公贝勒、勋贵大臣，下至文武百官，其官帽上都有一个金银制成的帽顶，而每一级别的帽顶都各不相同，分别镶嵌不同质地的珍宝，造型也不尽相同，由此形成了清代官员以帽顶分官阶、以顶戴见大小的官制特点。

清代官员的帽顶为镂花立柱式，安置在冠帽上部中央。有清一代，在冠帽上装饰宝石帽顶的做法起源久远，早在清人关前，皇太极就已经制定朝中大小官员的冠顶装饰。崇德元年（1636年），清廷定各级官员帽顶之制：固山额真、各部承政均用宝石嵌金顶，其余品官皆用金顶。由此开始以冠帽之差异，建立官制的上下等级制度。崇德四年（1639年）、顺治元年（1644年）、顺治二年（1645年）和雍正五年（1727年），为提高宗室王公的地位，清廷分别进一步完善官员品级和对应的冠顶装饰。乾隆年间，随着国家礼制更加完备，冠帽顶饰被再次修改，并成为第一代定制。据《钦定大清会典》记载，其具体内容可归纳为：（1）朝冠：文、武一品至八品官，均镂金为顶座；（2）文、武一品官，顶用红宝石，中饰东珠；（3）文、武二品官，顶用镂花珊瑚，中饰小红宝石；（4）文、武三品官，顶用蓝宝石，中饰小红宝石；（5）文、武四品官，顶用青金石，中饰小蓝宝石；（6）文、武五品官，顶用水晶，中饰小蓝宝石；（7）文、武六品官，顶用饰砗磲，中饰小蓝宝石；（8）文、武七品官，顶用素金，中饰水晶；（9）文、武八品官，顶用镂金；（10）文、武九品官，顶用镂银。

吉服冠与朝冠的形制大致相同，两者间的区别可以简单概括为以下四点：第一，吉服冠的顶座上部装饰的是球形的小宝石；第二，文、武一品官，均顶用珊瑚，其他品级的吉服冠所用宝石与朝冠所用宝石相同；第三，文、武八品官的吉服冠顶用的是阴文镂花金；第四，文、武九品官的吉服冠顶用的是阳文镂花银。

清代朝廷对官员帽顶的定制非常细致与严格，无论是京官还是地方官员都要按例而制。但官帽中帽顶的宝石以及顶座的用料考究，经济价值不菲，所以众多中下级官员帽顶无法全部镶用真宝石，必须找到相应的替代物。清代中期，玻璃器开始发展，但仅限于宫中制造，也属于稀缺资源。由于玻璃制品在外观上与宝石质地最为接近，所以雍正八年（1730年），冠帽顶饰改用玻璃饰物，以解决宝石之缺。更定官员冠顶制度，传谕，除亲王至公侯伯及一品大臣所用帽顶无须更议外，"其二品以下朝帽顶与平时帽顶，俱按品分晰酌议"。定使用玻璃冠顶的官员有："奉国将军及三品官，俱用所蓝宝石或蓝色明玻璃朝帽，嵌小红宝石；奉恩将军及四品官，俱用青金石或蓝色涅（不透明）玻璃朝帽；嵌小蓝宝石；五品官用水晶或白色明玻璃朝帽，嵌小蓝宝石；六品官用砗磲或白色涅玻璃朝帽，嵌小蓝宝石。"

（二）妍丽的羽翎

据考古发现和相关文献的记载，象征从作为配饰开始，羽翎就有其等级的意义，但当时并没有形成定制。汉代文献记载，从战国时代赵武灵王到秦汉皇帝，皆有将羽毛赐予武将作帽盔装饰以示英武之举。到了北朝时期出现了用山雉尾条装饰头盔的情况。元明之际，朝鲜流行的汉语教科书中也出现了鸬鹚羽毛制成翎子用来做装饰的记载。明代官服冠冕开始装饰天鹅翎。到了清代，羽翎的佩戴开始成为一种昭明等级的标识，并不是一般官员所能佩戴的，当时官员们佩戴羽翎既不能僭越本分乱戴，又不能随意不戴。

清代冠帽上的羽翎主要是花翎和蓝翎两种，以花翎为尊。花翎就是孔雀尾部带有"目晕"的羽翎，"目晕"又被称为"眼"，指的是孔雀尾毛上的彩色圆斑。花翎的目晕越多表示身份地位越尊贵，一般是高级官员戴用。蓝翎又称为"老鸹翎"或"雕翎"，蓝色，羽毛较长但没有目晕，与花翎相比等级较低，一般是中下级官员戴用。

花翎具体是由孔雀翎、马尾和翎管共同组成，其中孔雀翎是主要的支撑，周围装饰一些辅助和烘托的马尾，使孔雀翎更加丰满和飘逸。孔雀羽翎和马尾均安插在翎管之内，以便在帽顶上固定于一个方向。

在清代官制服饰中，对翎管没有特别限制，因戴用翎顶官帽的官员多是有品有级的高官，家境一般都比较殷实，所以制作翎管的材料最多的是翡翠，其次还有玉、牙、角、玛瑙和竹木等。翎管通常长约 7.4 厘米，直径宽约 1.5 厘米，均为圆柱式空心，中心穿以翎杆，顶部由丝绳将花翎固定于一个方向，使之笔挺而稳健（如图 8－13 所示）。

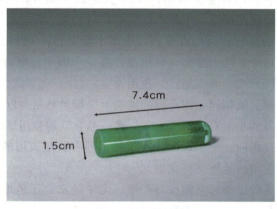

图 8－13　翠翎管

在清代早期，在官帽上佩戴孔雀翎和蓝翎属于近御皇帝的一种特权。孔雀翎仅限于少数人佩戴，可分为"单眼""双眼"和"三眼"三类。"三眼"孔雀翎佩戴者仅为贝子及贝子以上恩赐官员；"双眼"孔雀翎佩戴者为镇国公、辅国公的亲贵、和硕额附；"单眼"孔雀翎佩戴者为五品以上的内大臣、一二三四等侍卫、前锋营和护军营的各统领、参领（担任这些职务的人必须是满洲镶黄旗、正黄旗、正白旗这三旗出身）。蓝翎仅限于蓝翎侍卫佩戴。《啸亭续录》载："凡领侍卫府官、护军营、前锋营、火器营、銮仪卫满员五品以上者，皆冠戴孔雀花翎，六品以下者皆冠戴蓝翎，以为辨别。王府头等护卫始许冠花翎，余皆冠戴蓝翎云。"说明宫内品官戴用孔雀翎、蓝翎是有严格界限的。

在清代官制中，孔雀翎的佩戴多是武职官员，并以王公贵族、内府侍卫等为主，特别是多眼孔雀翎，一般中下层官员根本无缘佩戴，因此它在清代官制中几乎成为一种官位品级的象征。同时，花翎也是清代皇帝优抚和笼络臣下的一种手段。清初时期，朝廷对开国建功的勋臣多赐予双眼花翎。清中期，经皇帝恩准，因恩赏而戴用花翎的官员逐渐增多。花翎先是授予宗室成员，后又扩大至文职官员，再后又扩大至外职官员。但即便如此，能够按制戴用羽翎的品官也并不多。据相关资料记载，乾隆至清末，只有傅恒、福康安、和琳、长龄、禧恩、李鸿章、徐桐等7人被赐三眼花翎；约20人被赐双眼花翎。在现在影视作品中，凡是清朝官员出场，不论文武百官，不分品级大小，都戴用花翎顶官帽，这其实是对清代官帽的一种误解。花翎作为官服配饰体现着奖惩的示范意义，是清代政治生活中显示皇权恩泽的工具，是清王朝笼络臣工之心运作机制的重要组成部分，有着重要的制度规范导向。

第七节　清代旗头

旗头主要指满族妇女的发式。满族已经结婚的妇女通常把头发梳成绾髻。旗头是由"两把头"发展而来的，并且是在入关后流行起来的，所以人们又称其为"大拉翅"。大拉翅又被叫作大京样、大翻车、达拉翅、答喇赤、旗头、旗头板等，清朝晚期在满族和清朝的皇宫中，十分流行，呈板状冠形，并且展现出牌楼般高耸挺立的风貌。通常是戴在真头发梳成的二把头上面，和它一起构成夸张的大二把头形状。经常看到的大拉翅都是扇面形的中空硬壳，高度约一尺，下面是头部大小的箍环，用钢丝建立构建，布袼褙（糨糊黏合起来的多层布）做胎，并在外表包裹黑色缎子或者绒布。在使用大拉翅的时候是用扁簪固定在头上的，不用的时候可以取下来。

入关以前：满族妇女的传统发型是辫发盘髻，包括单发髻和双发髻。双发髻通常是未婚女子的发髻，也就是在头顶的两侧编长长的发辫，然后编成一个发髻。单髻大部分使用于已婚妇女，就是把头发拢在头顶，编成长长的辫子，然后用盘子编成一个发髻。这种发型简单利落，便于长途骑行与旅行，适宜在野外宿营还可以枕辫而眠。这就是当时人们的发式，不管是富有者还是贫穷者，发式都是这样。

入关以后：因为受到了汉族女性发饰的影响，使得满族妇女的发饰也越来越丰富。其中，通常具有以下几种类型："架子头""大拉翅""软翅头""两把头""燕尾""一字""高粱头"等，在此期间名称不同，形式也略有不同。例如，"两把头""架子头"等。有许多是在其他发型的基础上进化而成，在保留了原有发型的基本形式上，又有所创新之处。另一些人则在其他民族习俗的影响下维持着自身的民族发式，发饰的特点融入了其他民族的风格，形成新的发式。满族中老年普通妇女佩戴的"高粱头"，已有几千年的历史，至今在满族聚居区仍然可见。发饰在满族妇女服装中占有突出的地位，形成了满族妇女独具韵味的独特发式——旗头。

一、二把头

二把头也就是两把头，主要是先把头发全部束在头顶，然后利用一支长扁的发簪作为基座，分成两股从左到右相互缠梳。两股头发放置在发顶，梳成横向的发髻以后，再使用另一个簪子横向插入进行固定，后脑勺其余的头发梳成燕尾形扁髻。颈部后面的扁髻会制约头部的活动和躺卧，然而同时它也能提高女性的形象，使其显得更加优雅端庄（如图8—14所示）。

在清朝初期的时候，二把头只是盘在脑后，且全都使用妇女本身真正的头发梳成，因此整个造型上相对较小，且扁矮。然而伴随时间的发展，盘梳位置逐渐朝着头顶发展，也有把二把头盘得更高更大的形式，开始在缠梳的过程中融入假发。晚清时期，一种名为大拉翅的板形冠饰发展起来，慢慢替代了二把头。

图8—14　二把头正背面

二、架子头

架子头出现于清代中叶，这是历史上被称为"乾隆盛世"的黄金时代。在这一时期，各个领域都获得了极大的发展。首饰制作工艺技术也是这样。利用名贵材料制作的各类发簪、发钗、流苏、头花等饰品源源不断地生产出来，这些首饰做工精美，款式新颖，有效激发了满族妇女的审美心理。但是把金、银、珠、翠、宝石等极为珍贵的材料做成发饰戴在头上，其重量相当大，低垂的几乎与耳根齐的两把头就十分明显地体现了这种状态。为了戴上这些华丽的首饰，人们发明了一种新的梳头工具——发架。发架通常使用木头与铁丝制作，样式就好比眼镜一样，在梳头的时候，将头发固定好以后，再把架子放在头顶上，让左右两把头发交叉和发架绾紧，并且在中间利用一横形长簪对其进行固定，并利用发簪、发钗等长挺首饰将发梢和碎发缠绕在一起，这样戴任何饰品都能够挺住（如图8—15所示）。当头发盘绕在架子上的时候，头发往往不够多，所以必须填上很多假发才能把头发弄扁平，头发的两边或角挂在鬓角上，后面有一条长长的燕尾辫，清代得硕亭的诗集《草珠一串》诗云："头名架子太荒唐，脑后双垂一尺长。"还注释说，"近时妇女，以双架插发际，绾发如双角形。曰架子头"。

图 8-15　架子头正背面

三、钿子头

伴随满族妇女的发型越来越复杂，满族妇女的发式也变得越来越多。钿子头发式是由两把头发展而来的，因为发髻有架子衬着，所以取其形似，被称为"钿子头"（如图 8-16 所示）。在梳头的过程中，先把头发梳成两个横长髻，也就是把整个头发平分左、右各一边，形状像小女孩梳的两个抓髻。然后，用铁丝或藤条做一个框架，用青绸、缎绒将其包裹起来，看起来像一个簸箕，再用两条黑缎带系于颔下，让钿子能够极为稳定地戴在头上，这种"钿子头"是满族妇女在出席盛大场合时候的着装。摘下钿子，就是日常的打扮。然而，戴钿子的抓髻发式主要为本人的头发梳理而成，重量太大的发饰根本不能戴上，只能插一些鲜花、绒花等分量较轻的装饰品，制约了头饰的大量使用。随着清朝的巩固和经济的繁荣，满族妇女的传统发式也慢慢由小到大，从实用到美观不断发展。

图 8-16　金累丝嵌珍珠宝石五凤钿

四、大拉翅

满族妇女不但注重发式，而且注重头饰。在大量的头饰中，大扁方头饰最为常见。其主要是一根长为30厘米、宽为2.3厘米的银簪子，横在发髻当中。清代满族妇女的上层不但要佩戴旗头（一种由青丝绒和青缎制成的扇形冠），还要佩戴各种银饰，例如：花针，压鬓针，大、小耳挖子等。满族妇女的耳环也有不同，她们都要在耳朵上戴三耳眼，戴三只耳环，这是个古老的习俗，一直延续到今天。满族妇女通常梳两把头，风格十分简单，都是将真发绾玉或者翠之横"扁方，之上"。水平插在发顶上方和发冠相似的扁平髻中，其长度为32—33.5厘米，宽约4厘米，厚0.2—0.3厘米。其呈现出尺子的形状，一端是半圆，另一端是卷轴。例如：一变相横簪，不管是梳两把头还是大拉翅，都是在真发与假发中起到"横梁"的作用。扁方的效果就好像汉代男性束发时用的长簪，有可能扁方就是这样演变来的。扁方的质地大部分为白玉、青玉，少部分是金、银制品。在清朝晚期，满洲妇女逐渐流行"旗头"，也成为"旗头板""大拉翅"（如图8—17所示）。它是基于头顶的发髻，在上面放置旗头。旗头与我们在舞台上看到的相似，它是一个由一个铁框架支撑的扁冠，外面由青绒、素缎等制成，正面装饰着各种首饰，两侧悬挂着流苏。旗头是由"两把头"发展而来，并且在入关后才慢慢开始流行的，因此人们又称为"大京样"。

图8—17　大拉翅格格帽

第八节　清代冠服的配饰符号体系

清朝冠服体系中配饰较多，如朝珠、朝带、金约、领约、耳饰等。这些种类繁杂的配饰的使用也有各种规定，成为体现等级差别的又一符号体系。清代服饰配饰的制作材料主要使用宝石、黄金、珍珠、碧玺、青金石、绿松石、珊瑚、琥珀等。这些物品在使用中是以其稀缺程度、品质优劣和使用数量的多少来体现等级差别的。

在清代冠服配饰符号体系中有一个很特别的符号，就是清朝的冠饰中的花翎。花翎是垂拖于清代官帽后的孔雀尾翎，标识等级与荣誉。按照规定，清朝五品以上官员，文职巡抚兼提督衔及派往西北两路大臣，以孔雀翎为冠饰，缀于冠后，称作花翎。花翎在清朝是一种辨等威、昭品秩的特殊标志，一般官员是不能随意戴用的。花翎的作用是昭明等级、显示军功。清代各朝对花翎的使用都三令五申，既不能僭越本分随便佩戴，又不能自作主张随意摘除不戴，如有违反规定者则必然受到严处。一般被降职或革职留任处置的官员，仍可按其原来的品级穿用朝服，但是要被拔除花翎。花翎分为单眼、双眼、三眼（"眼"即孔雀翎毛上的圆花纹，一个圆圈算作一眼），其中三眼花翎最为尊贵。皇室成员中爵位为亲王、郡王、贝勒的贝子、固伦额驸（皇后所生公主的丈夫）有资格戴用三眼花翎，镇国公、辅国公、和硕额驸（嫔妃所生公主的丈夫）有资格戴用双眼花翎外，其余品官须奉皇帝特赏才可以戴用，一般也仅可戴用单眼花翎。五品以上的内大臣、前锋营和护军营的各统领、参领（担任这些职务的人必须是满洲镶黄旗、正黄旗、正白旗这上三旗出身）有资格佩戴单眼花翎，而外任文臣无赐花翎者。由此可知，花翎是清朝居于高位的王公贵族特有的冠饰。花翎如此高贵，标示等级的作用如此明显，因此在清朝成为特别被人仰慕、重视、向往的一种符号。

再看朝珠。按服制规定，君臣、命妇凡穿朝服必于胸前佩挂朝珠。朝珠由 108 粒珠贯穿而成。制作朝珠的材料由东珠（珍珠的一种）、珊瑚、蜜珀、翡翠、琥珀、青金石、绿松石等制作，挂于颈垂于胸前。清朝的朝官，凡文官五品、武官四品以上，军机处、侍卫、礼部、国子监、太常寺等所属官员，以及五品官命妇以上，才能够挂用朝珠。按规定，官品的大小和地位高低不同用珠的种类和数量都有区别。制作朝珠的材料以东珠最为珍贵，只有皇帝、皇后和皇太后佩戴的朝珠才能使用东珠。其中皇帝的朝珠数量最多，有五盘，不同场合用不同的朝珠。朝会用东珠制作的朝珠，祭天用青金石制作的珠，祀地用蜜珀制作的朝珠，朝日用珊瑚制作的珠，夕月用绿松石制作的珠。皇后、皇太后的朝珠三盘，其中东珠制作的一盘，珊瑚珠制作的两盘；皇贵妃、贵妃、妃朝珠三盘，蜜珀珠制作的一盘，珊瑚珠制作的两盘。皇子、亲王、亲王世子、郡王、贝勒、贝子、镇国公、辅国公的朝珠，都不能使用东珠，其余材料皆可以使用；民公、侯、伯、子、男的朝珠，可以使用珊瑚、青石、绿松石、蜜珀等。皇子福晋、亲王福晋、世子福晋、郡王福晋的朝珠均为三盘，珊瑚制作的朝珠一盘、蜜珀制作的朝珠两盘；品官文五品、武四品以上的朝珠，以杂宝及诸香作为制作朝珠的材料……如此繁杂的饰物符号组成了庞大的清朝服饰饰物符号体系，清晰地标示着使用者的身份和等级差别。

第九章　民国时期的冠饰文化

第一节　民国时期历史背景

　　1911 年，辛亥革命爆发，革命党在南京成立临时政府。各省代表选举孙中山为临时总统。1912 年 1 月，中华民国正式成立。以袁世凯为领导的北洋势力统治了中国，北洋政府解体后，政局一片混乱。孙中山南下广州，创建国民党，建立黄埔军校，成立国民政府，为国共合作作出了贡献，此后不久孙中山病逝。1926 年，蒋介石率部北伐，意图统一中国。到 1928 年，东北改变了路线，国民政府正式统一了中国，蒋介石在孙中山之后成为国民党的领导人，统一后，民国进入了那时候的"黄金十年"建设阶段，在这一阶段中，社会稳定，教育获得了发展，并且趋于稳定。

　　1937 年，抗日战争全面爆发，中国成为反法西斯同盟的成员国，国际地位大幅度提高，并且变成美、英、中、苏四大强国之一。1949 年以后，国民党在内战中战败，迁往台湾。中华民国是我国历史上一个大动荡、大变革的时期，是半殖民地半封建社会的终结。

　　中华民国的建立与中国以前的君主政体不同，它是通过资产阶级民主革命的斗争创建起来的。19 世纪末，因为清政府的腐败与资本主义列强不断加深的侵略，特别是中日甲午战争的失败，导致中国进入了十分严重的民族危机中，中国人民一直在寻找救国之道。伴随中国资本主义经济的开发与西方政治思想理论的传播，代表了新兴资产阶级的政治力量逐渐出现在中国政治舞台上。

　　以孙中山先生为领导的一批志存高远的人，首先选择了通过革命的道路来救国，1894年，孙中山在檀香山成立兴中会，提议推翻清王朝，建立联合政府。兴中会的活动最初就和传统的朝代模式具有不同，拥有新时代的特征。然而当时，孙中山的开创性工作并不能被广大人民群众所了解。1898 年，资产阶级发起改革的失败，以康有为和梁启超为首的改革派和随后的义和团运动，以及八国联军的入侵，大大刺激了中国社会的各个阶级，越来越多的人逐渐意识到要拯救中国，必须推翻清政府的统治。因此，孙中山发起的反清革命迅速地发展为一场广泛的社会运动。在孙中山和黄兴的共同倡议下，流亡到日本的革命党人于 1905年 8 月 20 日，在东京组成了同盟会。他们以西方资产阶级政党建立的同盟为榜样，通过激进的民主纲领，将小群体不平衡的政治水平提升到了全新的高度。这一纲领就是孙中山先生提出的"驱逐鞑虏，恢复中华，创立民国，平均地权"，后来又对三民主义作了进一步的阐述，以国民性、公民权和民生为重点。

同盟会成立后，《人民日报》和其他书籍、报纸纷纷发表揭露以慈禧太后为首的清政府恶行，攻击康有为、梁启超等提倡的君主立宪制，并鼓励人们参加到革命运动中来。通过和康有为、梁启超的战斗，反清革命的观念在人们心中不断加深。

第二节　审美变化

一、旧传统与现代、中西审美的碰撞和融合

民国初年，伴随社会的变迁与西方文化的涌入，各种新气象和旧面貌相互共存，这种复杂局面在人们的衣冠服饰上表现得十分明显。其主要因素有以下两个方面：首先，反映了新旧政治力量在人们生活中的竞争；其次，在"西学东渐"的潮流下，中国打开了国门，开阔了人们的视野。

在 19 世纪末 20 世纪初，经历了清朝 200 多年的统治，清朝满族和汉族妇女的审美风格逐渐相似和集成，形成一个旗袍和汉装模式共存的格局。那时候，汉族妇女的服装沿袭了上衣下裳（或裤子）的样式，她们不穿长袍，但通常穿着衫袄，裙子或裤子也不连在一起，其主要特点为宽大肥厚，不注重曲线，隐藏着女性的柔美身体，衣饰之于人，没有一点点的个性。而这一时期的满族妇女大多穿长袍，亦称"旗装"，袖口平且宽大，线条平直硬朗，长及脚踝，满族女子天足，脚踩比普通女鞋更高的花盆底鞋或马蹄底木质高底缎面绣花鞋，自上而下、一气呵成，从视觉上来看，给人一种身形十分修长的感觉。与此同时，还能对女性形体上的缺陷进行遮挡。而旗袍对于女性形体的这种潜在突出的可能性，也从 20 世纪 20 年代开始，通过新旧、中西之间的"兼收并蓄"，获得了持续发展与创新，成为中国人新的审美方向和选择。

民国时期，男子服饰的特点呈现中西方服饰并行的趋势，传统的中式长袍、马褂依然存在，而西装革履的穿着风格也从海外流传进来①。在配饰方面，礼帽是男士们的重要选择，无论是中式的长袍马褂，还是西式的西服套装，都可以佩戴。礼帽成为这个时期男子最庄重的着重配饰。在这期间，还出现一种中西结合的穿法即上着长袍，下穿西装裤，头上戴礼帽，脚下穿皮鞋。这种穿法是当时较为时兴的装束，既不失中国传统特色，又增添了西方新鲜元素，充分体现了中西结合典型时代特色。用现在的流行词语来讲，就叫作"混搭"。

---

①尤璐，潘翀. 民国时期服饰与国民形象探究［J］. 湖南包装，2021（03）：53—55.

二、从"衣"到"人"——审美关系的主客体转向

东西方审美文化对"人体美"的认识存在很大差异。中国人传统的审美情趣大多在山水之间，所以，对于审美对象来说，对"人"这一主体的反思相对弱化，形成了中国服饰重精神、西方服饰重物质的特点。西方服饰的"重物质"更多的是带有一种人文色彩，强调与注重人体之美，"衣"为"人"存在。后来，民国女性慢慢对"衣"对于"人"的价值与意义引起了重新关注，"人"逐渐得到了本该拥有的主导地位，因此逐渐显示出"简化"的趋势，从"身份消解"到"个性凸显"的"平民化"与"时尚化"的倾向。民国初期，革命的洗礼挥之不去，人们的衣冠服饰在这个新旧融合的时期是一个伟大的转折点，满装、汉装、西装，共同存在，但许多是去繁从简，重视简洁、合身、适体变成了女性服饰的趋势。"文明新装"盛行的中期，在"倒大袖"及短袄的特殊形制中，背后反映着当时社会人文、审美积极进步的态势。

与此同时，外来文化的流动也导致了女性服饰的"简单化"，受留学生和中国当地教会学生为代表的日本女装的影响，大多女子上衣穿着腰身窄小而修长的高领大襟衫袄，摆长不过臀，大部分是圆弧形，略带一些纹饰，袖长到露肘或者露腕，袖口则为喇叭形①，径口约7寸，被称为"倒大袖"。身体的下半部分是黑色的裙子，最初长到脚踝，然后不断缩短到小腿上部。旧时大量使用的耳环、手镯、戒指、发簪等发饰一概不用，被称为"文明新装"。后来，它被一些城市女性视为时尚，并在20世纪初与20世纪20年代流行起来。

三、由"身份消解"到"个性凸显"——"平民化"和"时尚化"

在1912年10月，新建立的民国临时政府与参议院发布了第一个正式着装条例——《服制》②（民国元年十月初三），共有两章十二条，对男女礼服的款式、颜色和材质都有详细的规定（如图9-1所示），对清朝的朝褂翎顶进行了废除，并且在其中添加了西式服饰。其中，对女性礼服的规定十分简单：上装着长衫，"衣与膝齐，袖与手腕齐，对襟用领，左右及后下端开"；下装着长裙，"前后中幅平，左右有裥，上缘两端用带"。另外，"周身得加绣饰"。《服制》法令最突出的特点就是将西方服饰当作礼服。并且，清代等级色彩鲜明的官服即使消亡，然而满族服饰中的长袍、马褂、旗袍、坎肩等仍被保留为中国传统服装，并在民国时期获得了飞速发展。中西并置，新旧混合，就变成了民国初期女装的特点。

---

① 陈华丽，吴世刚. 民国时期"文明新装"的演变及成因 [J]. 辽宁丝绸，2023（03）：51—61.
② 中国第二历史档案馆藏.《服制》，全宗号1002，案卷号639，1912年。

图 9-1　民国《服制》插图

20世纪初，随着西方社会科学技术的进步和交通的便利，人们的活动也越来越多。清末民初的妇女服饰，即使在很大程度上试图模仿西方，但也符合时代的需求，中国妇女争取解放，穿窄瘦衣服让运动自由，可以参加各种社会活动。劳动妇女服装则展现出实用的原则：布头巾、无领布衣、肥裤、布袜、布鞋。由于西方文明的干预和开放的社会氛围，民国初，女装的西化速度也在不断加快，形成了越来越多样化的服饰结构和风格，服饰逐渐变成了女性展现自身个性的重要手段。据有关资料记载，民国时期，起初女生狂热追求当时流行的奇装异服穿着，1913年6月的一期《大公报》专门刊登了一篇题为《粤女学生之怪装》的文章："猩红袜裤，脚高不掩胫，后施尾辫，招摇过市，其始不过私娼所为，继则女学生亦纷纷效法。"成为女装潮流的引导者，它们不再像过去那样是贵族和贵妇的专属，转变成妓女和女学生、各个阶层的妇女都在追随它们。这同样是身份消解后的女装革命的一次大逆转，也是中国女装从"民主化"到"时装化"的开始。综上所述，民国初期，西方的文明与思想便不断冲击着人们的认知，推动了衣冠文化的发展。

第三节　民国时期冠饰特点

鸦片战争结束后，中国进入了近代社会。清朝末年，大批青年出国留学，受西方文化和习俗的影响，他们突破封建思想的束缚，剪掉辫子，穿上西装。中国的官服和平民服仍然是一样的。所以，当学生回到中国，他们仍然要穿清朝的服装，有时在他们的后脑勺戴一条假辫子，以避免非议。在辛亥革命爆发以后，彻底推翻了清王朝。民国成立后，发布了《剪辫通令》，全国各行各业的人，听风声，280多年的辫发之习，终于淘汰了，并且在衣冠服饰上也产生了极大的改变（如图9-2所示）。首先，摒弃了几千年来利用衣冠"昭名分、辨等威"的传统观念和制度；其次，中华民国政府模仿西方服饰，颁布了服制条例，因为这些规定不太符合中国的国情，在实践中没有得到充分的贯彻执行。

图 9—2　民初江苏剪辫风潮

　　20 世纪 20 年代末，民国的政府重新发布了《服饰条例》，在这项条例中，规定的主要利用为男女的礼服以及公务人员的制服，对日常服饰并未进行规定。20 世纪 30 年代，男性服饰的变化并不明显，而女性的装饰风格越来越繁荣，这又受到外国服装材料的流入的推动，特别是在人口密集、工商文化与事业相对发达的上海，它已成为女性时尚的中心。

　　民国初年，在西方文化传播的影响下，西式帽开始盛行，尤其受到社会上层人士和知识分子的青睐。这些人社会影响力大，穿着受普通人追捧，于是当时不仅军警制服全用西式帽，普通人也将戴西式帽视为时髦和有身份的象征。尽管民初时外来的西式帽价格比较高昂，但稍有财力的人都会买一顶。虽然时代的变迁使得前清的各种官帽销声匿迹，但是一些曾盛行于民间的日常帽式仍然比比皆是，有许多安常习故的人仍然爱戴着旧样式的帽子，尤其是一些中老年人①。

　　对近代男子而言，礼帽是其最为庄重的帽子。平时佩戴得较多。除了礼帽以外，男子的冠帽还具有各种类型。例如：瓜皮小帽，在原有清代的基础上进行了许多改进，并对花纹进行了翻新，用料也十分考究，有些用水獭皮，也有用丝绒、丝、纱缎、棕等进行制作。根据气候变化，夏季通常戴草帽，冬季大多戴兜帽和罗宋帽。学生们通常戴鸭舌帽，夏天则戴着白帆布做成的宽边圆帽。农夫冬天戴着毡帽，夏天戴着草帽，雨天戴着笠帽等。而男子的服饰，在民国初期依旧和清朝相同。从 20 世纪 20 年代起，上海和其他大城市的教师，外国公司与政府机关的职员等都开始流行穿西装了，但常见于年轻人，老员工和普通市民穿得较少。长衫马褂在这一时期是主要的一种服饰，并且具有一定的地位。

――――――――――――

①胡玥，张竞琼. 民国时期帽子的西化进程［J］. 武汉纺织大学学报，2017（04）：38—43.

民国初年，在男子剪辫的影响下，女性也曾有过理发的时尚，但很快就停止了，许多剪掉发髻的妇女又开始蓄发。年轻女子除了把头发梳成各种发髻外，还在前额留下一缕头发，俗称"前刘海"。直到 20 世纪 20 年代末，烫发从国外传入中国，在女性当中形成了强烈的反响，大城市的女性大部分都是模仿西方文化，把头发烫成卷，或染成红色、黄色、棕色、褐色等各种颜色，以此为时尚。而在这一时期流行的发式有螺髻、舞凤、元宝髻等，民国初年，十分流行一字头、刘海儿头以及长辫等。在 20 世纪 20 年代，人们剪掉头发，用丝带扎起来，或者用珠宝翠石以及鲜花编成的发箍绑扎。1930 年后，烫发传入中国，并且喜欢在烫发以后别上发夹，身穿紧腰大开衩旗袍，佩项链、胸花、手镯、手表，腿上穿着透明的高筒丝袜，脚上穿着高跟皮鞋，也在这一时期变成融合中西文化相对成功的女子服饰形象。

民国中后期，西方文化已经渗透到了人们生活的方方面面，就是普通人也人手一顶西式草帽和呢帽。民国中期，市井里仍然能看见戴瓜皮小帽的人，但是小帽的材质由于外国泰西缎、法兰绒等新面料的输入而丰富了许多，风帽被各种新式皮帽取代。而西式帽子的大类并没有太大变化，只是面料、颜色和款式上变得琳琅满目，种类繁多，流行样式也与人们生产生活的变化息息相关。抗日战争开始后，帽子的生产虽然受到了影响，但是流行的帽式却基本没有改变，然而这个时候，瓜皮小帽已经消失不见了。民国的中后期，帽子的款式基本已经被完全西化并发展到顶峰了。这个时期流行的帽子品类十分丰富，按材质可以分为草帽、白通帽、呢帽、皮帽等。

民国时期，男子帽子的种类很多，主要有礼帽、瓜皮帽、碗帽、毡帽、绒帽、大甲藤帽、草帽、猴帽、暖帽、麻胡帽、巴拿马草帽等（如表 9－1 所示）。民国初年的礼仪场合，男子多戴礼帽，其圆顶，下有宽阔的帽檐，有大礼帽、小礼帽之分。大礼帽的帽冠较高，一般在 14－19 厘米；而小礼帽款型则相对较小。材质有皮革、呢子、兔绒、条绒等。礼帽又分冬夏两种款式，冬天用黑色毛呢，夏天用白色丝葛。穿着中式、西式服装都可以戴礼帽。

表 9－1　部分民国时期帽子图鉴表

图例	名称	线描图	说明
	民国时期瓜皮帽		瓜皮帽也称"小帽子"，上锐下宽，以六瓣合缝，缀檐如筒，因其造型呈多瓣状，和西瓜皮有点相似，在民间则被谑称为"西瓜皮帽"。
	民国时期鸭舌帽		帽子前檐形状好像舌头。戴时，帽子和帽舌相扣，前面低；后面较高，成为斜形，看起来类似瓦盖，因此，又称"瓦盖帽"。

图例	名称	线描图	说明
	民国时期礼帽		民国初年的礼仪场合，男子多戴礼帽，其圆顶，下有宽阔的帽檐，有大礼帽、小礼帽之分。大礼帽的帽冠较高，一般在14—19厘米；而小礼帽款型则相对较小。
	民国时期巴拿马草帽		巴拿马草帽是用一种名为多基利亚的植物的纤维或用彩色杆纺织而成的带有黑条纹或花饰的边沿上翘的草帽。

瓜皮帽也称"小帽子"（如图9—3所示），上锐下宽，以六瓣合缝，缀檐如筒，有的底边镶一个一至三厘米宽的小檐，有的无檐，只用一片织锦缎（又称片金）包个窄边，前端钉一个玉或翠的饰物，帽顶钉一个大红襻疙疸（疙瘩）。因其造型呈多瓣状，和西瓜皮有点相似，在民间则被谑称为"西瓜皮帽"。瓜皮帽的质料春冬用缎，夏秋则多用实地纱，颜色以黑色见多，夹里用红，富者用红片金或石青锦缎缘其边。男性戴的瓜皮小帽分平顶帽和尖顶帽。平顶有十二瓣、八瓣两种，尖顶只有六瓣。十二瓣是年过花甲的老年人戴的，八瓣是中年人戴的，尖顶六瓣的都是青年人戴的。质地分为硬胎和软胎，平顶大都做成硬胎，内用硬纸板为衬并絮以棉花；尖顶大都为软胎，取其便利，不戴时可折之藏入衣袋之中。瓜皮帽曾经是清朝最为普遍的一种帽子，流传至民国。从小孩到老人，人人都可以戴它。它虽不能登上大雅之堂，但却是人们日常必需之物。讲究点的人，也有在颜色和纹饰上与身上的袍褂配套的。

图9—3 民国时期的瓜皮帽

民国时期流行鸭舌帽（如图 9—4 所示），帽子前檐形状好像舌头。戴时，帽子和帽舌相扣，前面低；后面较高，成为斜形，看起来类似瓦盖，因此，又称"瓦盖帽"，一般用灰色或蓝色的呢、布制成，以青少年所用为多。学生中也流行鸭舌帽，但帽围较坚实，用厚胶片做帽舌，俗称学生帽。毛泽东年轻时就读的湖南一师，学生们穿制服（学生服），所戴的帽子就是学生帽。老年人和在户外工作的农夫或行商走贩冬季多戴猴帽，帽子用纱线织成筒状，留有两个眼孔，戴时将上端扎住，平时翻卷起来只盖住头顶，天冷时放下，包住整个头部。

图 9—4　民国时期鸭舌帽

冬季的帽子主要是暖帽、皮帽。百姓的暖帽主要是老头乐毡帽，顶部采用黑色或棕色细毡子，两边有皮毛护耳，前面有一块皮帽护脸。天气寒冷时，前面与两侧的皮毛放下来，保护脸部与耳朵。天暖时，皮毛收上去，掖在帽檐里，作为单帽子使用。皮帽子则是贵族冬季使用的，与大衣搭配。分英式、法式两种，使用的皮毛有水獭皮、黄鼠狼皮、貂皮、松鼠皮等。

民国时期的女子也戴帽子，但是更多的时候，她们是以发型展示顶上的风采。民国时期不仅废除了女性的缠足陋习，女性服装样式开始多样化、个性化且符合女性参与社会工作等的特点和要求，出现了正式女裤、女式制服、运动服、工作服等，发型妆饰也去掉了繁杂的头饰，代之以简洁的发式。电影中被时装包装的人物形象也逐渐走进大众视野，明星偶像美丽、自信、独特的女性形象自然引起观众的注意和喜爱，并成为广大女性崇拜和模仿的偶像，影星在银幕上及现实生活中的服饰打扮被普通女性纷纷效仿（如图 9—5 所示）。

图 9—5　时尚的街头丽人

第四节　中国冠帽发展演变历程

　　帽子是由巾逐渐演变而来的，据南朝梁陈之间的顾野王所撰《玉篇》中的记载："巾，佩巾也。本以拭物，后人着之于头。"可以知道，古时候的巾主要是用来裹头的，女性使用的巾叫作"巾帼"，而男性使用的巾被称为"帕头"。在后周时期，出现了一种男女都能使用的"幞头"，原本是劳动人民在劳动过程中围在脖颈处用来擦汗的布，就好比现在的毛巾。当人们在田地里干活的时候，因为大自然中的风、沙、日光会对人们产生攻击，因此利用巾从颈部到头部进行包裹，避免风沙，遮住日光，还能防寒，后来逐渐演变成各种各样的帽子。总的来说，人类帽子的起源主要是基于对自然的认识、征服和改造这一过程。从一定意义上说，气候、环境、宗教信仰、风土人情等自然和社会条件，客观上促进了帽子的发展进程。

一、旧石器时代"衣毛而冒（帽）皮"

　　中国最早的帽子装饰常见于一些陶器绘画中。《后汉书·舆服志》记载"上古衣毛而冒（帽）皮"，也就是利用皮缝制的帽子可以规避风沙和雨雪。此外，在西安半坡遗址、临潼姜寨出土的一些人面纹彩陶盆上就有各种图案，其顶部绘有鱼尾形尖帽，可以让我们看到5000年前的人物戴帽形象（如图9—6所示）。

图9—6　人面鱼彩绘陶盆

二、夏商周"恶衣服而致美冕"

　　历史上将夏商周称为"三代"，代表了奴隶社会的兴起、发展与鼎盛时期，夏商利用冠冕来体现礼仪制度，到了周朝的时候不断完善。夏朝是中国历史上的第一个奴隶制国家，中部地区位于河南西部、山西南部。《论语》中记载道："子曰：禹吾无间矣，恶衣服而致美乎黻冕。"冕在古代属于一种礼仪服饰，这句话的主要含义是夏禹平常不注重衣着，但是对祭祀天地、祖先和社稷等大事有关的服饰却设计得十分华美和考究。商朝是巩固奴隶制社会并推动其发展的时期。社会生产力和文化都有了很大的发展，在河南安阳殷墟妇好墓出土的一批雕刻玉石人像上可以看到三至四种不同的帽子装饰风格：跪坐的玉人戴着鼓式冠巾，穿着华丽的衣服。殷墟玉石人俑像，所能反映出来的商代的衣式特征，领口有高有低，有尖有圆，襟有交衽，一般为"右衽"衣式，也有对襟。一般是长袖窄口，衣长盖有的衣下沿甚至过膝及踝①（如图9—7所示）。

图9—7　亥刻玉石人像

此外，在美国哈佛大学佛格美术馆里藏有一个头戴高帽的商代玉人。我们可以清楚地看到她头上的裹巾样式，它的包裹方式仍然可以在目前我国的民族头饰中找到痕迹（如图9—8所示）。

图9—8　商代玉人

---

①朱彦民．殷墟玉石人俑与三星堆青铜人像服饰的比较［C］．四川省广汉市政府，中国殷商文化学会．夏商周文明研究·五——殷商文明暨纪念三星堆遗址发现七十周年国际学术研讨会论文集．北京：社会科学文献出版社，2000．

周朝是奴隶社会各方面都达到鼎盛的时期，服装和纺织也有很大发展。人们在生活的探索中获得了更多的经验，亚麻布上出现了涂漆的痕迹。涂以薄漆，可制成防水防雨的漆布，用来制成帽子、鞋、篷盖或防潮垫等。中国人非常重视冠标志的作用，很多正式的服饰都是通过戴着的冠来制作服饰而出名的，并代代相传这一审美和价值观念。戴什么款式的冠就要穿什么款式的衣服，而且一顶冠要和衣服有相同的颜色，从而适应潮流。现代词汇中的冠军和领导者，就是根据古代服饰风格的主题中心和重装饰部分得来的。

在常用的礼服中，弁服是仅次于冕服的一种服饰。皮弁服起源非常久远。《白虎通·绋冕》说皮弁是："至质不易之服，反古不忘本也。战伐、田猎，此皆服之。"《仪礼·士冠礼》贾公彦疏云：皮弁"象上古也者，谓三皇时，冒覆头，句（钩）领绕项"，直接将皮弁的起源上溯至三皇五帝时期。而《礼记·郊特牲》则指出夏商周三代均戴皮弁："周弁、殷冔、夏收。三王共皮弁素积"[1]。天子、诸侯十二而冠，百姓满二十加冠称弁。弁可以分为爵弁、皮弁和冠弁。文官着冠弁，其为黑色和红色搭配的一种帽饰，武官戴皮弁。弁帽是用奶白色翻毛麂皮制作的。晋朝时改为黑衣、素衣，隋唐时期有乌色皮弁，后来改为乌纱，一直沿用到明朝。

按照一些学者的说法，冠弁可能是一种帽箍的形式，在有战事的时候就戴上皮冠。据记载，戴这顶冠的人，上半部分是缁黑色布衣，下半部分是积祠素裳。在古代，有着不见皮冠不应招之说。新中国成立以前，仍然将警卫叫作马弁，由此可以看出，除了爵弁以外，弁冠大部分都是兵将武官所戴（如图9—9所示）。

图9—9　武士弁帽

三、春秋战国"孚甲自御"

战国时期，随着周朝皇帝威信的不断下降，诸侯为了强盛，纷纷"变法"。除了"鼓励农织，发展桑麻"外，他们还大力发展锋利的装甲士兵来维护政权。为了更有效地抵抗敌人武器的杀戮，人类首先学会了"孚甲自御"，从而形成了最早的葛藤制成的背心式盔甲和藤帽。

①李佳．周朝皮弁服形制及意义溯源［J］．大众文艺，2022（18）：201—203.

因为战争的需求，各国都改革了自己的法律。于公元前307年战国实施了著名的"胡服骑射以教百姓"的军事改革，以应对战争的危害。放弃战车，建立骑兵团。骑兵战无不胜，不仅使胡人十分恐惧，而且成为和秦国争霸的强大对手。这一改革后来被称为"胡服骑射"。在帽形制度方面，具体要求如下：冠，采取北方貂皮冠，也可以在原来的皮弁基础上装饰貂皮暖额。在汉代的时候将这一大冠称为"武弁大冠"。据有关文献记载，它的形状最初是用箕式形的形状做成的，然后加入了暖额，但是在春天和秋天就没有了，但是没有实物考证。后来，汉人又把貂尾放在冠上作为冠饰，并在冠上加上金附蝉。

四、秦、汉、楚

（一）长冠

长冠又被称为斋冠，高约7寸，宽为3寸，利用竹皮编制内框，并在外面笼罩黑色的漆纱。在使用的过程中直接套在发髻上，它是按照楚国流行的冠帽形状进行制作的。楚国人喜欢戴高冠，这在《春秋战国记》的相关文献中可以看出来。

在《春秋左氏传·成公九年》中记载：楚将钟仪被俘虏以后，依旧穿着楚人的冠服，晋侯在看到他的时候，十分惊讶地问道："那个戴着楚冠的人是谁啊？"由此可见，当时的楚冠和中原各国的冠帽是完全不同的，十分容易辨认。战国秦汉时期的楚国诗人屈原的《离骚》中就记载了"高余冠之岌岌兮"这样的诗句，并且在《九章·涉江》中也记有："冠切云之崔嵬"的记录，都体现了楚人戴冠的高度，甚至能够碰到云彩。可以试想下，这样高高耸立的，好比摩云的高冠，是怎样的引人注目的（如图9-10所示）。20世纪70年代，湖南长沙的楚墓中出土了一件人物御龙帛画，画的是一个身披高冠的男子，这是战国时期楚冠的真实记载。汉高祖刘邦原本就是楚地的居民，因此生活习惯十分楚化。据说，"长冠"就是他民时用竹皮编织的式样，因此在汉代，"长冠"也被称为"刘氏冠"。

图 9-10　长冠

一般人因其扁平细长的外形，称其为"鹊尾冠"。因为长冠是汉高祖创造的，在汉代具有很高的地位，被认定为在官方祭祀等大型仪式场合所戴的冠帽。

20世纪70年代，在湖南省长沙市马王堆汉墓中出土了一些随葬的木制兵马俑。在此其中的一件男俑，它的头上戴着一个向后上方倾斜的梯形长木板，有些学者认为它是长冠，也有人将它称为汉代的另一种冠帽。它并非冠，但是和长冠相比较，它应该更短更低，然而外形基本一致（如图9-11所示）。

图9-11　"冠人"男俑

（二）委貌冠

委貌冠，又称玄冠。它与古代的皮弁十分相似，长为7寸，高为4寸，其形状就好像一个倒扣过来的杯子。它是用黑丝绢缝制的，不像皮弁是用白鹿皮制作的。在山东聊城出土的一块汉代石画像上，我们就能够看到一个头上戴着委貌冠的人物。史料记载，汉代的大臣、诸侯、士大夫在参加大射礼等重要仪式的时候，就必须戴委貌冠（如图9-12所示）。

图9-12　委貌冠

（图片来源：笔者自绘）

（三）通天冠

这是一种帝王日常佩戴的冠饰。其主体为一个长方形的板框，利用铁梁进行制作的，并在外面罩上黑色的纱；冠前面有三角形的装饰物，被称作"山"；冠的两侧最初是用鹖鸟的羽毛进行装饰，但后来用绢帛代替了。在山东沂南出土的汉代石像上，我们可以看到戴着通天冠的人物头像（如图9－13所示）。

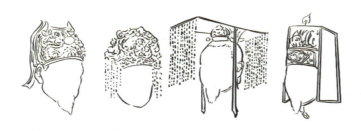

图9－13　通天冠

（图片来源：笔者自绘）

（四）远游冠

其样式和通天冠相似，但两侧没有"山"饰和各种装饰。在冠的前方，有一根横卷而成的绢筒，它可能看起来像颏，是亲王平常佩戴的（如图9－14所示）。

图9－14　远游冠

（图片来源：笔者自绘）

（五）高山冠

据说这是战国时期齐王所戴的帽子样式。秦国灭了齐国后，把这个冠赏赐给了皇帝周边的亲信，汉朝继承了这一习俗，高山冠变成了官吏和近侍的冠服。其形状与通天冠十分相似，只是冠顶不倾斜，也没有装饰品（如图9－15所示）。

图 9—15 高山冠

（图片来源：笔者自绘）

（六）进贤冠

汉代继秦朝实现一统后，为维护皇权稳固，建立起了行之有效的文官官职体系，创立了文武共治的朝堂新貌。进贤冠式基于此社会背景下应运而生，成为文官的表征符号，进贤形象自此而生。进贤形象核心在于"进贤"二字，寓戴此冠者有举荐贤能的义务，作为汉族最早的男子冠饰之一，在汉代早期上至公侯、下至小吏都可以戴用进贤冠，并在后世的发展演变中延伸出诸多样式。[①] 它是汉代最常见的冠饰之一，普通的文官和儒生每天都戴着冠。它是由先秦的缁布冠发展而来的，底部有一个套在头上的冠圈，冠圈中有顶梁的梯形框架，由铁、竹或木制成，板框前面 7 寸高，后面 3 寸高，顶部 8 寸长（如图 9—16 所示）。

图 9—16 进贤冠

（图片来源：笔者自绘）

公侯的冠上装三道梁，其后代和三至七品官员的冠上有两道梁，士大夫和儒生以下的官冠上只有一道梁。这种帽子是汉代文物中最常见的冠帽。在山东嘉祥武氏石室、河北望都汉墓壁画、陕西榆林汉画像石，河南、江苏、四川等地方的汉代画像中都能够看到许多戴着进贤冠的形象。其中既有太守、刺史等级别较高的官员，也有中下级官吏和儒生、贤人，他们都被描绘成端庄、恭敬、衣冠楚楚、地位分明的人物，充分体现了汉代礼仪制度的严谨风格。

---

①孙机. 中国古舆服论丛 ［M］. 北京：文物出版社，1993.

（七）法冠

它原是楚国的王冠。自秦汉以来，朝廷官员、廷尉等都戴这种冠帽。又名獬豸冠和铁冠。据说在先秦的时候，楚王曾经获得了一头神兽，其名为獬豸。秦汉时期，獬豸头上有一角，性忠，还能够分辨是非曲直。如果请它破案，它就会利用角去顶有过失的人。因此，楚王便依据獬豸的角做了一个顶部有直立铁柱的冠，汉代对这种样式的冠进行了沿用，并制作成法官戴的冠帽。其主要含义是希望法官可以像獬豸一样明辨是非。不幸的是，这与对清官的期望一样，与现实相去甚远。在长期专制统治下，冠帽多趋于复杂，装饰上多烦琐华丽，并且它是为统治阶级服务的特定象征。了解中国古代冠帽，对于继承和发扬我国博大的"冠冕堂皇"衣冠灿烂的民族传统文化和现代服饰的发展繁荣，具有重要的意义[①]（如图9—17所示）。

图9—17 法冠

（图片来源：笔者自绘）

（八）武冠

只有武官才戴冠，又称武弁大冠。据说是在战国时期赵国惠文王推行胡服以后进行改良得到的冠式。它和巾帻相同，都可以包裹整个头部，以便对头部进行保护，从而形成更具装饰性的官冠风格（如图9—18所示）。

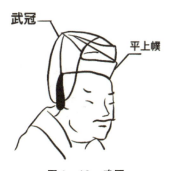

图9—18 武冠

（图片来源：笔者自绘）

---

①崔荣荣.中国古代冠帽浅析［J］.饰，1999（01）：31—32.

在甘肃省武威磨嘴子汉代古墓中，就曾经出土过汉代的武冠实物。冠表面利用漆线制作，外观为横向矩形；耳朵的两端都有垂下来的护耳，耳下有缨，可以系在下颌上；前额部分突出，另包有巾帻。

在汉代的石像和兵马俑中，我们经常可以看到官吏、武士、守卫等戴着武冠的人物。汉代的宫廷侍卫，如侍中、常侍等高级军官也会佩戴武冠，并加上戴黄金珰、玉蝉等饰品。如：在辽宁北票西官营子发掘的北燕冯素弗墓中，就出土了当时的一件用来装饰武冠的金附蝉，其主要是用金丝和宝石制作的，十分精美，在当时，它是武冠上的一种特殊装饰。此外，朝廷官员还在冠的一侧佩戴貂尾当作装饰，侍中的貂尾挂在左边，而常侍的貂尾则挂在右边，以显示两者的区别。

五、魏晋南北朝"厌弁冠冕以幅巾为雅"

魏晋时期有其自身的特点。汉代的巾帻仍然流行，但和汉代具有差异的就是帻的加高，体积越来越小，逐渐缩小到头的顶部，称"平上帻"或称"小冠"。小冠可以上下兼用，也可以南北通用。如果在冠帻上增加笼巾，它就变成了"笼冠"。笼冠是魏晋南北朝时期最为重要的一种冠饰，男人和女人都爱使用。由于是用黑漆纱细纱织成的，故又称"漆纱笼冠"。此外，在山西大同出土的北魏彩绘人物故事漆屏画，我们可以看到舆中坐着朱衣冕冠的君王，舆后跟随着步摇花钿、衣带飘扬的班婕妤。而轿夫则戴着笼冠，屏风画上的人物十分具备这一时代的特征（如图9-19所示）。

图9-19 北魏彩绘人物故事漆屏画

在这一时期，顾恺之所绘制的《洛神赋图》也十分具有代表性。我们可以根据图画看出，男主人戴远游冠，而其余的侍者都是戴着漆纱笼冠，这种漆纱笼冠在南北朝时期的官吏中十分流行。还有一些漆布纱笼冠前还挂着流苏，流苏是从汉代御使簪笔制度发展而来的（如图9-20所示）。

图9—20　洛神赋图摹本

　　在东汉末年的时候，王公名仕"以幅巾为雅"，颇有一种厌弃冠冕公服的风气。在魏晋时期，巾束发的主要原因是其适合所有阶层的人员，容易和服饰进行搭配，在追求高雅脱俗的时代，也有一种反抗礼教制度的滋味。因为当朝者的提倡，当时的幅巾样式各种各样，并且还有很多没有名称的，例如：折角巾、纶角巾以及纶巾、葛巾等几十种。魏晋南北朝各代均对后妃、命妇佩戴的冠饰进行了记载，各有不同，而侍卫头上戴的大部分为笼冠。

六、隋唐五代的首服"幞头"

　　幞头是中国古代男子的重要首服之一，源于南北朝晚期，定型于隋代，唐代至明代沿用不衰，通行时间达一千多年。[①] 幞头主要使用一种用来包头的巾帛，在魏晋南北朝的时候巾帛得到了普遍使用，变成了男性的主要首服。隋朝的幞头十分简便，在初唐的时候幞头巾子很低，大多顶部为平形，也就是"平头小样"巾子。后来巾子越来越高，逐渐形成了"英王踣样""官样""开元内样"等各种巾子。而幞头通常分为软脚和硬脚两种类型。除了幞头以外，还有纱帽等。幞头在唐宋时期是汉族男性的主要首服（如图9—21所示）。根据有关记载可以知道，北周武帝在位时，把汉朝和魏晋时期的幅巾进行了修改和加工，让四个角都加上了带。使得幞头和幅巾能够得到区分，这几条带子变成了十分重要的因素。在系戴以前，先将两条带子系在脑后垂下，然后折带令曲折附顶反系于脑后垂下，因此也被称作"折上巾"，后脑勺垂下来，就像两条飘带。而中唐时期，两条带子逐渐缩短，两个角在后脑勺像一个结一样向上翘起。到晚唐时期，两条腿呈现出略圆的状态，形成坚硬的翅膀。

---

①张琛，弓太生.承唐启宋的五代十国幞头形制及其成因［J］.丝绸，2023（11）：146—158.

图 9—21　幞头系戴方法
（图片来源：笔者自绘）

在我国新疆出土的唐代金属网帻，就属于唐代时期在幞头中增加了一个用来固定的饰物。根据有关记载，隋文帝只戴衮冕，在上朝的时候身穿赭黄文绫袍，头戴乌纱帽，折上巾。并且在唐代郎余令绘制的《古帝王图》中，我们可以看到隋炀帝杨坚和其侍从的具体服饰，和前朝的制度相比，基本相似，也就是我们能够看到的最早的，同样也是最为完善的皇帝冕服形制。唐朝皇帝的冠饰除去爵弁以外，还有通天冠和翼善冠；平民百姓佩戴的冠饰主要为武弁、皮弁、黑介帻、平巾帻和乌纱帽。通过对敦煌莫高窟的壁画观察可以看到，身穿冕服的君主和官员。隋唐服饰在中国服装历史上是最辉煌的一页。特别是女性的发饰和服饰的复杂结合，这在中国封建社会是十分罕见的。根据敦煌莫高窟的壁画我们能够看到各种穿胡服，戴着胡帽的女性（如图 9—22 所示）。

图 9—22　敦煌莫高窟壁画

《事物纪原》中有记载"帷帽创于隋代，永徽中拖裙及颈"。裙，便是指帽檐下的薄纱，长达颈部。[①] 唐朝时期的帷帽、新疆笠帽都是妇女出游时戴的，为了遮住脸，不让行人窥视而

---

①李泽辉，朱凌轩，钟安华．略论唐朝时期外来服饰对汉服饰的影响 [J]．浙江纺织服装职业技术学院学报，2020（01）：42—45．

设计出来的帽子。这种帽子通常是用藤席或者毡笠构成的骨架，然后糊上缯帛，为了避免下雨，还需要刷上桐油，然后在帽檐上覆盖长长的皂纱布，使它垂下来盖住脸以及身体。帷帽的式样在当时十分流行，它的功能仅仅是屏蔽风和灰尘，这和原来的"避人窥视"完全不同。戴帷帽的习俗开始于隋朝，当妇女外出时，她们会用纱布盖住头部和身体。因为浅露芳姿，起初曾受到朝廷的干涉，被认为是"过为轻率，深失礼容"。从唐三彩陶俑的形象来看，软口袋和硬帽子逐渐成为一种时尚。根据唐三彩的陶俑可以看出，软兜和硬笠帷帽的形式也更加时装化（如图9－23所示）。在壁画和绘画中也有很多唐代妇女戴帷帽的作品。莫高窟第217窟唐代壁画中有位戴帷帽女子，帽裙至肩，上着红袍衫，下着蓝边长裙（如图9－24所示）。

图9－23　唐三彩陶俑　　　　图9－24　莫高窟唐壁画戴帷帽女子

七、宋辽金元时期的简朴美

在宋朝时期，通天冠服是天子最为重要的一种礼服。通天冠也被称作卷云冠，具有二十四梁，外表为青色，里面为朱红色，并且在冠的前面加上金帛山、金蝉和玳瑁蝉作为装饰。戴这种冠饰的时候一般穿着织成云龙纹的绛色纱袍。而文武百官穿戴的朝服通常可以分为三种类型，即进贤冠、貂禅帽、改良进贤冠。第一，进贤冠，涂金银花额，犀、玳瑁簪导，立笔。以冠上梁数来区分等级，分为五梁、四梁、三梁、二梁等。第二，貂蝉帽，又被叫作笼巾，冠前有银花，并缀由金附蝉，在南宋的时候改良成玳瑁附蝉，左右各有三只小蝉，并在左侧插上貂尾，为王公和亲王佩戴。第三，改良进贤冠。

此外，幞头是宋朝时人们使用最为广泛的首服，在这一时期已经发展成了硬脚，并且有许多的样式。宋朝初期，两脚平直但是较短，中期的时候两脚伸展不断加长，仆从、公差以及身份较低的乐人使用，大部分为交脚以及曲脚，宋代幞头逐渐全面脱离巾帕的样式，变成了十分纯粹的帽子。

隋唐时代的幞头大多是用黑纱制成的，而宋代不仅用鲜艳的颜色，还可以在幞头上面插上发髻，并以金饰、绢花为主。宋代妇女有两种头饰，一种为头冠；另一种则是把发髻梳成不同的形状，然后插上各种翡翠、金玉、珠翠等首饰。冠大致可以分为：白角冠、珠冠、花冠、高冠、团冠等。

在这一时期，除了幞头以外，还出现了乌纱帽，然而唐代时期的乌纱帽并不是我们记忆中的带有"双翅"，根据《中华古今注》记载，唐武德九年（626 年），唐太宗李世民就下了诏书曰："自古以来，天子服乌纱帽，百官士庶皆同服之。"由此能够说明，在唐朝的时候乌纱帽依然是当作"常服"的帽子。到了这一时期，乌纱帽才发生了变化，以官服冠饰的身份出现，并且在形状上进行了改变，在两侧添加了"双翅"，其主要原因据说是宋太祖为了整顿朝纲特意加上的。相传，在宋太祖赵匡胤登基以后，为了预防议事过程中朝臣在下面小声交流，于是颁发诏书更改乌纱帽的样式，在两边各增加了一个翅，如此，只要朝臣的头移动，软翅就会不断颤动，让居高临下的皇帝清楚看到。此外，还在乌纱帽上增加了一些装饰的花纹，用于区分官员的等级。

八、辽代的冠巾制度非常严格

在辽代，冠巾的制度十分严格，中级和低级的官员百姓通常只能裸露头顶，就算在冬天也是这样。男人的发型大部分为髡发，通常会将头顶剃掉，在前额留下少量的头发作为装饰。还有些人在前额留下一排短发，并在耳中旁边披散鬓发；还有些人把左右两边的头发剪成各种形状，然后垂到肩上。辽初对汉族人口实行汉服制度，对契丹族实行国服制度，特别是皇帝穿汉服，对怀柔汉族、有效统治汉族，发挥了重要作用。辽圣宗的服饰制度改革，三品以上官员一律穿汉服，对促进契丹族与汉民族的融合起到了积极的作用。辽朝末期，在辽朝服饰制度中，对吏民服饰的严格规定，引起了辽国内部各族人民的不满，对辽朝的灭亡，起到了催化的作用。[1]

九、金代

金代时期，人们通常戴小帽或者是头裹皂罗巾。金代的冠服制度主要为：一品着七梁冠加貂蝉笼巾，二品七梁，三品六梁，四品五梁，五品四梁，六、七品三梁。常服则通常戴小帽或头裹皂罗巾。

十、元代的帽饰融合了蒙汉两种文化

在元朝时期，皇帝的衣冠服饰分成冬、夏两种类型：冬季戴暖帽、夏季戴顶金凤钹笠；还有一种为珠子卷云冠。另外，还有成吉思汗佩戴的白内黑皮冠（貂皮暖帽）。而仪卫、侍从、仆役们大部分是头戴幞头，其中包含了凤翅、交角、花角、控鹤灯各种类型。此外，还有戴唐巾、学士帽、锦帽、抹额等。元代妇女的服装大多以长袍为主，大部分是以貂鼠皮为

---

① 孙文政.辽代服饰制度考［J］.北方文物，2019（04）：87－92.

材料，戴着暖和的帽子。通常地位较高的妇女，都穿着固姑冠，也被称为"姑姑冠""顾姑冠"等，而普通的下层妇女大部分是戴皮帽。在《元史·后妃列传》记有车伯尔改革服饰的故事，胡帽旧无前檐，帝因射日色炫目，以语后，后即益前檐，帝大喜，遂命为式。又刷一衣，前有裳无衽，后长倍于前，亦无领袖，缀以两襻，名曰比甲，以便弓马，时皆仿之。元代蒙古族服饰文化既继承自己的传统服饰，又借鉴了北方其他民族、汉族及高丽服饰文化，充实和丰富了元代蒙古族服饰文化。[①]

十一、明代努力恢复汉族的服饰文化

明朝在蒙古贵族手中获得政权以后，十分重视礼教的整顿和恢复。放弃了元朝的服饰制度，并结合汉人的习俗，重新制定了相应的冠服制度。帝王在祭祀天地、宗庙、登基、册立、正旦、冬至等大型的活动中，一般穿着衮冕服，并佩戴冕冠。洪武元年（1368 年），规定帝王需穿通天冠服，戴通天冠。洪武二十六年，规定需要穿皮弁服，戴皮弁帽（用乌纱包裹，前后开 12 条缝）。当皇帝御驾亲征或派遣士兵的时候，穿着深红色的纱制成的弁（顶部锋利，在十二缝上用彩色的玉装饰）。皇帝的常服则为戴翼善冠。日常生活中，皇帝通常穿弁服，戴着皮弁，也就是利用乌纱，分成十二瓣，并且各自压以金线，后有四山。

明代官史朝服和太监服无文武之分，穿的是貂禅笼巾和梁冠。冠是按等级佩戴的，等级是根据冠上的梁数来确定的。所有一品以下的官员，其朝服只能戴梁冠，不可以戴貂蝉笼巾，在梁冠的上面，通常还插有一支弯曲的竹木笔杆，上端连着丝绒制作成笔毫，称为"立笔"，事实上是对汉代的"簪笔"制度进行模仿。进士在谢恩那天穿着一件深蓝色的罗袍，头上戴巾，它的形状像一顶乌纱帽，展角，阔寸余，长五寸许，系以垂带，皂纱为之。在穿着常服的时候应该佩戴乌纱帽。

明代皇后戴的凤冠主要是一种以金属网为胎，在上面点缀翠凤凰，并悬挂珠宝柳树的礼冠。在明代，凤凰冠主要分为两种形式，其中一种是皇后嫔妃所戴的，冠上除了用凤凰装饰外，还装饰着金龙。另外一种则为一般命妇佩戴的彩冠，上面不可以装饰龙凤，通常是点缀一些花钗、珠翠，但是习惯称为凤冠图。在北京昌平定陵出土的嵌珠宝金龙翠凤礼冠，其冠上的金龙主要是采用金丝堆累技术焊接而成，并呈镂空形状，具有立体感；凤鸟主要是利用翠鸟毛粘贴而成，色彩经久艳丽。此外，在冠上还装饰了大量的珍珠和宝石（如图 9-25 所示）。洪武四年的皇后的常服一般会穿真红大袖衣，绣金龙凤图案，特别是发髻上戴有六龙九凤冠，根据明孝靖皇后的凤冠我们能够看出其华丽程度。此外，皇宫中的妃嫔穿着的礼服，有青衣质翟衣，戴九翠四凤冠，大小花插各九枝，两博鬓，九钿。

---

①郝学峰，刘佳．元代蒙古族服饰的文化艺术特征 [J]．轻纺工业与技术，2017（06）：80-81.

图9-25　明孝靖皇后凤冠

军戎盔帽盔方面。其主要是武官在进行战争的时候用来保护头部佩戴的帽子。通常为硬胎，并在帽子上面缀有绒球、珠子等装饰物，元帅的帽盔上面有缨子。盔的种类通常可以分为：夫子盔（普通大将佩戴的头盔）、霸王盔、帅盔等。头盔分为三种样式：第一，主要是便帽式而下连长网的小盔；第二，其为钵形，利用棉织品保护颈部，头盔较高但缺少眉庇，并且轴上有插羽翎；第三，尖塔高钵式，无眉庇。

头盔可以分为锁子护颈头盔、四或六瓣明铁盔、金凤翼头盔、八瓣黄铜明铁盔等，大部分是结合头盔的不同制作、形式、材质、颜色而命名。总的来说，明代使用的盔甲是完整、细致、精致的。明朝末年，兵士们用五色布扎巾，兵士和执事们都戴上印有靛蓝天鹅羽毛的红笠军帽。最高贵人员佩戴的有三根羽毛，次等的有两根。在仪式上，侍卫头戴凤翅盔，身披锁子甲，锦衣卫则佩戴金盔甲，将军戴红盔穿青甲、金盔甲、红皮盔甲和描银甲。

十二、清朝时期"留头不留发，留发不留头"

有关清朝的冠服制度，在清朝初期曾经有"留头不留发，留发不留头"的强制制度。

（一）名目繁多的礼冠

第一，朝冠。在冬天，佩戴的暖帽主要利用熏貂和黑狐皮进行制作。暖帽为原型，帽子的顶部向上穿起，帽檐则反折向上，帽子上装饰着红帽子的纬，顶部有三层，上面装饰了四条金龙，以及东方珠、珍珠等。夏季的凉帽主要是利用玉草或藤竹丝制作的，外表裹黄色白色的绫罗，就像斗笠一样，帽子前缀金佛，后缀舍林，也缀有红色帽纬的帽子，利用东珠进行装饰，帽顶和暖帽一致。朝冠顶子一共有三层，顶部为尖头宝石、中间为球形珍珠、底部为金属底座。

第二，吉服冠。吉服冠顶十分简单，只有球形宝珠和金属底座这两个部分，底座上为黄金，也有用铜制作的，上面刻有花纹。在清朝的官员中，顶子为区分官员级别的重要标识。顶珠子的多种颜色和材质，反映了不同官员的等级，根据清代的礼仪，朝官顶子分为三层：上为尖形宝石，中为球形宝珠，下为金属底座。文职一品顶用红宝石，二品顶用珊瑚，三品顶用蓝宝石，四品顶用青金石，五品顶用水晶，六品顶用碎碟壳，七品顶用素金，八品顶用阴文镂花金顶，九品顶用阳文镂花金顶，顶无珠者，即无品级。雍正八年（1730年），官员的冠饰制度有所更改，利用颜色相同的玻璃代替了宝石。乾隆以后，这些冠上的珠子，或透明或不透明的玻璃，称为亮顶、涅顶来代替了。例如：将一品称为亮红顶、二品称为涅红顶、三品称为亮蓝顶、四品称为涅蓝顶、五品称为亮白顶、六品称为涅白顶。而七品的素金顶同样被黄铜代替。武官和文官一样，吉服冠顶十分简单，只是球形宝珠和金属底座这两个部分。在清朝，如果一个官员触犯了法律，在革职的时候必须将其帽子上的顶珠取下，代表其不再具有官职。

第三，常服冠。主要是利用红丝绒结在圆顶上，俗称算盘结。冬季时，用兽皮翻檐，两边垂带；夏季时，尖顶敞檐。

（二）清代的暖、凉官帽

在清朝，男人戴官帽，包括礼帽和便帽两种。礼帽，俗称的"大帽子"，有两种类型：一种是冬天戴的，称为暖帽；另一种是夏天戴的，叫作凉帽。冬天人们通常戴暖帽，它们的形式一般是圆形，周围有一道檐边。材料主要是皮革，但也有呢、缎子和布，根据天气的情况而定，其颜色大部分是黑色，并且皮毛的类型也有区别。最初的时候，将貂皮当作最贵的皮，然后是海獭，再然后是狐，其下则无皮不用。因为海獭价格十分昂贵，后续使用黄狼皮染黑来替代，名为骚鼠，在当时掀起了一股潮流。康熙年间，有一些地方出现了一种剪绒暖帽，呈黑色，质地很细，就好像骚鼠，因为价格低廉，普通的学士都十分乐于穿戴。暖帽的中间也配有红色的帽纬，帽子的顶部配有珠子，材质大多为红、蓝、白、金等颜色的宝石。冷帽的形状没有檐，形似圆锥体，状如斗笠，俗称喇叭式。材料大部分由竹藤、篾席以及麦秸制成。外表覆盖着绫罗，大多数为白、湖蓝、黄等色。中间缀有红缨顶珠，顶珠主要用来区分官位，顶珠级别就和暖帽一样。

（三）花翎

也称为孔雀翎。在帽子顶部珠子的下面，有一根两寸长的羽毛，由玉或珐琅、织物制作成翎管，将花翎插在翎管当中，并且在冠后垂拖着。它的尾巴末端有像眼睛一样灿烂鲜明的圆形装饰，称为眼，分为单眼、双眼、三眼，无眼的叫作蓝翎。清朝时期按照眼睛数量来区分官职等级，其中三眼最为尊贵。翎分为蓝翎和花翎。蓝翎主要是由鹖羽制作而成的，蓝色，羽长但是无眼，和花眼相比较等级较低。顺治十八年（1661年），桂东王侯、郡王、贝勒和宗族成员都不允许佩戴花翎，贝勒以下可戴。后来规定：贝勒戴三眼；公爵戴二眼；内大臣、一、二、三、四等侍卫、前锋、护军各统领等均戴一眼。

（四）清代风帽

又称"风兜"，后又称"观音兜"，可能和观音大士所佩戴的类似而得名。其材料为夹布、皮革等，大部分是老年人用来遮挡寒冷佩戴的。晚清时期的黄马褂戴红风帽的老生泥人（如图9-26所示），此泥塑戏人红脸凤眼，美髯及胸，手持红马鞭，着黄绿蟒袍，威风凛凛。从服装和动作来看，类似于《四郎探母》中的杨延辉。泥人整体构造比例协调，颜色搭配合理，人物表情生动自然，逸趣横生。风帽通常以紫色、深蓝和深青色为常见颜色，红色则是地位高的人使用的颜色。

图 9—26　黄马褂戴红风帽的老生泥人

（五）便帽

又称"小帽"，由六瓣合缝，俗称瓜皮帽。创制于明太祖洪武年间，取其"六合统一"之意。这种帽子形式较多，有平顶、尖顶、硬胎、软胎。平顶大多是硬胎、衬棉；尖顶大多是软胎，取其方便。

（六）毡帽

其风格比较多，有大半圆形、半圆形、四角有檐，可反折向上或向下式，后檐反折，前檐为遮阳式和顶锥式等。在清代，农民和市场工人都戴毡帽。因为北方寒冷，内蒙古等一些地方的毡帽里都有皮毛。

（七）女子的冠帽

1. 皇后朝冠

冬为熏貂，夏为青绒，上缀红帽纬。顶分三层，叠三层金凤，金凤间各贯一颗东珠。帽纬上有金凤凰和珍贵的宝珠装饰，冠的背面有一只金翟，尾巴上挂着五行珍珠，共 320 颗。每一排都用青金石、东珠和其他宝石装饰，末端缀着珊瑚。

清皇后冬朝冠（如图 9—27 所示）冠圆式，貂皮为地，缀朱纬，顶以三只金累丝凤叠压，顶尖镶大东珠一，每层之间贯东珠各一，凤身均饰东珠各三，尾饰珍珠。朱纬周围缀金累丝凤七只，其上饰猫睛石各一，东珠各九，尾饰珍珠。冠后部饰金翟一只，翟背饰猫睛石一块，尾饰珍珠数颗。翟尾垂挂珠穗五行二就（横二排竖五列）中贯两面金累丝"心"形结，珠穗饰有金累丝与珊瑚制成的坠角。

清代皇太后和皇后冬季所戴的朝冠形制与皇帝的冬朝冠基本一致，但装饰所用的珠宝更多。夏朝冠的形制和装饰与冬朝冠亦基本相同，只是把金累丝凤变成金镶桦皮凤。

图9－27 貂皮嵌珠皇后冬朝冠

2. 吉服冠

材质为熏貂，冠上缀朱纬，顶部有东珠。贵妇的冠和皇后大致相同，只是质地、颜色、图案有所不同。冠上的珠宝为东珠、珍珠、猫眼石、珊瑚等，有数量规定，都根据等级的大小进行佩戴。在《旧京琐记》中记载："旗人女装，梳发为平髻曰一字头，又曰两把头，大妆则珠翠为饰，名曰钿子。"这一时期旗人妇女大多梳"一字头"，也叫"两把头"。点翠钿子是满族妇女在穿着礼服时佩戴的首饰，它由黑色纱线或天鹅绒缎子制成，表面覆盖金属网，用翡翠宝石装饰。使用时，扣在发髻上，用发簪固定（如图9－28所示）。

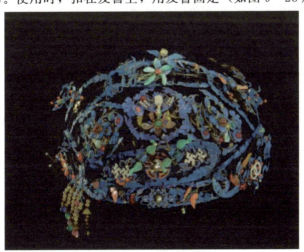

图9－28 点翠钿子

（八）太平天国"纱帽雉翎一概不用"

1851 年，爆发了中国历史上最大的农民起义，即太平天国运动。太平天国鄙视清朝的衣冠服饰，剪掉辫子，留下满额的头发。他们对于服装进行仔细的选择，并严格地遵守纪律，例如：纱帽野鸡羽毛绝不使用。太平天国的将领戴的帽子可以分为角帽、风帽、凉帽、帽额等。

十三、中华民国"文明从头开始"

到了民国时期，帽子的官职象征意义消失了，没有了古代中国的冕冠、乌纱帽，帽子的功能回归到保暖与装饰上。辛亥革命以后，清朝的统治被推翻，也彻底改变了中国人的面貌。1912 年，中华民国政府规定了新的正式服装标准：男子的正式服装为西服，有昼夜之分，戴有檐并且高的平顶帽子。

这时在中国城镇流行的帽子饰品有：红缨帽、缎圆枣顶硬身礼帽、狮头帽、毡帽布鸭舌帽、竹帽、草帽等。在清朝末年，农民经常戴尖草帽、毡帽、皮棉帽等；而商人一般戴瓜皮帽和凉帽；士绅大部分戴着黑缎瓜皮小帽，也被叫作"帽塔"；平民百姓通常戴布制和纱织圆顶小帽；妇女通常戴着裹头巾，也被称作"青帕"；小孩子戴着绣花"头箍"、狮头帽等。民国时期，礼帽在士绅和知识分子中十分流行，俗称"高帽"；在夏季，富有的人通常戴椰子形状的吕宋帽，而学生们戴有宽边的学生帽和童子军帽。

十四、当代冠饰设计"回归传统，富有生机"

自古以来，冠饰作为服装配饰品的一部分在整体造型搭配中占有极其重要的作用（如表 9—2 所示）。不同时代、不同地域、不同民族设计的冠饰装饰特点千差万别。除了作为服装造型的辅助存在，冠饰也因其独特的艺术性逐渐成为独立的设计门类，头饰设计与雕塑、装置艺术的融合也为头饰艺术带来了新的生机与活力。

此外，当代冠饰将传统文化元素融入设计当中，并从冠饰的民族特色上来展现民族精神与风貌，也是近年来现当代帽饰艺术设计研究的重点。中国传统文化作为一种视觉符号，是历史的沉淀，是一种精神的载体，也是一种思想的表达，更是一种民族的标志。它的思想内涵、深厚的人文精神以及它特有的民族风格和艺术表达方式，都为当代的冠饰设计提供了源源不断的创作资源。其传统文化元素所具有的历史延续性、可继承性和发展性，更是为当代冠饰的设计提供了丰厚的民族文化土壤。

表 9－2 部分历代冠饰特点表

	图例	来源	线描图	说明
亥刻玉石人像		中国国家博物馆		圆雕全身人像有站和坐两种姿势。站姿者，或直立或曲立，双手多拢于腹前；坐姿者，或跪坐或箕踞。跪坐者，双手抚膝，气定神闲；箕踞者，双手撑地，仰面朝天，神色倨傲。与全身像相比，圆雕头像较少见。
"冠人"男俑		湖南省博物馆		辛追墓出土。体形高大，头戴长冠，身穿丝绸长袍，鞋底刻有"冠人"二字。"冠人"通"倌人"，是轪侯家众奴婢之长。
河南省安阳殷墟墓出土的"玉人像"		美国波士顿美术博物馆		河南省安阳殷墟墓出土的"玉人像"头戴高巾帽、穿右衽交领窄袖衣、腰束绅带、佩戴蔽膝，为商代的贵族男子着装形象。其前身腰间所系之物为象征权力的下垂物，物的下端呈斧口形，寓有斧能断割之意，后世将其加阔变为蔽膝。
莫高窟壁画中穿胡服的男性		敦煌研究院		平民百姓佩戴的冠饰主要为武弁、皮弁、黑介帻、平巾帻和乌纱帽。通过对敦煌莫高窟的壁画观察可以看到，身穿冕服的君主和官员。

中篇·冠饰设计的文化内涵

第十章　冠饰与民俗文化

第一节　冠饰与图腾崇拜

冠饰，是图腾的产物，如古代阐释美感起源时说"美"字的诞生一般，从字源学上看甲骨文"美"，这个字犹如描画下了一个头上插满羽毛作为装饰的正面直立的人[①]，甲骨文"美"字佐证了祖先喜好使用兽类的羽翼作为头部发束装饰的说法，也印证了早在原始社会时期，人类的祖先就已经开始形成审美观念，用可获得的物资来美化自身。[②] 图腾是人类史最早的一种文化现象，原始人类通过对自然界的认识和崇拜形成了最初的思维方式便是图腾崇拜。[③] 因为就人类历史而言，动植物头饰恰是帽子的起源及冠饰的最初形态，且赋予它以图腾的外形和内蕴。马克思曾说："原始人认为自己的氏族都源于某一种动物、植物或自然物，并以之为图腾。图腾是神化了的祖先，是氏族的保护者。"图腾崇拜大概出现于母系氏族公社早期，"在氏族生活、服饰和艺术形式中，都留下许多图腾的遗迹"[④]。我国南方有些开化得比较晚的民族，汉唐以后还保存着较原始的文身习俗。比如，汉初九疑山（今湖南宁远县南）以南的古代越族人，对龙颇怀敬畏之心，他们把自己浑身刻画得像蛟龙一般，以求取得"龙子"的身份，好得到龙的庇护，保佑他们永不受伤害。而对鸟图腾崇拜较多地表现在头饰上，传说舜时乐舞，有"凤皇来仪"的场面，其实那是有虞氏祭祀时都戴鸟羽装饰的冠的反映。

随着社会的发展，文明的演进，带有图腾意味的冠饰积淀为世俗礼仪的象征，不再意味着神灵佑助，祥瑞笼罩，而是成为责任、荣耀与尊严的标志。凤冠和龙相比，凤受帝王的垄

---

①季旭昇. 说文新证 [M]. 福州：福建人民出版社，2010.

②马晨雅. 唐代发饰纹样艺术特征提取与设计研究 [D]. 陕西科技大学，2023.

③曹逸心. 神性与幻象：三星堆鸟图腾的文化内涵. [J]. 中国美术研究，2023（04）：16—24.

④黄雪寅. 鲜卑冠饰与中国古代冠帽文化 [J]. 内蒙古文物考古，2002（01）：75—79.

断比较轻些。现在习惯上把龙凤配成一对，是上古崇龙部族和崇凤部族经过长期反复的斗争，最后融合为统一的华夏族的结果。凤的地位次于龙，是因为崇龙的周族战胜崇凤的商族以后，君临中原长达 800 年．而崇凤的嬴秦，二世而亡，寿命过于短促。

汉朝的强大和长期统治，最终奠定了龙凤的主次格局。嬴秦先祖崇拜鸟图腾，所以秦始皇进军六国，不建龙旗，而"建翠凤之旗"。据说，宫中嫔妃插凤钗，也始自秦始皇。不过古代服饰中凤的形象，并不专用于女性，因为古人认为"雄曰凤，雌曰凰"，凤凰是自有雌雄的，龙也自有雌雄，龙凤分别象征男女两性，是唐代以后逐渐形成的观念。明清民间婚礼时，新娘盛妆所饰彩冠，也称为"凤冠"，但是它在形制繁简、价值高低上，与皇后的凤冠不可相提并论。[①]

图腾是衣冠服饰中最为关键的组成部分，它与服饰的样式、面料一起，反映了服饰的整体风格。中国衣冠服饰文化源远流长，丰富多彩，中国传统服饰图腾是中国古代服装史上不可缺少的组成部分。它不但作为一种装饰内容而存在，而且是一种深刻的文化形式，是一种审美形象以及精神象征。中华民族特有的图腾情结是中华民族衣冠服饰文化的一个重要特征。中国古代服饰图腾繁杂并且丰富多彩，在历代的发展中不断传承和创新，在中华民族色彩与线条形式的独特结构以及思维方式中，我们都对其内涵进行了仔细品味，可以发现许多典型的衣服图腾与中国先民的图腾崇拜具有极为深刻的关联。

在丰富的中国传统衣冠服饰图案中，古代图腾文化的传承是无止境的。例如在各种民间吉祥图案中，人们经常依靠一种超人的力量冥想，对不可预测的好运、厄运进行依托。所以当人们穿着衣冠的时候，会装饰一些代表了祥瑞寓意的纹饰。在选择图案的时候，人们往往利用谐音、神物等，而所谓的神灵就是图腾崇拜的潜移默化的效果，正是这种图腾崇拜的含蓄意识为传统吉祥文化图案的发展奠定了基础。中华民族有着十分悠久的历史，在五千年中形成了多种模式和具有典型文化含义的纹饰与图形，例如人物、植物、动物、图腾、几何、符号等，并且还有一部分流传广泛的成语典故，以此来形成中华民族图案中极为关键的部分。例如："麒麟送子"代表了催财升官，招财送子；凤穿牡丹寓意吉祥；喜鹊以及梅花代表了"喜上眉梢"；富贵喜相逢则代表了生命精神、象征爱情信仰的有力符号等（如表 10—1 所示）。挖掘民族纹样中蕴含的丰富资源，发掘民间艺术中的优良基因，通过重组、嫁接、提炼，再将其应用到现代艺术设计中。

①王维堤．中国服饰文化：图文本［D］．上海：上海古籍出版社，2001.

表 10－1　中华民族传统纹饰

名称	图例	说明
麒麟送子		麒麟送子多见于婚嫁等场合，传达了人们渴望太平之世，是人们美好的期许。
凤穿牡丹		"凤"代表着吉祥、美好和权力，而"牡丹"寓意着富贵、显赫和盛世。
喜上眉梢		喜上眉梢纹样是梅花枝头站立两只喜鹊。"梅"与"眉"同音，借喜鹊登在梅花枝头，寓意吉祥。
富贵喜相逢		喜相逢是中国吉祥纹样中典型的爱情符号之一，太极图和旋涡纹造就了它完美的样式，象征圆满和谐的男女阴阳力。

第二节　冠饰与礼制

礼器也是统治者权威的一种代表。商周以来，自然观和德治重新进入春秋时代，被赋予了新的内容，形成了社会之道，这就需要礼来体现和规范。古人说"礼敬他人"就是尊重的意思，礼仪是为了规范自身美德和实践，因此礼与德互为表里，一体两面。所以，当时的器物都极具鲜明的政治色彩，在造物装饰方面重视维护统治阶级的权力。

德衍生出了礼，戴冠帽也从象征身份地位等级发展到表现人们文明程度以及礼仪修养。冠帽隶属于礼仪制度，它被视为统治天下的手段和方式，在古代传说中可以看到"黄帝、尧和舜垂衣裳而天下治"，表明了服饰有助于统治天下的思想，儒家继承了这一思想并对冠帽进行了政治化的变革，只是想用此来划分荣誉以及尊卑。冠帽文化作为礼的内容制约着人们的道德行为，包含在儒家的观念之中，这种观念渗透到社会的每一个阶层，冠帽不再是人们生活琐事，而是道德大义。例如，在儒家的观念中，有一定的社会地位和良好行为道德的人被称为君子，君子在公众场合若是不戴冠帽，会被视为无礼。[①]

一、冠服制度的确立

中国古代的传统服饰通常可以分成两类：冠服与民服。民服主要是指普通老百姓的服饰；冠服则为上流社会的衣冠冠服，被认为是古代正统的服饰。它的时代服饰体系形成很早，在世界冠服历史上具有鲜明的东方特色。有关周代以前服饰的具体形态和制度，典籍中鲜少有记载。在《尚书·皋陶谟》中记载："天命有德，五服五章哉。"又有《尚书·益稷》："予欲观古人之象，日、月、星辰、山、龙、华虫，作绘；宗彝、藻、火、粉米、黼、黻、绨绣。以五彩彰施于五色，作服，汝明。"这展示了最早的帝王、官员和卿大夫严格的服饰制度，不允许他们违反礼制。

最系统的早期冠饰规范和制度的记录来源于周朝，此外，随着周朝礼制制度的完善，直接促成了古代帝王冠服制度的建立。在《周礼》这本书中就记载了衣冠服饰制度之官职：天官——司裘、掌皮、内司服、缝人、染人、屦人、追师；春官——司服；夏官——节服氏、弁师；冬官——荒氏、玉人等。最为关键的是这套衣冠服制，一切都是为了符合"礼仪"的规则。比如，在祭拜天地宗庙时会有祭祀之服；在朝会时会有朝会服；从戎会有军服，婚姻嫁娶有婚服，服丧之时有凶服等。各种各样的人可以根据不同礼仪的需求找到适合自己的衣服。

---

① 宋玉婷，陈艺方. 基于德与礼的思想看古今冠帽的审美变化 [J]. 美与时代（上），2020（09）：91—93.

二、冠服的"差序"格局和"礼"的精神

古代冠服制度通常是用来体现和维护社会政治礼仪秩序的高低贵贱、亲疏远近。在《周礼》规定了国王祭祀的冠服为六冕。周朝有祭祀仪式，皇帝和所有官员都穿冕服。在此其中包含了大裘冕、衮冕、鷩冕、毳冕、希冕、玄冕。在《周礼·春官·司服》中记载："掌王之吉凶衣服，辨其名物，与其用事。王之吉服，祀昊天上帝，则服大裘而冕，祀五帝亦如之；享先王则衮冕；享先公、飨射则鷩冕；祀四望山川则毳冕；祭社稷五祀则希冕；祭群小祀则玄冕。"据《宋书·礼志五》记载："秦除六冕之制，至汉明帝始与诸儒还备古章。"所有冕服都是上玄衣、下纁裳。冕则为玄上朱里，其旒数具有等级差异。衮冕则十二旒，每旒十二玉，用五彩玉贯串之，前后二十四旒，共用玉 288 颗；鷩冕九旒，前后共十八旒，计用玉 216 颗；毳冕七旒；希冕五旒；玄冕三旒。每旒用五彩玉十二颗。这通常利用典礼的重要性来区分对应冕服的类型。而跟随的臣子，则有其他的规定。《周礼·春官·宗伯典命职表》："公之服，自衮冕而下如王之服。侯伯之服，自鷩冕而下如公之服。子男之服自毳冕而下如侯伯之服。孤之服，自希冕而下如子男之服。卿大夫之服，自玄冕而下如孤之服。"这是基于对应位置高低或亲疏贵贱而定的。在这里，天子可以与臣子同服衮冕，诸侯可以同服鷩冕，虽然如此，还是要进行区分。即使同着衮服与冕服，但是佩戴的冕旒，虽然是九旒，但是每一旒都是用九玉，不像国王，冠冕上为每旒十二玉；并且全部使用苍、白、朱三彩玉石，则公的衮冕旒前总共具有 160 颗，和国王相比，旒减少了 126 颗玉。以下臣等，如侯伯，鷩冕七旒，旒用七玉；子男毳冕五旒，旒用五玉；卿大夫玄冕则有六旒、四旒、二旒等之差别。此外，衣服上的图案也各不相同。针对上述提及的"十二章纹饰"来讲，其厘定明确详尽。天子的服饰采用日、月、星以下的十二章；诸侯服饰自龙而下到黼黻；士服饰为藻、火；大夫为粉米。这种十二章花纹，在周朝以前都加之在冕服上。到了周朝的时候，由于日月星已经绘制在旌旗上，所以服饰上不采取使用，因此变成了九章。纹饰次序，除了日、月、星以外，龙为首，然后是山、华虫、火、宗彝，皆画之；再然后是藻、粉米、黼黻，皆绣之。

周朝的冠服制度形成这样完整的等级制度，是自殷周以来礼制文化发展的结果。而这种"差序"的模式直接来源于礼的"分别"精神。两者之间的关系本质上具有一种体用关系。站在人类主体意识的角度来说，仪式的形成在于仪式观念的意识。"礼"主要是来自原始的巫术仪式，是人类对世界仪式的最初区分，这标志着人类主体意识的觉醒，人类社会真正开始进行了发展。

三、冠服的社会作用和"礼治模式"的社会历史根基

周朝礼制制度的规范，直接推动了古代帝王服饰制度的创建。随着礼乐文化变成周朝的整体特点，周朝的服饰制度基本上受到礼乐制度的制约。冠服制度主要展现于保持了周代礼制所注重的"差异格局"的基础精神。从服饰的具体样式、规则、法度来看，还是都符合阶级差异，尊崇尊卑之秩序。站在历史发展的角度来看，虽然存在着"易代必易服"的传统，

但是历朝历代服饰制度的总体风格和特征一直是继承以"周礼"为根基的冠与服饰制度。虽然在过去的朝代，服饰的具体造型和形状有长短、肥瘦之分，具体在品质和颜色的选择上有所变化，但其礼仪精神的基本始终是稳定的。在漫长的历史中，礼节繁重的祭服、等级森严的朝服、彰显品级的公服、亲疏分明的凶服，都将反映这个世界的社会秩序和伦理道德当作根本意义。所以，这些制度原本就反映了美德的要求与精神。冠服制度的社会功能与整个社会的文化特点密切相关。从更根本的根源上说，"礼治"模式体现在冠服制度上，这也决定了中国古代社会早期进入文明社会的特征。

第三节　冠饰与民俗

民族是一个长期形成的社会统一体。它是因为各个地区的不同种族或者部落在经济生活、语言、生活习惯与历史发展上的差异逐渐形成的。中国是一个多民族国家，在漫长的历史发展长河里，各民族创造了具有自身特色的民俗，展现了自己的历史和社会生活，没有民族社会生活的沃土，民俗就没有根。民俗包含物质、精神、社会和语言四个方面。每一个民族自身都具备特色民俗和服饰，民族服饰是指一个民族的传统服饰，各个民族由于生活环境、风俗习惯和文化的不同，也有不一样的民族服饰习惯。

第一，民族服饰是各个民族历史发展的产物。从盘古开天辟地、三皇五帝发展到现在，人类社会通过几千年的发展，才有今天物质丰富的社会，人类在物质与精神生活领域获得了前所未有的发展空间。随着人类社会的持续发展，人们的各种服装装饰，也从低到高，从遮盖身体和保暖来适应社会发展的要求，逐渐发展和变化。各民族的祖先都跟随本民族的发展，继承他们的服饰，有些民族和其他民族在质量和外形上都没有太大不同，但在细节上存在一定的差异，这是民族服饰的真实反映。

第二，每个民族都有自己独特的民族传统文化，民族衣冠服饰是其主要结晶，这不但是区别于其他民族的一种主要标志，更重要的是一个民族的根和灵魂是其繁衍和发展的重要支柱。民族服饰属于民族文化的外在表现和形象体现，这些衣冠服饰的文化内涵，显示了该民族鲜明的个性，不同于其他民族的精神面貌，许多冠饰都是由各个民族的人们自己制作的，从纺纱到织布、从刺绣到制衣。并且，这种工艺技术大多是祖传的，没有任何仿造的痕迹。有一些民族衣冠服饰已经形成了系列、款式、层次与样式较多，适合各种类型的人们进行穿戴，这是在漫长历史发展道路上逐渐探索出来的，具有丰富经验的归纳。并且基于民族特色文化的背景，每一件作品都有其独特的艺术特色，堪称独特的艺术珍品。

第三，冠服民俗是各个民族生产方法与生活方式的实际表现，也是每个民族特色文化的孕育与进程，都来源于当时当地的生产生活方法。所以，衣冠服饰的发展和改变与生产方法、生活方式具有密切联系。换句话说，就是生产生活方式的实际表现。

第四，各个民族都有不一样的装饰习惯以及民族服饰的反映，体现了各个民族不同时期的装饰习俗及其蕴含的审美情趣、理想和追求。例如蒙古族妇女头上的饰品多为玛瑙、珍珠、宝石、金银制成，大部分是在节日宴请、探亲访友等场合佩戴（如表 10－2 所示）；牧区的妇女在日常生活中大多使用红、绿等各种颜色的长绸子缠头，男人通常在冬季戴一尖顶的大耳羊皮帽子，在夏天的时候戴一顶前进帽或大礼帽；壮族妇女喜欢佩戴银饰，她们通常穿着无领、左衽、绣花和镶边的衣服以及阔脚裤，腰系绣花围腰，而男人大部分穿唐装。

表 10－2   蒙古族男女冠饰特点表

	图例	来源	线描图	说明
蒙古族男子博克帽		中国国家博物馆		博克帽原来叫将军帽，是 15 世纪以后因博克择跤手佩戴而改名叫博克帽。它有四片帽檐，代表着大地的东西南北。帽顶的五片箭头状纹饰寓意着共同御敌。上边的吉祥结寓意着团结一致、欣欣向荣。
蒙古族妇女头饰		私人收藏		杜尔伯特蒙古族妇女都喜欢身着色彩艳丽的绸缎长袍。外穿一件精美花纹装饰的大襟短坎肩。头饰华贵而庄重。以银饰为主并镶有各种宝石。

第五，不一样的民族服饰展现的民族性格也不相同，不同的民族服饰体现出了不同的民族性格、心理以及人们对自我达成的各种追求。少数民族的各种服饰都是在漫长的历史过程中，不断适应自身的自然环境、生产与生活方式而形成的。不一样的服饰由一个特定的方面和角度体现了各民族的性格和心理。我们能够从一顶帽子上看出一个民族人民的坚强，有些民族是坚决的，有些民族是粗略扩张的，有些民族则非常精致，有些民族爱好和平，有些民族十分热情，有些民族是保守的，还有些则是自由自在的。例如傣族和韩国人即使相隔上万里，但是都喜欢花，然而纳西族人就不喜欢用花来装饰自己。可见在服饰冠饰的选择上，自我实现的需求不但深刻含蓄，而且强烈突出，体现出一种深厚的文化内涵。

第四节 冠饰相关的典故与趣谈

一、凤冠

女冠的出现要比男冠晚了许多。女冠最早在晋书中有记载，晋王嘉《拾遗记》中始见凤冠之称："使翔凤调玉以付工人，为倒龙之佩；紫金，为凤冠之钗。"[1] 那么女冠的形成为何迟于男冠如此之久？因为自我国进入阶级社会之后，几乎全部由男子治理国政，参与社会活动，从事征战等，需明尊卑，肃纲纪，制冠而别等差以利于统领天下，故有"黄帝尧舜垂衣裳而天下治"之说。冠唯法度为重，《说文解字注·一部》："冠有法制，故从寸。"[2] 而女子处于从属地位，因此需借助于冠制。

古代天子的后妃所佩戴的冠饰，利用凤凰状的饰物装饰的称为"凤冠"。明朝的凤冠是皇后在受册、谒庙、朝会时所戴的一顶礼冠，它的造型继承了宋代的制度，但又得到了进一步的发展与完善，使其更加优美和雍容华贵。明清时期，通常在妇女盛饰使用的彩冠也叫凤冠，大部分用于婚礼上。据史料记载，在秦始皇当政的时候，就有妃子插凤钗的风俗。据《中华古今注》记载："以金银作凤头，以玳瑁为脚，号曰凤钗。"[3] 到了汉代，太皇太后以及皇太后到庙里谒庙时，已开始使用凤凰作为头饰。魏晋南北朝时期的步摇、发钗也使用了嘴里含珠的凤鸟形象，当穿着者轻轻地走着的时候，凤鸟在云髻上摇摆，婀娜多姿。凤冠必须利用金钗来装饰，已经有了头饰的组合。但在这个时候，"封官"的形名并没有被纳入皇家礼制中，而是成为了后宫嫔妃的专属冠饰。

女冠冠制发展到最完备时，分礼服冠、常服冠。礼服冠，为参与重大庆典时所服之冠，常服冠为常日所服之冠。唐以前，正史所载皆无女冠，《旧唐书·舆服志》："皇后唯首饰花十二树，并两博鬓。皇太子妃唯首饰花九树，小花如大花之数，并两博鬓，于受册、助祭、朝会诸大事则服之。"至于内外命妇，皆服花钿。"第一品花钿九树，翟九等。第二品花钿八树，翟八等。第三品花钿七树，翟七等。第四品花钿六树，翟六等。第五品花钿五树，翟五等。"[4]

在考古的过程中发现，也有侍女戴"凤冠"的形象。[5] 例如：唐代懿德太子李重润墓的石椁上，就有两名侍女头上戴着高冠，并且插上了凤头金簪，凤嘴衔长缨，长缨之下有步

①[东晋]王嘉.拾遗记[M].王兴芬,译.北京：中华书局,2022.

②[汉]许慎.说文解字[M].[清]段玉裁,注,许惟贤,整理.南京：凤凰出版社,2015.

③[晋]崔豹等.中华古今注[M].北京：商务印书馆,1956.

④[后晋]刘昫等.旧唐书[M].北京：中华书局,1975.

⑤[北宋]陈旸.乐书[M].张国强,点校.郑州：中州古籍出版社,2019.

摇。然而，在唐代人们的礼仪观点中，女性不应该戴冠冕，《唐六典》卷四《礼部尚书》在提及皇后和外命妇的服饰时，皆是"钿钗礼衣"之制，没有冠冕。而李商隐也在《宜都内人传》中提到："独大家革天姓，改去钗钏，袭服冠冕，符瑞日至，大臣不敢动，真天子也。"① 一方面，这表明当时女性的服饰常态并非"袭服冠冕"的规范；另一方面，也表明女性已经有了戴冠的趋势。隋炀帝皇后萧氏出身于梁朝皇室，炀帝遇害后，流落叛军、东突厥，唐贞观四年（630年）归长安，历经四朝，贞观二十一年（647年）去世后被唐太宗以皇后礼与隋炀帝合葬扬州。墓中此冠应是初唐贞观所制，是极其难得的唐代后妃礼服冠实物（如图10—1所示）。

图10—1　后冠复原件

至宋，正史开始有等差之别的女冠记载。北宋后妃冠上皆饰以九翟、四凤，并两博鬓，唯饰花等差有别，其冠即九翟四凤冠。宋南渡后，皇后服龙凤花钗冠，皇太子妃服花钗冠。《宋史·舆服志三》："中兴，仍旧制。其龙凤花钗冠，大小花二十四株，应乘舆冠梁之数，博鬓，冠饰同皇太后，皇后服之。""花钗冠，小大花十八株、应皇太子冠梁之数、施两博鬓，去龙凤，皇太子妃服之。"② 命妇亦服花钗冠，皆施两博鬓，宝钿饰，品级唯花株有区别。《宋史·舆服志三》："第一品，花钗九株，宝钿准花数，翟九等；第二品，花钗八株，翟八等；第三品，花钗七株，翟七等；第四品，花钗六株，翟六等；第五品，花钗五株，翟五等。"上述之冠为礼服冠。南薰殿旧藏《历代帝后像》中宋皇后所服龙凤花钗冠，十分清晰，与史书所载之形制一致（如图10—2所示）。

---

①［唐］李商隐．李商隐散文集·宜都内人卷．虚阁．
②［元］脱脱等．《宋史》卷一百五十一·志第一百四·舆服三．北京：中华书局，1985.

图 10－2　宋皇后龙凤花钗冠

宋代妇女戴的凤冠十分繁盛，有白角冠、团冠、等肩冠等。宋代服饰制度中的凤冠是在团冠的基础上逐渐形成的，通过唐宋时期的几次变化，和凤凰作为冠冕本身的演变过程，都是推动因素。从宋朝开始，凤冠被正式采用为正式礼服，并纳入后宫妃子的冠服制度中，《宋史·舆服志》就有相关的记载，表示北宋后妃在获得册封后，或者是前往景灵宫等隆重场所，都必须根据规定来穿戴凤冠。

而元代时期，贵妇礼见朝会，通常不戴凤冠，而是戴"顾姑"，这是蒙古族贵妇特有的一种礼冠（如图 10－3 所示）。明叶子奇《草木子》："元朝后妃及大臣之正室，皆戴姑姑，衣大袍。"[1] 赵珙《蒙鞑备录》："凡诸酋之妻则有顾姑冠，用铁丝结成，形如竹夫人，长三尺许。"[2] 南薰殿旧藏《历代帝后像》中有元代皇后多人，皆服姑姑冠，冠制大同小异。

图 10－3　元代姑姑冠

①［明］叶子奇. 草木子［M］. 北京：中华书局，1959.

②［南宋］赵珙. 蒙鞑备录. 中华典藏.

明朝继承了宋朝的宋制，也戴凤冠。明朝初期，皇后的凤冠是参照宋代皇后的龙凤花钗冠来设计的，和宋代凤冠的造型以及结构有许多相似之处，但是也有所改变。与前几代相比，清代妃嫔的凤冠有了很大的变化，首先是凤冠上不再有龙的装饰。在乾隆朝的《钦定大清会典·礼部·冠服》中记录了皇后凤冠："冠施凤，顶高四重，上用大东珠一，下三重贯东珠三，刻金为三凤，凤各饰东珠三，冠前左右缀金凤七。"[①]（如图10—4所示）

图 10—4　孝端皇后凤冠

二、假发

《周礼》记载设置专管王后首饰官职"追师"，其职责是"为副、编、次，追衡"。湖南长沙马王堆汉墓遗策对盛放条状假发的妆匣记载明确了"副"是假发："员付莠二，盛印、副。"楚汉先民对于"冠发"礼仪十分重视，也应用假发与真发混杂来塑造"高冠"与"高髻"，夺人美发作假发之事也见于《左传》。最早记载假发的使用是在《周礼》当中，传说鲁哀公在城墙上看见一个头发像云一样美丽的女人，于是他派人剪了她的头发，做了一个假发给皇后吕姜，称为"副"。在汉代，假发通常是王公贵族采用的，长沙马王堆汉墓的女主人辛追下葬时就佩戴了假发，到六朝时期，假发已经在民间流行起来。《晋书·陶侃母湛氏传》里记载："陶侃年轻的时候，家里很穷。有一次，范逵到他家里借宿，却没有钱招待客人。陶的母亲湛氏悄悄地剪掉了自己的长发，并把它卖给了她的邻居，为范逵买了一些酒菜招待。范逵得知原委后赞叹说：'非此母不生此子！'"陶侃最终成为一个伟大的人，他也一定是因为受到他慈爱的母亲心酸激励而励志。

①乾隆二十九年.钦定四库全书荟要［M］.长春：吉林出版集团，2005.

{三、结椎式}

这种发型是汉代妇女中最流行、使用最广泛的发型。它被历代王朝所采用，持续时间最长，由商周开始，秦汉、隋唐、宋、元、明、清等各个朝代都在沿用。只是发型高、平、低，及结椎在前、中、左右、后等变化各不相同罢了。这种发型的梳理方法是把所有头发拢结在头顶或头部的一侧，或额头、或者后脑勺，然后捆绑绾结成椎，并利用发簪来固定，可以盘成一椎、二椎或者三椎，让它能够耸立在头顶或者两侧。其通常分为高椎髻、抛家髻、堕马髻等几种类型。根据有关资料记载：梁翼之妻孙寿将结椎置于头侧，并使其下堕，称为"堕马髻"，也被叫作"梁氏新妆"，曾经风靡一时，赵合德在入宫的时候把头发卷高为椎，称其为"新兴髻"，梁鸿之妻孟光好梳"椎臀"。所有的发式都类似于结椎式。结椎式具有重量感，柔美典雅，具备其梳理方法，就可以改变或者创造多种椎髻，在造型上可以灵活运用。各种类型的椎髻最常用于已婚年轻妇女。

第五节　作为文化符号的冠饰

传统文化符号是建立在一个国家几百年的文化沉淀之上，是社会结构与文化思想长期结合而形成的集体审美意识。民族文化和民族精神深刻地影响着人们的生活。民族文化在冠饰设计中的应用，丰富了冠饰设计的艺术空间，为设计师提供了更多的设计灵感。既能展现积极、健康、豁达、乐观的民族气质，又能弘扬民族文化，使具有中国传统文化符号的东方冠饰能够登上国际舞台。

"冠带中国"在环视周边国家和民族时，视冠冕文化的浸润程度为进入文明领域不同层次的体现。《隋书·东夷传》载曰："今辽东诸国，或衣服参冠冕之容，或饮食有俎豆之器，好尚经术，爱乐文史，游学于京都者，往来继路，或亡没不归。"[1]"冠冕之容"与"俎豆之器""经术""文史"相提并论，列为文明进步的重要标志。

---

①魏徵.《隋书》卷八十一列传第四十六《东夷传》.北京：中华书局，1997.

第十一章　中外冠饰文化对比

第一节　亚洲冠饰文化

衣冠服饰在人类生活历史上是一个极为重要的问题，它与生产水平、经济基础、物质文明、社会习俗、审美理念共同发展。因此，研究人类衣冠服饰史，不仅能够增长我们对古代社会的认识和了解，而且能够增加我们的历史知识（如表11-1所示）。

夏、商时期是中国服饰发展的初始阶段，尚未形成完整的形态。到了周代，中国从奴隶制度向封建制度转变，中国的冠服也在逐步发展，并发展为统治阶级"明身份、定等级权威"的一种手段。统治者为执行"冠服"制度，特别设立"司服"这一官职。对此，百姓也只有严格执行，若有"违易君命，革其服制"者，会受到"劓刑"的惩罚。①

根据周代的章法制度，在朝会、大婚、迎接宾客时，所有的王公大臣都要穿上礼服盛装出席。礼服包括冕冠、玄衣和纁裳，统称为冕服。

冠帽，是皇帝和文武百官在祭天大典上所佩戴的最高规格的礼冠。"冠冕堂皇"这个成语，就是从礼冠的高贵和庄严意义中引申出来的。冕冠，由冕綖、垂旒、充耳等部件组成。冕綖，也叫"冕板"，是指在冕帽的顶端，用细布包边，上漆黑下为红，前面是圆形，后面是方形，前面比较低，后面比较高，造型倾斜，代表着谦逊和谦卑；束带是由五色丝线编成的，上面系着五色的珠子，每一条珠子都是一串。冕綖下面是冠，古代称之为冠卷。在束衣之下为衣带，古代称为束带。由于是由铁丝、漆纱、细藤等交织而成，所以得名。王冠的两侧，各有一个小孔，可以穿过玉笄，将辫子绑在一起。另外，在钗子的另一端，用一条带子（名为冠缨），由下而上，系于钗子的另一头，用以固定冠。

皮弁，是皇帝在朝中接受大臣的朝拜和公爵田猎时所戴的头饰。形似倒置的茶杯，由白鹿皮缝成。缝线上镶嵌着一排亮晶晶的翡翠，光彩夺目。韦弁，用林韦制成，主要用于军事场合。在行军打仗的时候，需戴赤弁，着赤衣、赤裳。其他时候，都是以林布为衣，下以素衣。冠弁，俗称"皮冠"，是田猎或习兵事时所戴的一种头饰。戴冠弁者，

---

①（汉）郑玄．尚书大传［M］．北京：商务印书馆，1937.

须穿黑布衣，下穿素色长衫（如图11-1所示）。

图11-1　皮弁

头饰是汉代服饰中非常重要的一部分。古时候，汉族的男子和女子都是在成年后，将长发绾起，并用发笄将其束起。男性常常戴着各式各样的冠、头巾、帽子，等等；女子首服通常分为副、编次发髻可梳理出各种式样，并配有各种步摇、发簪、珠花等饰物。汉人装饰的一个重要特点是喜欢装饰玉、佩玉。此外，还有一些其他的佩饰，例如：剑、绶、印、笏、蔽膝、披帛、袜、帔、香囊、玉带、铧、腾蛇等。作为汉族四千余年来一直延续至今的民族传统服装，作为《四书五经》的冠制之一，它以《诗经》《尚书》《周礼》《礼记》《易经》《春秋》等历代典籍为基本内容，得以传承。汉服制反映了华夏文明中的等级、血缘、政治等多个层面，反映了中国重嫡轻庶、重长轻幼的特点，同时也反映了儒家的仁义观念。

在汉代，冠是区别阶级的重要标志，有冕冠、长冠、委貌冠、武冠、法冠、进贤冠等几种形制。按照规矩，皇帝和公侯、卿大夫出席祭祀仪式，都要戴冕冠，穿戴礼服，并根据冕旒的数量和材质、颜色和章纹来划分等级。"长冠"，也叫"齐冠"，是以竹皮为材料制成的冠冕，再使用黑色丝织物缝制，形成扁平、修长的冠形。传说是刘邦因卑微低贱时而模仿楚冠而创造的，所以也叫"刘氏冠"。委貌冠，形状类似于皮弁，形似倒扣的茶杯，用丝绸帛绢所制。两种冠饰都是在祭祀时佩戴的。武冠，也叫"鹖冠"。鹖，生性好斗，至死方休，作为冠饰的名称，有英勇之意，也是武将在朝会上所戴的一种象征。又因其形如簸箕，形如高筒，故又名"武弁大冠"。皇上的随从和官员们，都戴着貂皮帽子，帽子上绣着金色的蝉纹。法冠，又名"獬豸冠"。獬豸是神话中的一只神羊，它有辨别是非的能力。它头上长着一只角，每当有人打斗的时候，它就会用自己的角去抵挡敌人，所以才会被执法者佩戴。又因其常以铁为冠，喻指戴冠者坚贞不屈，故亦有"铁冠"之称。进贤冠者为文士所戴。头冠是用铁丝和细纱做的。大梁上部有梁柱前弯，后有直梁，以梁的数量来区别地位高低。另外，还有通天冠、远游冠、建华冠、樊哙冠，等等。

在魏晋南北朝时期，帽子的样式具有一定的特点。这一时期，帽饰的变化也有不断发展的趋势，有将帻后加高，中间变平，体积逐步减小到头顶以上的，称为平上帻，俗称"小冠"。"笼冠"则是在一个小的冠子上加以笼中。"笼头"是从汉代"武弁"演变而来的。"武弁大冠"是汉代武将所戴的帽子，内罩布包头，外罩弁，如一只翻转的耳杯，两耳下各有一条带子，在颏下打结。弁衣是用鹿皮和布制的，有些还上了漆。后来，随着铁盔的数量越来越多，武弁大冠也就不在战场上使用了，而是以一种类似笼状的帻，镶嵌在头巾上，形成了一种类似笼子的东西，上面微微收拢，垂下来的耳朵更长。最高等级的武弁大冠和笼冠是皇帝的侍从们佩戴的，例如侍从们所穿，在冠的内侧，用一个小冠来固定头发。画面中的俑，头戴笼冠，身着袴褶，显示出北朝官员及随从的服饰（如图11－2所示）。这是当时流行的冠形。有带裙边的斗笠，有尖顶的，有屋脊状的，有尖顶的，有没有檐的，突骑帽、合欢帽等样式。而魏武帝曹操，更是第一个设计和使用的人。因为战乱频仍，物资匮乏，他就用绢布代替了鹿皮，做了一件皮衣，取名"颜恰"。在他的倡导下，这一做法迅速传遍了整个朝堂。

图11－2　笼冠陶俑

　　唐朝皇帝的服装种类很多，有大裘冕、衮冕、通天冠、翼善冠、武弁、白帢等十四种。"大裘冕"是指帝王在祭天时所穿的冠服。帽子是黑色的，内部是淡红色的，上面有丝绸的流苏，帽子的两侧挂着黄绵，与耳朵相连。这是一件长袍，外面是丝绸，里面是黑色的羊皮，领口和袖口都是黑色的，腰间挂着一柄鹿卢剑，腰间挂着白玉双佩。"衮冕"是指皇帝登基、祭祀、出征、祭祀、册封时的着装。高冠上，垂下12颗白色珠子，以红绸为缨。上身是深青色的，下身是红色的，上面绣着12个章纹。通天冠是皇帝举行祭祀、宴会时所穿的首服，其材质精良，做工精细，加珠翠，金博山，头戴黑帻，头戴冠，以碧玉和犀钗为引。贞观八年，唐太宗开始戴翼善冠，是因为它的冠缨形似"善"而命名的。每逢元日，冬至时节，皇上都会戴上一顶翼善冠，身穿一件白色的缎裙。讲武出征，打猎，戴武弁。

　　宋代基本上沿袭了汉族衣冠服饰的风格，其中包括官服、便服、传统服三种服饰。宋代从帝王到一般的官吏，出席朝会，处理公务的场合都必须着正装，戴幞头。此类幞头多用藤类或草编编织而成，外层包有纱衣，上涂漆。与唐代相比有了较大的改进，主要是直脚。一开始，它的腿是笔直的，然后，它的腿不断加长。官员们也都戴着头巾。根据样式不同，有圆顶巾、方顶巾、琴顶巾，等等；从材料上看，有纱巾、丝巾，等等；从名称上看，有"东坡巾""程子巾""山谷巾"等。东坡巾是宋朝著名文学家苏东坡佩戴的。它每一面都有一只角，戴上之后，就会有一只角就在他的眉心之间。杨基①在《赠许白云》写道："麻衣纸扇趿两屐，头戴一幅东坡巾。"是宋代的一个经典人物形象。

宋代女子的发髻种类颇多。有些人梳成"朝天髻"，就是将头发往上梳，在头上扎成两个圆髻，再往前一折，卷到额头上。为了让头发高高地立起来，在头发的尖端插上一支簪子和花朵，把头发的尖端高高地举了起来。有些人梳"同心髻"，就是把头发高高绾起，再扎成一个圆形的发髻，表示对团聚的愿望，所以叫"同心髻"。有些梳着"流苏髻"，发髻高高隆起，微微后仰，上面缀满了各色的珍珠和翡翠，上面还挂着两根红色的丝带（如图11－3所示）。

图11－3 朝天髻

为了使发髻更加光彩夺目，有的用金银珠翠制成多种花鸟、簪钗、梳篦插在髻上。有的喜用罗、绢、金、玉、玳瑁制成桃、杏、荷、药梅等花卉簪在髻上。有的冠上插花，用漆纱、金、银、玉制成高冠，冠插白角长梳，在两侧插花，把一年四季名花同时嵌在冠上，称为"一年景"（如图11－4所示），即将桃花、荷花、菊花、梅花都编在一顶花冠上。据史书记载，宋徽宗时，汴京女子"作大鬓方额"。政和、宣和之际，"尚急扎垂肩"，即北宋流行的一种女子高冠，高不能过七寸，广不能过一尺。宋代女子喜欢戴真花，以牡丹、芍药为多。她们穿什么装、戴什么花形成了一系列模式。花冠即在冠上簪以鲜花，鲜花易逝，且价格不菲，于是人们就用罗绢、通草、金玉、玳瑁等制成假花。簪花的插法有很多种，有单插独枝的，也有将不同季节的花卉同插一冠。簪花成尚，不惟女人们喜爱，男子也非常喜欢在冠帽上簪花。上自皇帝下至群臣，也受到这种风尚的

①杨基（1326－1378年），元末明初诗人。字孟载，号眉庵。原籍嘉州（今四川乐山）人，大父仕江左，遂家吴中（今江苏苏州），"吴中四杰"之一。

影响，皇帝不但自己簪花，有时还向身边的有功之臣或近臣赏花以示恩宠。北宋名相寇准①、司马光②、枢密使陈尧叟③等人，都受过这种优待。可见，不仅"时服"，任何东西都可用作宠遇赐赏的物品，只要皇帝喜欢。杨万里④曾作诗戏称："春色何须羯鼓催，君王元日领春回。牡丹芍药蔷薇朵，都向千官帽上开。"

图 11-4　"一年景"花冠宋代妇女

辽代臣僚戴毡冠，缀金花，缀珠玉翠，额际悬金花。有些人戴纱冠，做得像乌纱帽，没有檐头，也没有遮住耳朵。额头上有一朵金色的花，上面有一条紫带。有人穿窄紫色长袍，腰带上镶玉，水晶，靛青，叫"盘紫"。年老的大臣，可以穿锦袍、金带。三品以上官员所戴的进贤冠、三染宝饰；五品之上，其冠二梁，以黄金装饰；九品以上的官员，其冠一梁，不戴饰物。臣僚一般着窄袍，锦袍，多为左衽、圆领窄袖，色调为深灰色。⑤

金代皇后首服是花株冠，以青罗为表，青绢衬金红罗托里，上面绣着九龙四凤，最前面的大龙衔有一穗球，后面有十二朵花，上面有孔雀，有仙鹤，有金丝，有珍珠，上用七宝钿窠。花株冠因有"花株各十二"而得名。它比唐、宋时期皇后的首服更加讲究。皇太子的贵冠，用白珠九旒，红丝组为缨，青纩充耳，犀簪导。

明朝皇帝戴乌纱折上巾（乌纱翼善冠），帽翅从后面向上竖起。由于皇帝姓朱，明朝以

---

①寇准（961 或 962 年 8 月 27 日—1023 年 10 月 30 日），字平仲，华州下邽（今陕西渭南）人，寇湘之子。北宋政治家、诗人。

②司马光（1019—1086 年），字君实，号迂叟，陕州夏县涑水乡（今山西省夏县）人，出生于光州光山（今河南省光山县）。世称涑水先生。北宋时期政治家、史学家、文学家，自称西晋安平献王司马孚后代。

③陈尧叟（961—1017 年），字唐夫，阆州新井县（今四川省南部县大桥镇新井村）人。左谏议大夫陈省华之子。北宋官员。

④杨万里（1127 年 10 月 29 日—1206 年 6 月 15 日），字廷秀，号诚斋，自号诚斋野客。吉州吉水（今江西省吉水县黄桥镇湴塘村）人。南宋文学家、官员，与陆游、尤袤、范成大并称为南宋"中兴四大诗人"。

⑤张霄霄．契丹民族服饰研究综述［J］．西部皮革，2023，45（19）：149-151.

朱为其颜色；由于《论语》中"恶紫之夺朱也"①，紫色在官服制度中被废除。明代的官服也是采用的幞头与圆领袍，但此时幞头外面涂着黑色的漆，脚短而宽，被称为"乌纱帽"，对没有官职的平民不宜采取。除了按照公服要求配色外，最具特色的就是使用"补子"代表官员的等级。补子即为一块40—50厘米见方的丝绸，绣上不同的图案，然后缝制在礼服上，胸前和后背各一处。对于文职官员来说，用鸟代替，而对于武官而言，则用走兽代替，分成九等。为了表扬这些官员的功勋，另外还给他们准备了特赐使用的服装，例如：蟒袍、飞鱼服、斗牛服等服饰。蟒为四爪龙，飞鱼是尾巴上有鳍的蟒蛇，斗牛是在蟒的头上加了弯角。官至极品则使用玉带。因此，"蟒袍玉带"变成了这一时期大官僚最著名的装扮。②

自唐宋以来，除了旧帽子外，普通人戴的帽子仍然很流行。朱元璋还亲自制定了两种帽子，在当时的社会中广为传播，被士庶们普遍使用。一种是方桶形黑漆纱帽，称为四方平定巾；另一种是由六个片组成的半球帽子，被叫作六合一统帽，其主要含义是四海升平、天下归一。后者流传下来，俗称瓜帽，由黑丝绒、缎子等进行制作。

清朝时期，官服的主要种类是长袍马褂。官帽则完全不同于过去的王朝，所有军士、差役和军事政治人员都必须戴着一顶和兜里相似的小纬帽，根据冬季和夏季可以分为暖帽（如图11-5所示）和凉帽（如图11-6所示），这主要取决于官位的高低，不同的颜色、材料"顶子"，在帽子后面拖着一束孔雀翎。翎称清朝官服花翎，品级越高翎上的"眼"（羽毛上的圆斑）越多，通常为单眼、双眼、三眼的区别，眼多者为贵，只有功勋卓著的王子或大臣才会得到奖赏。皇帝有时会赏赐一件黄色的马褂以示特殊的宠爱，称其为黄马褂。四、五品以上官员还必须挂朝珠，配以各种珍贵珠宝和香木制作，形成了清代官服的又一明显特征。

图 11-5　暖帽　　　　　　　　　　　　　　　图 11-6　凉帽

19世纪40年代，我国进入了近代社会，西方文化侵入中国本土文化，大量沿海城市，特别是像上海这样的大都市，由于中外文化的共存而被西方文化所主导，他们的服饰也逐渐产生了变化。民国初年，戴礼帽、穿西装被认为是当时最庄重的着装。20世纪20年代左右，中山装的出现慢慢在城市获得普及。而大多数农村地区一直沿用传统，戴着毡帽或斗笠。

---

①张南峭．论语［M］．郑州：河南人民出版社，2019.

②雷文广．明代翼善冠形制特征、演变及其传播［J］．丝绸，2022，59（05）：145-152.

表 11-1 中国衣冠文化

朝代	图例	说明
夏商周		冕冠,是帝王和百官参加祭祀典礼时所戴最尊贵的礼冠。夏商周时期的冕冠,包括冕綖、垂旒、充耳等几个部分。
汉代		汉代以冠帽作为区分等级的主要标志,主要有冕冠、长冠、委貌冠、武冠、法冠、进贤冠等几种形制。按照规定,天子与公侯、卿大夫参加祭祀大典时,必须戴冕冠。
魏晋南北朝		魏晋南北朝时期冠帽的形制颇具特色。这一时期帽饰变革还在继续,如将帻后加高,中呈平型,体积逐渐缩小至头顶之上,称平上帻,或"小冠"。在小冠上加以笼巾(平顶,两边有耳下垂,下面用丝带系扎),则称为"笼冠"。
宋代		幞头多用藤或草编织巾里,外面用纱,涂漆,以直脚为多。起初两脚左右平直展开,后来两脚伸展加长。
明代		明朝皇帝戴乌纱折上巾即乌纱翼善冠,帽翅从后面向上竖起。此时的官服也是采用的幞头与圆领袍,但此时幞头外面涂着黑色的漆,脚短而宽。
清代		清朝时期,官服的主要种类是长袍马褂。官帽则完全不同于过去的王朝,所有军士、差役和军事政治人员都必须戴着一顶和兜里相似的小纬帽,根据冬季和夏季可以分为暖帽和凉帽。

第二节 欧洲冠饰文化

衣冠服饰可称为文明的一种象征。服饰习俗既反映了民族文化的特点，也反映了不同时代人们的生活状况与心理特征。在中世纪，欧洲以基督教为主，基督教对欧洲的服饰产生了很大的影响。因为基督教教义鄙视金钱，反对奢侈，中世纪下层阶级的衣冠服饰十分简单朴素，妇女不打扮，并且将珠宝捐献给教会，他们的日常服饰大多为白色的肥大长衣以及连袖外套为主，颜色素净。在中世纪的宗教统治下，欧洲衣冠和服饰的颜色和款式非常单调，颜色有黑、灰、白三种。服饰的款式主要是及地长袍，奢华的古罗马加袍被废弃（如表11-2所示）。

在12世纪至14世纪末，女性头饰的变化较为缓慢，中世纪的女性常常习惯把头发向后梳，多为紧贴头部，并留两条辫子垂到脸颊上，十分注重实用性。这主要是因为在漫长的中世纪时髦的头饰常被看作一种世俗的追求，穿着新颖别致的服装既浪费时间又浪费精力，还带有一丝虚荣。这一时期妇女大部分用方形白麻布包头，并在头顶上打结，或者在耳朵旁边利用发夹别住，只露出脸庞。中世纪时期，头巾形状多种多样，部分头巾与现代修女的头巾十分相像，其结构一直延伸到脖子下面。年轻女孩在节日里可以戴花冠，但是已婚人士除外。

表11-2 欧洲代表性头饰

名称	样式	说明
面纱与护颈		材质简单却能实用地覆盖头发，它是一块亚麻细布或者丝绸由下巴处向上包起，遮盖住脖子，经常伴随面纱和饰环，佩戴者看起来谦逊温和，朴素大方。
冠冕与面纱		通常包括一个金属框架，上面镶嵌着各种宝石和装饰品。冕冠的设计十分精美，搭配面纱增添女性气质。
头带与巴贝特		巴贝特是一个亚麻的带子绕下巴和头顶一圈，起源于早期的包头巾，现在只有一些老年女性、寡妇以及修女继续佩戴这种发饰。

　　12 世纪至 14 世纪末西欧重要的头饰有包头巾、巴贝特、头带和网膜。包头巾出现在 1190 年，是一种材质很简单的布料，可以遮住头发，头巾用亚麻或丝质的布料包裹，一直延伸到脖颈，通常还会配上面纱和饰环，给人一种温柔、朴实的感觉。巴贝特是一种亚麻色的束带，系在下巴和头顶一圈，源于较早的包头巾，如今只有少数年长的妇女、寡妇和修女还戴着它。巴贝特据说是阿基坦的艾莉诺所发明，也有人把它引入了欧洲。最初，它主要是为贵族女性所穿，并配以王冠与饰环，之后才逐渐流行于社会各阶层。头上的带子也是用亚麻或丝绸制成的，巴贝特套在外面，有时候还会在外面戴上一顶王冠。年轻的女孩戴头带和巴贝特的时候将头发披散下来，但是大多数时候是把头发编成辫子盘起来，北欧和西欧的已婚妇女在生活中经常佩戴巴贝特头饰。如果巴贝特与头带同时佩戴，或巴贝特与面纱同时佩戴，则可以与网膜结合，通过网膜来固定毛发。15 世纪，帽子上的网膜发生了巨大变化，整体是由功能性的发网变成镶有珠宝的金银丝线的网膜，紧接着又变成充满左右两侧的发饰，像角形头饰。图中的角形头饰两侧的角是由大网膜做成（如图 11-7 所示），与 14 世纪末的网膜相比，它变得更加奢华，上面镶嵌着珍珠与金银两色的布料，还有着一层洁白的面纱，给人一种高贵而不失谦卑的感觉。在发展过程中，角形角逐渐增大，具有较高的装饰价值。

图 11-7　修道院祭坛画

　　在中世纪，男人留长发，骑士都披长发。牧师总是穿着黑袍，戴着风帽。但发型却发生了变化。从 8 世纪起，修士剃发逐渐成为一种时尚，也就是俗称的“削发式”，而希腊和东欧地区的人则留着短发，称其为“圣保罗式”。在罗马，削发式样主要为在头上剃掉圆圆一片，留下四周的头发，这种发型被称为“圣彼得发型”。修士剃发以示对上帝的忠诚与献身。14 世纪和 15 世纪的欧洲的统治者们为了享受奢侈和快乐，而忽略了他们的宗教戒律，尤其表现在衣着方面。在《中古及近代文化史》中就有记载：“无论贵人、贵妇，皆如儿童之喜着新衣，喜戴首饰。此为善奢侈浪费之时代，男子穿尖头鞋，而女子戴高一尺之圆锥帽。此时人用三千头松鼠之皮以制一件外衣，而奥而良公爵竟用七百粒细珠以绣一首诗歌于襟袖之上。"① 早期的罗马，戴着帽子象征着公民是自由和合法的，而奴隶们必须头顶块儿布来遮天度日。到了中世纪，帽子的阶级概念变得更加明显：破产者戴黄色的帽子；国王戴金制皇冠；囚犯戴纸帽子；公民戴暗色的帽子，等等。

妇女的服饰包括斗篷和披肩（为王家皇后专用）长外衣，它们是从基督教的法衣延伸出来的，女性的外衣短至臀部，长至脚踝。户外服饰则为长斗篷，从头上垂下来覆盖整个身体。尊贵的妇女穿着金、银、宝石、珍珠和玛瑙，劳动妇女则穿着无袖或者短袖上衣，长及腰部。根据查士丁尼皇后的画像我们能够看到，她穿着十分华丽的衣服，一件长长的衣服盖住了她的脚，她的裙子很宽，袖子窄到手腕，而且很紧，腰间系着各种丝带，衣服上装饰着珠宝，胸前挂着珍珠和珠宝，头上戴着帽子，帽子上装饰着珠宝，并且戴着耳环。她的一些服饰风格属于欧洲风格，其丝绸面料和珠宝则产自东方。

冠冕，来源于古希腊语中的"Diadema"，是"皇家发带"的意思。不过，法兰西第一帝国时期，尼铎②为了显示约瑟芬皇后的至高无上地位，给她量身定做了一项王冠，佩戴头饰珠宝潮流就开始复苏了。这是一种用珍贵的珠宝制成的头饰，它不像皇冠和王冠那样象征着最高的权力，它没有任何形式，没有时间，没有身份的制约。比如约瑟芬所佩戴的皇冠（如图11—8所示），有金、银两色的麦穗冠是用九根麦穗编织而成，上面镶有一颗旧式切割钻石。19世纪上半叶，珠宝的材质更多的还是以金、银和钻石为主，但由于银容易氧化以及钻石的切割技术还不是很成熟，使得大部分珠宝在我们看来都带着黑色元素。但这些精致奢华的冠冕，却在未来的几百年里，掀起了巨大的"顶上风暴"。

图11—8 约瑟芬戴冠冕

---

①（法）塞诺博（C. Seignobos）：中古及近代文化史［M］. 陈健民译. 上海：商务印书馆，1935.
②尼铎，Chaumet创始人，师从法国一代艳后玛丽·安托瓦内特的御用珠宝师安热—约瑟夫·奥贝尔。

　　19世纪末20世纪初的欧洲，工业的声音隆隆作响，闯入人们的生活。纸醉金迷、衣香鬓影，所有人都享受着这个时代发展带来的快乐，这段时间也被称作"美好时代"。钻石冠冕、苏托尔长项链、高腰裙与长手套，构成了一个美好时代女性的典型形象。同时，铂金的广泛运用，亦让首饰褪去以往的炫丽，回到原本的纯白色，闪烁动人的珍珠光泽。每一顶王冠，都镶有大量的钻石，并配以铂金，华贵耀眼，彰显了那个辉煌的年代。"绲珠边"的工艺，镶嵌在钻石的边缘，让冠冕变得如蕾丝般柔和，如梦似幻。这一时期的冠冕取材于古典油画中常见的花卉、枝条和藤蔓，精心而又巧妙地创造出一种如梦似幻的"花环风格"（如图11-9所示）。那时候，对冠冕的穿戴也有更多的讲究，一般都是已婚女子才佩戴。奢华的冠冕有时与羽毛相配，象征着对大自然的尊重，而有的时候，也可与一系列的钻石饰品相配，让佩戴者在人群中变得更加突出。

图11-9　卡地亚为皇室后裔玛丽·波拿巴制作的"花环风格"冠冕

　　到了20世纪20年代，这时候的冠冕也和那个叛逆的时代一样，有很强的设计性。抽象的图案，流畅的流线型造型，在传统的款式之外，冠冕也悄然变成了轻薄的发带。这时的设计，主要是对最基础的几何图案进行了提取，去除了多余的装饰，简约干净中又有一丝硬朗的线条装饰艺术风格，将女性的柔美展现得淋漓尽致。这个时期流行的羽毛元素越来越多地出现在冠冕上。轻盈柔软的羽饰冠冕，是当时追求自由现代女性的最爱，柔软的羽毛，与华美的钻冠，巧妙地组合成"白鹭冠"（如图11-10所示），便成了奔放热情的装饰艺术代表。

图11-10　白鹭冠

中世纪的欧洲，无论冬夏，也无论年轻人和老年人、富人和穷人、劳动者和学者，他们都戴有头饰。头饰已经变成日常生活的必需品，奢华装饰的头饰可以由几代家族继承，在不同的场合选择佩戴不同的头饰，它是财富和尊贵的象征。

第三节　非洲冠饰文化

非洲冠服一直都具有十分鲜明的特征，其服饰设计大部分色彩绚烂，并且图案颜色对比很强，通常具有较强的设计感（如表 11—3 所示）。[①] 其帽子种类在不同的地区帽饰的形制有所不同，男女佩戴也有所不同。男士佩戴根据不同地区其生活方式有所不同。如西北地区摩洛哥的非斯帽、东非地区肯尼亚地区的 Kofia 帽、西非地区尼日利亚的 AsoOke 帽等。祖鲁族人是南非最大的部落群体，Isicholo 帽子是南非祖鲁族人女性帽饰中典型的存在，其实作用与结婚佩戴戒指相似。祖鲁族妇女为了表明自己的婚姻状况而佩戴这一传统帽饰，证明佩戴者的已婚身份。

表 11—3　非洲帽饰分析

图片	名称	解释
	非斯帽	是一种直身圆筒形（也有削去尖顶的圆锥形）、通常带有吊穗作为装饰的毡帽。
	Kofia 帽	非洲男子佩戴，彩色刺绣无边圆帽。圆帽可单独佩戴或佩戴于头巾之内，圆帽折痕因人而异，是其男性风格的代表。

---

①（美）罗伯特·哈罗 . 世界民间服饰［M］. 黄晓敏，黄桂珊译 . 上海：上海文艺出版社，1993.

图片	名称	解释
	AsoOke 帽	帽子常由柔软的毡布制作而成。帽子起源于尼日利亚，但却被许多非洲人穿着。其顶部通常向一侧倾斜，向右倾斜代表未婚，向左倾斜表示已婚。
	Isicholo 帽子	帽子外形呈现扁平状，其表示女性踏入婚姻的重要理性行为。新娘和新郎在实际婚礼前交换礼物和表达感谢。仪式后，女性便会每天佩戴，以示其已婚身份。

　　除此之外，非洲的原始部落之中，常常会采用盘发装饰来充当冠饰的作用。非洲传统宗教在其本地发展的历史悠久、根深蒂固。图腾崇拜是非洲传统宗教的重要组成部分。图腾沉淀着各民族祖先生活的原型，深深地铭刻在各族人民的心理构造中。他们崇敬某种图腾，或因为畏惧害怕，或希望得到他们的力量。通常他们会将所崇拜的图腾画在身上，或是将动物毛皮例如豹皮穿在身上，希望通过这种方式获得豹子的能力；如果他们崇拜某些植物，也会将这种植物文在身上，求其庇护。

　　在非洲女性服饰中，头饰也是十分重要的组成内容。"头部工程"属于非洲女性的重要工程。不戴漂亮的头饰，就看不出衣服的美丽，它们必须互相补充，互相照耀。非洲妇女生来就有一头卷发，不能自己梳头，所以需要其他人的帮助。因此，在非洲各地的城镇，都有专门为女性打理头发的移动摊位。非洲美发师技艺精湛，可以结合不同的年龄、身份以及职业，设计和梳理出各种具有民族特色的美丽优雅的发型。小女孩的发式大部分为轻快、活泼的，有许多是冲天小辫，立在头顶，有的以头顶为中心，自上而下，将头发梳成多股发辫，紧紧地贴着头皮。年轻女子喜欢把她们的头发梳成圆形发式，或者用头发编织各种各样的图案；中年妇女将绸缎与长发一同束于头上，或披于双肩。还有人将短发扎成一个类似于西瓜的辫子，紧紧地贴在头皮上，也有人将头发分成同样大小的一小块，紧紧地绑在一起，形状像菠萝。另外，也因其形状而命名，如："鱼鳞形""螺丝形""贝壳花纹形"。有些妇女选用贝壳和珍珠来装饰她们的头发，看起来更精致漂亮。近年来，非洲的理发师发明了一种从头顶到脖子根部的新发型，排列成两排整齐的穿孔桥，就像小桥上的流水异常别致。非洲女性梳头要花很长时间，从一两个小时到三四个小时不等。非洲人讲究发型这不但是爱美的体现，还对非洲人的民族属性、传统观念和性格特点进行了反映，甚至体现了人们的不同处境。比如，剃了头发的妇女，往往表示她是寡居的状态，表示她已丧夫；在尼日尔，如果孩子的头部各有一缕头发，则表示孩子失去父母。

非洲人的头饰有着浓浓的原始之美，造型夸张（如图11-11所示），还透着几分野性。头饰的原材料十分充足，天上飞的、地上跑的、水里游的、树上长的，甚至土里埋的，都可以拿来作为装饰使用。比如牛角、兽骨、獠牙，鸟类的羽毛，或者宝石、贝壳、树叶、花草……除此之外，他们还会用啤酒瓶盖、破损的手表，或者其他出乎意料的东西，制作成精美的头饰，每个都创意十足，堪称变废为宝的典范。尤其值得一提的是，非洲人用废弃的啤酒瓶盖制作的发冠很有创意，发冠的形状千奇百怪，很是浮夸，有些像是灌木，有些像是雷峰塔。即便如此，她们的帽子还是非常注重协调，会与发饰、脸上的妆容相结合，让自己的脸、衣服与帽子融为一体。无论是大而夸张的帽子，或是小巧但精致的帽子，其感觉使人深处自然之中。在非洲，很多地方，都有对头饰佩戴特殊的讲究。在不同的年龄，不同的地位，不同的情况下，佩戴不同的头饰。在一些重要的场合，比如婚礼，或者是葬礼，都会有比较复杂的头饰。一些部落的人，根据年纪的不同，佩戴的头饰也会有所不同，通过这个，便能判断出大概的年纪，是否已婚。这跟我们中国古代的女子的"豆蔻"和"及笄"相类似。[①]

图11-11　非洲人头饰组图

无论是在非洲的传统节日中，还是在具有非洲元素的各大时尚秀场中，有一样东西会赚足人们的眼球：非洲头饰（如图11-12所示）。这些非洲头饰造型夸张、风格神秘，满溢出浓浓的原始美与野性美。当然，所有这些感受都是就生活在非洲之外的人而言。对于非洲人来说，佩戴何种头饰，如同呼吸、吃饭、睡觉一样自然。总的来说非洲头饰具有如下几个特点：

---

①孙运飞，殷广胜．国际服饰（上）［M］．北京：化学工业出版社，2012.

图 11-12　头饰与配饰

（1）从造型设计上来看，非洲人的头饰很有个性，也很浮夸。有些像塔楼一样高大，有些像灌木一样蓬松，有些像孔雀一样的尾羽，有些像雄鹰一样有力的翅膀；非洲人的头饰，大多极为巨大，覆盖头部的装饰性部位，更是达到了一米多长，极为夸张，但这种头饰佩戴在非洲人头上，并无不和谐之感，相反，与非洲人的气质十分相符。

（2）从颜色上来看，非洲人的头饰一般都是五颜六色的，除此之外，非洲人的饰品也大多是五颜六色的，比如大红、黄色、绿色、钻石蓝色，等等。那是一种极为浓郁的颜色。非洲人的颜色搭配也是五花八门，极少有明暗之分，所以看起来极具冲击力。

（3）从风格上来讲，非洲人的头巾具有明显的民族特色。非洲人的头饰很复杂，复杂有两个含义，一个是对同一个材料的重复使用（比如大量的羽毛），一个是对不同材料的叠加，给人一种层次分明的感觉。在注重复杂的同时，也注重原始和狂野，无论是大而夸张的帽子，或是小巧精致的帽子，都给人一种回归自然的感觉。另外，非洲人的帽子非常注重协调，一般都是将非洲人的头饰与脸上的妆容结合在一起。如把发髻高高地绾起来，或者把头发卷成一条长绳，或者在脸上涂上与头饰色彩一致的色彩等，使面部乃至服饰与头饰浑然一体。

（4）从原材料上来说，其种类十分多样。对于非洲人来说，似乎除了无形的空气和有形的水之外，任何东西都能用于非洲的头饰文化中。从天上飞的、地上跑的、水里游的再到树上长的、地下埋的，只要是非洲人能够得着的，便可以将其应用到头饰中。比如雄鹰和公鸡的羽毛，比如硕大的牛角，比如狰狞的兽骨，比如尖锐的鹿齿，比如宝石、贝壳、树枝、花朵和树叶等，甚至是废弃的啤酒瓶，都可以用来制作头饰。

除头饰外，非洲妇女也很讲究耳饰、颈饰、首饰、臂饰和脚饰。饰品从金银铜铁、珠宝、玛瑙到贝壳、兽骨、象牙、豹牙、犀牛角，根据经济状况而定。与头饰一起组成非洲女性和谐之美。有的还戴鼻环、唇环，甚至锉牙、文身，凸显原始之美。值得一提的是，生活在坦桑尼亚和肯尼亚的游牧民族马赛族人，被称作"东非吉卜赛人"，身材高大，粗犷威武，男子多是猎狮能手，头饰狮子鬃毛，腰挎短刀，手持铁矛；女子则颈戴项圈，手戴串珠，年

纪越大，项圈越多。这个民族千百年来流行男留发、女剃光头的习俗，是非洲一大景观。^①

第四节　美洲冠饰文化

　　美洲大陆的文化历史悠久，丰富多彩，其中，灿烂的民俗和节日服饰特别令人惊叹。墨西哥历史悠久，最早在西方殖民者入侵以前，古代印第安人就创造了十分辉煌的玛雅和阿兹特克文化。它在 16 世纪被西班牙殖民占据，直到 1810 年才独立。后来，它被美国、英国和其他国家先后侵略。所以，墨西哥文化不但继承了古老的印度文化传统，而且遭受了西方文化的影响，使服饰展现得更加辉煌。

　　来自圣布拉斯^②的印第安妇女，巴拿马帽是其头饰的主要种类。农村女性的节日服饰往往是利用鲜红色的棉布制作的，裙子上镶着白色丝带，白色薄纱的下摆上还绣着鲜花，并且穿低领口的衣服，在领口周围围上红色或黑色的丝带，再配上一团黑色的绒线球，戴上巴拿马帽，利用丝带把头发系起来。

　　羽冠作为美洲印第安人最具特色的头饰，对于冠饰研究具有重要的意义。羽冠顾名思义，其主要由羽毛制成，同时伴有牛角、鹿皮等材料搭配而成。对美洲印第安人而言，鸟类独具神圣的魅力——它是天地间的使者，是灵魂的象征，而人类唯有触碰鸟类的衣羽才能与神灵通话。正是由于对飞鸟的崇拜，印第安人赋予了羽毛更深层次的含义，并把这种对羽毛的期许融入身体的装饰之中，仿佛拥有了羽毛，就得到了羽毛所具有的神奇力量。16 世纪之前的中美洲，羽冠多为君王、神明、祭司、战士佩戴。其地区多为沿海和南部地区。目前维也纳世界博物馆珍藏了一顶格查尔羽冠，其色彩浓郁泛着黄、红、橙、蓝色。现今格查尔羽冠世上仅存一件（如图 11—13 所示）。即使在今天，印第安人也会在一些重大的场合佩戴羽冠。

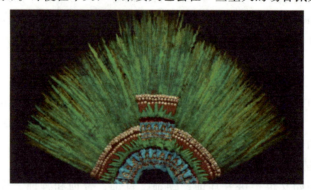

图 11—13　墨西哥，阿兹特克羽冠

　　①丁颖．非洲风格的流行分析与现代时装设计研究［D］．青岛大学，2017．
　　②圣布拉斯自治区，现称雅拉库纳族自治区，是巴拿马的一个自治区，位于该国东北部，北临加勒比海。1938 年自科隆省和巴拿马省分出。

羽冠的种类繁多（如表11－4所示），鹰羽被印第安人视为最尊贵的标志之一，并非所有人都可进行佩戴，主要集中为部落长者或者为受赏的战士。对于战士们而言，头戴鹰羽冠代表着勇气与荣誉。其主要原因是与他们在战场之上的战功有关。没有战功的人，不能佩戴此种王冠。王冠上的每一片羽毛，都代表着一个人的战功，王冠上的羽毛越多，就代表着他的战功和地位越高。在远古时代，因为没有足够的工具，所以极为难得到这种羽毛。伴随科技的进步，工具也随之出现。这种鸟的数量也在不断减少，所以它也变得十分珍贵。一般情况下，想要制作出一件完整的鹰羽冠，需要好几年的时间。但冠上并不完全是老鹰的羽毛，当没有鹰羽时，印度人就用鸢和火鸡的长尾羽代替，但是，冠的含义是一样的。印第安人将羽毛视为勇气和荣耀的象征，并常将其别在帽子上以示炫耀。其在印第安文化中，拥有鸟羽除了象征着勇敢，还代表着一定的美貌与财富。除此之外，印第安人会根据不同的颜色及材质方式，其象征不同的社会地位和情感状态。黑色的乌鸦毛象征智慧，而黑色的鹰毛则是象征权力，绿色与蓝色的孔雀羽毛象征了爱情，白色的鹤羽毛象征孕育精神生活；红色的凤凰羽毛则象征着神圣崇高与不朽。

羽冠的样式多种多样，不同的印第安部落对此的喜好也各不相同。比较常见的有环式羽冠，它围绕头部成环，装饰勾勒出人脸部的轮廓，从正面看整体呈椭圆形，仿佛狮子的狮冠，给人的视觉冲击最强烈。直立式羽冠，它象征着勇敢，被视为神圣的头饰，它的特点是羽毛竖直插入冠中，颇有高耸之势。也有以水獭皮毛为主的羽冠，配合着鹰羽等装饰，常由生活在草原或南部平原的部族使用，其中简单的直立式羽冠仅仅有一根羽毛。

表11－4　羽冠种类划分

图片	式样	说明
	环式羽冠	围绕头部成环，装饰勾勒出人脸部的轮廓，从正面看整体呈椭圆形，给人威严感。
	直立式羽冠	羽毛竖直插入冠中，颇有高耸之势。

墨西哥男性的衣着与他们的职业和社会地位密切相关，帽饰是其搭配中非常重要的配饰。草帽最初是骑士戴的，最典型的墨西哥草帽有两种，一种是用棕榈叶或其他植物编成的宽边尖顶的草帽，适合墨西哥乡间劳作时使用。另一种则是游客在旅游景点常能见到的尖顶草帽。在墨西哥第二大城市瓜达拉哈拉，年轻人穿着老式的西班牙黑色服饰。穿斜纹花边和丝带打结的天鹅绒束腰外衣，裤子和皮带是用布做的。里面穿着一件白衬衫，系着一条深红色的丝绸领带，戴一顶灰色的毡帽。牧羊人、侍从和骑手，虽服饰与其有所不同，但帽饰佩戴方面较为相似。而利用劳动抵债的工人一般穿着非常普通，头上戴着墨西哥宽边帽。也有的人穿着深蓝色的小山羊皮上衣，上面镶着鹅绒，头戴一顶墨西哥毡帽。

巴拿马男性最主要的帽饰是"巴拿马帽"。这种帽子主要是由棕榈叶纤维织成的。这种棕榈纤维原产于厄瓜多尔与哥伦比亚，一个多世纪前传入巴拿马，所以被称为"巴拿马"，用它制成的帽子也被叫作"巴拿马帽"①（如图 11－14 所示）。巴拿马男性将它当作十分珍贵的头饰。其穿搭通常是上面穿一件带流苏边的白色亚麻罩衫，下身穿一条有红色、深蓝色和黄色手工刺绣图案的短裤。巴拿马城的男人大部分穿棕色皮凉鞋，戴一顶真正的巴拿马帽。

20 世纪初的女帽和发型都很高大。高帽由于实用性较差，所以不久就被帽顶装饰有鸵鸟毛或鹦鹉羽毛的平顶有檐帽所取代。男帽除大礼帽以外，宽边低顶毡帽和鸭舌帽也非常流行，还有夏天戴的巴拿马平顶草帽。巴拿马平顶草帽有各种造型，色彩以浅颜色为主，这种草帽帽子平顶有檐，以棕榈科植物的嫩叶作材料利用经编技术制成，起源于厄瓜多尔与周边国家，因 1906 年美国总统罗斯福在巴拿马运河旅游时戴过此帽，故有"巴拿马平顶草帽"之称。巴拿马平顶草帽从 20 世纪初开始直到第二次世界大战结束，一直都是夏季流行的帽子。到了第一次世界大战后，女帽的规模变小，变成了圆顶窄边的钟形或蘑菇形，户外运动时则以戴贝雷帽②（如图 11－15 所示）为时髦。③

图 11－14　巴拿马帽　　　　　　　图 11－15　贝雷帽

①爵士帽，也叫作巴拿马帽，原产地是厄瓜多尔。

②贝雷帽，音译自英语 Beret，可能起源于 15 世纪法国西南部比利牛斯地区牧羊人佩戴的一种圆形无檐软帽，后来发展成一款无檐软质制式军帽。

③张竞琼，曹彦菊．外国服装史［M］．上海：东华大学出版社，2018．

节日期间，圭亚族印度男子通常会戴一顶草帽，草帽上缠着一条深蓝色和白色的丝带。草帽还会插上金刚鹦鹉的羽毛，并披着镶有红白珠子的肩罩，戴上猎物骨头做的项圈。而一个鼻子上戴着金鼻圈的圣布拉斯小女孩，穿一条有圆点花纹的裹身黑布裙与一件红黄相间的灰色罩衫。

秘鲁是古代印加文化的发祥地，印加文化于16世纪被西班牙殖民侵占，殖民者的后代对印加人的服饰具有极大的影响。在安第斯地区，有许多纯正的西班牙贵族血统，贵妇人通常戴着一条绣有黑花流苏的红丝巾，并且还有一块绣着黑花的大面纱，由龟壳雕成的梳子上包下来，上身穿一件白缎子。秘鲁的男性喜欢穿皮革与天鹅绒质地的服饰，一件黑色与威尼斯红色天鹅绒的打褶短上衣，上面搭配黑色的大丝扣，在白衬衫外面穿一件有银扣的马甲，下身是一条十分帅气的科尔多瓦皮套裤。这种裤子上面带有黑色或白色的条纹，前面利用带穗的皮带穿编成花边，套裤下是一条黑天鹅绒马裤，戴一顶黑色毡帽，穿一双黑色长皮靴。

纯印第安血统的印加人，由于遭受了西班牙和葡萄牙的影响，把黑色当作基础色。他们还十分喜欢红色、绿色、橙色和暗黄色的刺绣以及配饰。外面穿的衣服和裤子主要是黑色的，男女帽子和夹克都是红色的。连婚纱都是黑色的，从而表现出活泼的性格。最上层的外衣基本上是用手工纺的羊毛制成的，男人和女人都喜欢戴大的圆帽子。在男人的大圆檐帽里面，还有一套编织便帽，在下巴下面有一个帽带系在颔下。

第五节　中外冠饰文化对比

在人类历史发展的长河之中，中外冠饰文化的发展时间、颜色、文化观念都存在差异，同时也存在许多异曲同工的意识表现。

一、冠饰文化差异性

在发展时间层面，中国比西方发展时间更长。在衣料发展的初期，中国和西方都以手工纺织为主，工业革命时期，西方工厂获得了快速的发展，各种服装材料应运而生。在文化观念方面，中国因为长期受到儒家、道家和佛教的影响，思维相对较保守和传统，重视身份和地位。但是在西方，人们信奉基督教等宗教，所以服饰更加开放、简单、美观，便于开展社会交往。

首先是服装面料方面，中国是世界较早开始使用葛、麻、苎麻等植物纤维的国家。早在6900年前就开始养蚕织丝了，丝绸是华夏人民对人类服饰的重大贡献。无论冠冕制度，还是西域少数民族，传统的织物面料都作为冠饰的主要材料。相较于西方国家，其服饰面料更加丰富，帽纸面料成为其主要的冠饰的制作面料。

其次是造型方面，从古至今，对称美学在中国传统艺术之中占据重要地位。这在日常生活中极为常见，例如古代宫殿建设、陵墓等。在帽饰设计方面对称设计手法同样存在（如图

11—16所示）。《国语·楚语·伍举论台美而楚殆》有言："夫美也者，上下、内外、小大、远近皆无害焉，故曰美。"比对西方冠饰，对称并非其必要的方面。

图 11—16　冕冠

二、冠饰文化相似性

除上述不同特点之外，中西方冠饰在造型意识与冠饰礼节方面也存在着相同的特点。从古代以来，中国人就有自己的一套道德准则，衣着准则，举止准则，正是这些准则和规范呈现出中国人的形象。同样，西方国家的人们，也在他们自己的文化形态中，逐步发展出他们自己的行为准则、道德准则，以及他们自己的衣着仪表标准。在每一个不同的历史阶段，都保持着不同的社会秩序，并发展出不同的习俗。尽管中西所制定的标准规范在内容上存在差异，但其出发点与作用却是一致的。中西服饰有许多相似之处，甚至有许多相同之处。

首先，从造型概念与意识来看，中西方都是二维平面。从裁制方法上来看，都是直线裁制。结合服装形态的演变来看，伴随人类生产力的发展以及生活方式的改变，中西方都经历了从简单到复杂、从复杂再到简单的变化过程。无论在中国还是在西方国家，自古以来，在皇宫贵族和富裕商人都属于那些使其最有价值的服饰所有者，但是底部的平民与奴隶经常没有穿、没有吃，或者只有最低程度的衣服。因此，不管是中国还是西方国家的服饰历史，大多都是由宫廷服饰的变化构成的，并不是历史学家轻视下层人民，而是下层人民的服饰文化能够在历史上留下记载的文字十分稀有，而且图像资料、实物材料等更是凤毛麟角。

其次，在冠饰礼节方面，自古以来，中国人民就十分重视衣冠服饰的社会与伦理功能。从夏商周朝开始，随着服饰礼仪制度的规范，这一观念几乎贯穿整个中国历史。历代统治者都极为注重通过衣着来规范人们的思想，并一再修改服饰制度，从而规范各阶层人们的行为，实现"治国安邦"。中国人的仪装具有严谨的礼节与场合规范，而冠服则是其中不可缺少的一环，它的本质仍然是建立在以"礼"为中心的儒学理念下的森严的制度。男性和女性的冠饰会有所不同。此时中西方对于佩戴冠饰的意图大相径庭。中西方佩戴冠饰或佩戴帽子是一种礼节性表示，表达的是一种意识获得的尊重行为。男人们在和朋友打招呼时，对女士表示尊重时，往往将帽子微微抬起以示友善和恭敬。在西方，20世纪50年代的西方妇女们一致认为没有佩戴帽子的服饰表现出着装者的粗陋鄙俗，被人们看作服装搭配的大忌。人们有专业的晨礼服、晚礼服、骑马服等多种服饰之分，所佩戴的帽饰也随着服装的搭配而变化。在一些正式的场合，比如酒会、拍卖会等，人们的衣着往往比较庄重，所以帽饰通常也会延续传统帽饰的轮廓。在装饰手法上有多种选择，比如镶嵌羽毛、花朵或真丝。这些都会让帽饰显得隆重、优雅，还带有很强的仪式感，在骑马场、聚会等较为轻松的休闲场合，女性大多会穿着简单的衣服，因此帽饰也会变得简单。在户外场合，女生通常会佩戴一项具备很强防晒功能的大檐帽，这是有一定习俗的传统。西方佩戴帽饰的礼节是一种悠久文化传递的信息，而非一种强制性的礼仪规范。①

---

①李家丽，郑广泽．帽与冠——分析中西方帽饰文化［J］．外国文艺，2019（08）：58—59．

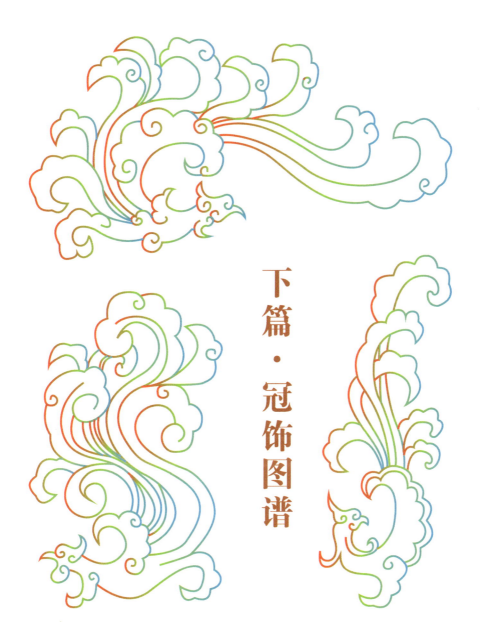

下篇·冠饰图谱

第十二章　异彩纷呈的少数民族冠饰

第一节　土　族

土族传统的男性衣冠服饰为：头戴织锦镶边的毡帽，里面穿一件高领刺绣、胸前有刺绣图案的斜襟白短褂，外面套着黑色、蓝色或者紫色的坎肩；又或者是穿着镶有宽边的长袍，腰上系着绣花带，脚穿白布袜与云纹绣花布鞋。另外，土族男子还习惯性地在领口、襟边、袖口、下摆这些地方镶上四寸宽的红色、黑色边饰。土族女性的衣冠服饰极为艳丽，她们头上一般戴着彩色的圆形织锦绒毡帽①，在耳朵上戴长长的银饰，上身穿着小领斜襟长袍，外面套一条紫红色坎肩，并在腰部系又宽又长的彩色腰带，腰带上绣着十分精美的图案，在上面挂着五颜六色的荷包、铜铃、针扎等其他装饰品；下身穿着裙子与长裤，脚踩云绣花长筒鞋。土族女性服饰中最具特色的属于七彩花袖，其通常是由红、黄、绿、青、紫五色彩布拼制而成，对她们来说，这就是天空中彩虹的颜色，穿在身上能够引人注目。与年轻人相比，年老妇女的装饰则相对较为简朴，她们既不穿五彩花袖衫，也不戴绣花缎带。

传统土族女性的头饰非常复杂，头上戴着各种各样的"扭达"（即为头饰）。因为各个地区的妇女佩戴的头饰具有一定差异，因此扭达也有很多类型，其通常包含：吐浑、雪古郎、适格、索布斗、加斯、加木等各种扭达。在这些头饰中，最为古老和高贵的莫过于吐浑扭达。相传，古时候的土族女性十分骁勇善战，能够驰骋疆场，她们不但勇敢顽强、身披战袍，而且还极为俊美。后来，土族人慢慢安定下来，开始放牧，甚至转向农业和畜牧业。土族妇女就把战袍、头盔，乃至武器都戴在头上作为头饰，所以这些头饰十分华丽，就像古代宫女的头饰一样（如图 12-1 所示）。

妇女从事家务劳动和农业生产以后，繁重的农业生产与家务劳动已不再适合穿古装。自1938 年以后，青海军阀马步芳强行更改了土族的服饰。从那以后，这些风格各异的扭达不再流行，在民间也消失了。从那时起，土族妇女常把头发编成两条长长的发辫，发梢相连，垂在脑后，头上戴着饰有丝绸锦缎的毡帽或者大礼帽。

---

①高启安．"红帽子"考略［J］．西北民族研究，1989（1）：100-105.

图 12—1　土族女性头饰

第二节　苗　族

　　苗族服饰样式极为丰富，并且色彩艳丽。苗族妇女的服饰具有上百种款式，可以说是中国最具民族色彩的服饰，其中，最具代表性的就是传统的"盛装"，仅插在发髻上的头饰就达到几十种。苗族女性通常穿着窄袖、大领、对襟短衣，下身穿着百褶裙①，衣服可以长到膝盖与脚踝，飘逸多姿、优雅动人。而苗族妇女在穿着便服的时候，通常是在头上包头帕，上身穿一件大襟短衣，下身穿一条镶绣花边的裤子和一副绣花围腰，并利用一些精致的银饰来衬托。苗族男子的服饰极为简单，上衣大多是前襟短外套或右衽长衫，肩披上织着一些几何图形，头用青色布包裹，小腿上缠裹绑腿。

　　苗族现代男性的服饰比较简单，通常是头包头巾，上身穿小领对襟短衣，下半身穿长齐小腿肚的裤子，大多采用青色与蓝色，与当地的汉族十分相似。黔西北苗族男性服饰具有一定的特色，肩上披着织有几何图纹的披肩，贵阳、安顺的苗族老年男人，还喜欢穿清朝时期的满式长衫。

　　相对来讲，苗族女性服饰较为复杂，具有上百种样式，在中国各个民族中十分少见。其主要可以分为以下两种：

　　第一，传统的古老形式。这种形式十分华丽，并且内容极为丰富和多彩，在苗族中最具特色的部分，并且光头饰就有几十种。在头饰方面，将头发绾成发髻盘在头上，并插上木梳

---

　　①李黔滨.苗族头饰概说——兼析苗族头饰成因［J］.贵州民族研究，2002，22（4）：49—55.

子等装饰品，大部分与云髻相似。当然，在其中，也有一定的不同。例如，安顺、镇宁的妇女主要是将头发髻绾于头右上方，而黔东南主要是将头发髻绾在头中间；黔西南还有些妇女是将头发髻绾在额顶；贵阳地区的一些妇女扎着类似盘边帽的蓬髻，还有些人则扎着细长的船形髻。另外，有些妇女在头上发髻的两端扎向上的大牛角梳。黄平的姑娘戴一顶金紫相间的小平帽。慧水、平坝一带有的戴着青色尖帽，而遵义的女性则是包头巾。扁平的布又宽又圆，上面盖着红色的绣花毛巾，周围还缀有几十条珠垂链，像古代皇后的垂帘巾，美丽而优雅。在服饰方面，她们共同的特点就是上衣窄袖、大领、左右衽、大领对襟短衣，下身为百褶裙，裙长不一致。大多数长度到小腿，还有一些到脚面，而较短的则为齐膝。雷山、丹寨交界处就有许多长不盈尺的"超短裙"。裙子装饰有不同的风格，如：黔东南喜紫黑，遵义喜爱紫红，贵阳喜青和白的花色，威宁喜红和白。在贵阳、安顺等地，有的喜欢穿蜡染裙，还有的则喜用色布来拼镶裙子。

第二，头上包头帕，穿长裤，衣边缘、衣袖、裤脚都镶"花边"，两肩和胸，背肩上同样也绣有"花边"。胸前系着一副绣花围腰，衣服大多是青色或蓝色，但也有一些使用深灰色与黑色。与第一种相比，第二种更加素净，用料少，费工小。它是清代中期修改后慢慢兴起的一种风格，经过改造后的一种拥有苗族特色的满族服饰。过去的服饰都是又长又大，袖子也很大，但通过长时间的更改，已经逐渐变成了窄袖紧身，曲线优美的服饰，并且加上精美的银饰，起到锦上添花的作用。就贵州省来说，松桃、铜仁、三穗之全部，以及长顺、紫云、罗甸、都匀的一些女性服饰就是这样的；而雷山、凯里、台江的一些女性两种服饰都有；思南、务川、道真、天柱等地区的女性以往也穿过这类型的服饰，现在基本和当地汉族一样穿大襟短衣、衣缘、领围等一律不使用阑干。苗族男女都极为热爱佩戴银饰，其中，以青年女性为最。目前来说，仍然有许多年轻女性将银饰作为主要装饰品，但是男性基本都不使用了（如图12-2所示）。

图12-2　苗族女性头饰

第三节 壮 族

壮族衣冠服饰通常以蓝黑色衣裙、裤式短装为主。明末清初的著名思想家、学者顾炎武在《天下郡国利病书》一书中就记录了相关内容："壮人花衣短裙，男子着短衫，名曰黎桶，腰前后两幅掩不及膝，妇女也着黎桶，下围花幔。"壮族中，男性服饰大部分是破胸对襟的唐装，并采取本地的土布制成，不着长裤，上衣短领对襟，缝一排（6到8对）布结纽扣，胸部缝一对小口袋，腹部有两个大口袋，下摆折成宽边，并在底部左右两侧开对称的裂缝；穿宽大裤，长度到膝下，还有些男子缠绑腿，扎头巾。在冬季的时候穿鞋戴帽（或包黑头巾），在夏季的时候免冠跣足。在过节或者走亲访友时，通常穿云头布底鞋或者双钩头鸭嘴鞋，在劳动的时候则是穿草鞋。

壮族女性的服饰十分端庄大方、朴素。她们的常服为蓝黑相间，裤子稍宽一些，头上裹着彩色印花或提花毛巾，腰部围着精致的围裙。上身穿着藏青色、深蓝色的短领右衽偏襟上衣（一些服饰的领口、袖口襟底、均绣有彩色花边），分成对襟与偏襟两种，分有领和无领。有一个隐藏的口袋在腹部的襟内，并在裙子的边缘缝了几对布纽扣。在偏远的山村，壮族女性仍然穿着破胸对襟衣、无领、绣有五种颜色的花纹、镶有阑干；下身穿着宽肥黑裤，也有一些在裤腿边口镶嵌两个不同的彩条，腰上系着围裙，裤腿膝盖处饰以蓝、红、绿丝棉等面料与棉织阑干。

壮族男女在各个历史时期都有着不同的发型。根据花山崖画中的内容可以看出，早年间的壮族男性都剪短了头发。有几个人头上还插着两根迎风飞舞的羽毛。有几个女孩扎着长长的辫子，其中一个女孩的头发上插着一朵山花。据古书记载，壮族祖先的发式为披发和倒螺髻形的椎髻。到了唐代时期，男子们依旧"露发"（断发），女人们则将头发绾成发髻挂在背后，并利用三四寸竹条斜贯其中。宋代时期的壮族地区盛行椎髻，到了清代的时候曾经强迫小城镇和读书人、官员留长辫子，但是村里的男人仍然无视清廷的禁令，剪掉了他们的头发。

1949年中华人民共和国成立以后，全国各地妇女的发饰仍然维持着一定的特色。例如，广西龙胜的一位老妇人，把她的长发拢在头上，旋转，然后用四尺的黑布包裹起来。还有一个年轻的女子把她的长发一直梳到头顶上，四周剪成披衽，把头顶的长发转到前额，用一块白布扎起来，戴上一把银梳子。小女孩的头发先剃光，戴上奶奶送的银帽，长大后留头顶的头发。这些发式显然是古代披发的遗留物。天峨的妇女也留长发，而不是编辫子。在结婚以后就结髻，或者梳顺后从左到右绾成一个发髻，利用头巾束起来；而未婚的女子则从右到左，利用白印花、提花毛巾包扎。在桂南地区则不尽相同，某些地方，少女留着长长的辫子与刘海；新婚妇人则梳着两条辫子；老年妇女把头发结成髻，挂在脑后。从前，广东连山壮族妇女的头发，像一条盘绕的龙，用一个大发簪与青色的绸条包裹着。大部分壮族女孩都喜欢留刘海，习惯用两股纱线捻在一起拔汗毛，尤其是临近婚期的女孩子，总是把脖子后面的汗毛拔光，露出嫩白的脖颈。而壮族银饰也曾经盛行。根据中华民国 22 年（1933 年）编撰的《广西各县概况》记载：百色"女子饰品，有发箍、簪及指约、手镯等"。恩降"妇女装饰，城厢多尚金玉，乡村则重玉质银器"。西林"惟女子最爱佩戴簪钗、耳环、手镯及盾牌等。富者用金质，贫者用银质"。桂东南壮族女孩也"尚戴银质簪环"。壮族银饰通常是由银梳、银簪、耳环、项圈、银镯、脚环、胸排、戒指等组合而成（如图 12—3 所示）。

土官时期，安平妇女最多佩戴四枚银项圈和十多枚戒指（有的一指几个），重达一斤以上。桂北壮族的女性项链与项圈数量达到 9 个，胸排长方形，透雕，打成鸟兽花卉，下边挂着小链穗，利用银链挂在脖子上。壮族人民的银手镯样式也十分丰富，有些是一指宽的薄片，有些打成一根藤蔓，还有一些缠绕了很多根，有的镶嵌了绿色小珠子等，以展示壮族银饰的艺术。随着时代的发展与人们思想的改变，目前在壮族地区已经很难看到妇女佩戴传统银饰了。

图 12—3　壮族女性服饰

第四节　维吾尔族

维吾尔族有许多的帽子与头饰种类。在维吾尔族的服饰当中，男性和女性都十分喜欢戴帽子，因为帽子不但能够防寒、防暑，在生活礼仪中也是极为重要的需求[①]。维吾尔族人们在社交、拜访亲戚、朋友和节日聚会等场合都需要佩戴帽子。传统的维吾尔族帽子分为皮帽与花帽（如表 12—1 所示）。

---

①骆惠珍. 新疆维吾尔族花帽的文化审视［J］. 新疆社会科学，1998（3）：72—75.

表 12-1 维吾尔族帽子特征

皮帽				
名称	图片	线稿图	说明	色彩搭配
阿图什吐马克			帽面由黑色平绒或丝绒制成，形似钵形，下檐以皮毛饰边，主要用于御寒，大多用羊皮制作，也有狐皮、狸皮、兔皮、旱獭皮、海獭皮、貂皮等。	
巴旦木花帽			根据巴旦杏的特性，运用白色丝线，采取曲、直、点、线相结合的手法，绣制成涟漪和小珠簇拥着巴旦杏核的装饰图案，多受中老年人的喜爱。	
白吐马克			通常是年轻男子戴的，形状像一个深钵。它是由羊皮制成，里面有绒毛，外面有皮板，上面有四个很厚的棱角，下面有白色或黑色的毛边。	

续表

			花帽	
名称	图片	线稿图	说明	色彩搭配
奇曼花帽			以米字为骨架，花枝叶交错，花纹以枝干连接或线条分隔，成多个正反三角、菱形格局，帽面图案似地毯排列。	
格来木花帽			帽子像地毯丝绒，刺绣方法少，用工少，但广受青年男女喜爱。	
塔什干花帽			它最初是塔什干流行的花帽，现在是格刺绣几何形纹花帽的通用名称，在年轻男女中十分流行，它有强烈的色彩对比和鲜红的花朵。	
曼甫朵帕			此帽四瓣以帽顶为中心拼接缝合，套模成型，以黑绒镶边，四棱可折叠。花纹多为新疆花卉的变形抽象图案，色彩丰富多样。	

一、白吐马克

通常它是年轻男子戴的，形状像一个深钵。它是由羊皮制成，里面有绒毛，外面有皮板，上面有四个很厚的菱角，下面有白色或黑色的毛边（如图12－4所示）。

图 12－4　白吐马克

二、阿图什吐马克

帽子为黑色平绒或者是丝绒制作的，形状好似钵形，较喀什吐马克浅，底部有旱獭或貂皮制成的毛皮镶边（如图12－5所示）。

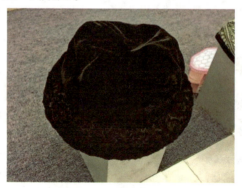

图 12－5　阿图什吐马克

三、赛尔皮切吐玛克

它的形状和白皮帽一样，但布料是用平绒或者带丝绒做的，利用貂皮或其他动物的皮制作。戴这顶帽子的通常是中老年人或宗教人物。

四、欧热吐玛克

帽子大约高30厘米，形似梯形、柱状，内外分为两层，通常将羊毛皮当作衬里，黑羔皮当作面子，男女农民都能戴，妇女的帽子通常是由老年妇女戴（如图12－6所示）。

图 12－6　欧热吐玛克

五、开木切特吐玛克

帽檐宽，用海獭皮缝制，帽顶用黑色或咖啡色平绒、丝绒制作。这顶帽子过去是贵妇戴的，但现在是上了年纪的妇女戴的。

六、库拉克恰

这是维吾尔族人冬天常戴的皮帽，形状为圆形，帽檐两侧较长，可上下移动。库拉克恰的一种主要类型就是羔皮库拉克恰，其十分独特。通常是用羔皮制作的，颜色大多数是黑色或灰色，它的两侧瓣不能翻下，只是一种装饰。

此外，皮帽还包含了喀力帕克（毡帽）、内毡外布等。皮帽最初是在冬天戴的，用来保暖和御寒。但维吾尔族人在夏天也有戴皮帽的习俗，因为它还有保持头部皮肤湿润和防暑的功能。

七、维吾尔族花帽

这种帽子不但用料精良，而且工艺精湛，维吾尔族制作花帽的工匠都有一套"绝活"。花帽的图案、纹理因地而异，这些花帽的图案、样式、花纹也与当地的环境息息相关。各个地区的花帽都带有极为突出的特征。喀什地区的花帽款式多种多样，特别是男性花帽十分明显，以黑白图案为主，色彩对比强烈，格调高雅"巴旦木"图案是根据装饰的线条形成的，棱角凸出，呈现出立体感，而黑白的深刻印象却印在人们的脑海里。和田、库车地区的花帽都是用优质的丝绒面料制成，用各种颜色的丝绒编织图案，密密麻麻，进行点缀，使图案散发出独特的魅力。有的帽子上镶珠、金银饰品，珠饰圆润有光泽，巧妙地利用纹饰自身的结构设计，让帽子变得更加花团锦簇。还有的花帽上纹饰十分明显，色彩线条编织精致，五彩缤纷的彩球串缀闪亮得抢眼，这是新娘十分喜欢的东西。吐鲁番的花帽以其华丽的颜色而闻名，鲜艳的红色图案和绿色的花纹，就像一朵盛开的鲜花。伊犁地区的花帽，不但体现出线条纹路的流动感，其主要特点是具备素雅和大方的优势，花帽的造型扁浅圆巧，图案也简洁概括。下面我们来进行具体介绍。

（一）巴旦木花帽

它是一种利用巴旦木杏核变形然后加上花纹形成的图案。其图案丰富多样，大部分是黑色底加上白色的花，庄重、原始、大方。维吾尔族男女老少都喜欢戴这种花帽（如图12-7所示）。

图12-7　巴旦木花帽

（二）塔什干花帽

它最初是塔什干流行的花帽，现在是格刺绣几何形纹花帽的通用名称，在年轻男女中十分流行。它有强烈的色彩对比和鲜红的花朵（如图12-8所示）。

图12-8　塔什干花帽

（三）格来木花帽

即扎绒花帽，以彩色丝线织成的满地铺的几何纹样的帽子，帽子像地毯丝绒，刺绣方法少，用工少，但广受青年女性喜爱（如图12-9所示）。

图 12－9　格来木花帽

（四）曼波尔花帽

顶部绣有四组圆形图案，边缘有四组长方形或圆形图案，是男女老少都可戴的花帽，也是最常见的一种（如图 12－10 所示）。

图 12－10　曼伯尔花帽

（五）奇曼花帽

它也是十分常见的帽子，以米字为骨架，花枝叶交错，图案与枝干连接或线条分开，形成若干正、负三角形、菱形图案。帽子图案似地毯排列，又称奇曼塔什干朵帕，适合妇女佩戴（如图 12－11 所示）。

图 12－11　奇曼花帽

（六）再尔花帽

再尔花帽也称金银丝盘绣帽，是小女孩、年轻女子非常喜爱的一种花帽。绣的花多是立体的，在阳光下熠熠生辉，给人以华贵端庄的感觉（如图12—12所示）。

图12—12　再尔花帽

（七）玛日江朵帕

玛日江朵帕即珠饰亮片的帽子，是最受年轻女子和小女孩欢迎的花帽之一（如图12—13所示）。

图12—13　玛日江朵帕

（八）金片花帽

金片花帽子上饰有压、镂花纹金片缀。这是旧时富贵人家的女子戴的一种非常贵重的花帽。现在已经很难看到戴这种花帽的人了（如图12—14所示）。

图 12－14　金片花帽

(九) 吐鲁番花帽

它是一种男女老少都戴的花帽，流行于吐鲁番、鄯善、托克逊等地。它的特点是花朵很大底部很小，颜色特别鲜红。只有上述地区的老人还戴着这种华丽炫目的帽子，大多数都用绿色作为底色（如图 12－15 所示）。①

图 12－15　吐鲁番花帽

(十) 伊犁花帽

它是伊犁地区流行的一种大方、典雅、男女都可以戴的花帽。它有精细的图案和柔和的颜色。五瓣花帽，维吾尔语称为"白西塔拉多帕"。普通的花帽由四块拼缝而成，而且这种花帽比普通的花帽多一块，是男孩、女孩戴的花帽，帽子比较小，图案比较简单，大多数使用红色作为底色（如图 12－16 所示）②。

---

①祖木来提·阿里木. 吐鲁番花帽研究 [D]. 新疆师范大学，2012.

②阿不来提·马合苏提. 维吾尔小花帽的地区分类与相互比较 [J]. 装饰，2014 (03)：75－76.

12—16　伊犁花帽

（十一）夏帕克帽

　　它是南疆男子夏季戴的一种便帽，俗称瓜皮帽。有时在冬天也用作衬里帽。它大部分是素面，一些素面有水纹（如图 12—17 所示）。

图 12—17　夏帕克帽

第五节　傣　族

　　傣族男孩出生后首次剃头发时，是把囟门处的头发留下，并为其戴布八角帽。傣族头饰通常会伴随男子的年龄增长，在每一次头发剃除时扩大面积，直到 15—16 岁，参加村里青年组织与各种活动时，才将头发全部留下来，然后摘掉八角帽，头上的辫子编在后面，形成傣族男子头饰。傣族服饰在男式服饰中更简单大方，上半身穿着无领对襟或大襟小袖短衫，下身为净色长裤，大部分是白、青布包头。这种傣族服饰在进行劳动时轻便舒适，穿戴者看上去更加健美潇洒。如今的傣族青年戴小型斗笠，也戴礼帽或用黑布包头，毡布包头；在寒冷的季节或晚上，还可以用毯子包住头部、肩膀和手臂。傣族人通常用白布、淡青布、水红或青布包头，并且在后面用彩色丝线装饰。天气寒冷的时候，就用毡子盖住人的头，露出脸。

　　傣族妇女的服饰因地而异，但通常色彩鲜艳，历来就有"金孔雀"的称呼。女性上半身大多穿白色、草绿、粉色以及淡黄色的齐腰紧身小褂，有时外服是对襟无领窄袖收腰短衫，下身是长到脚背的各种裹身长裙，腰间系着银饰腰带。各个年龄段的妇女都把头发盘成一个发髻，用梳子、发簪或鲜花进行装饰。在节日的时候，五颜六色的花或绢花戴在头上，使其衣服更加艳丽。而中老年妇女则戴着黑布包裹的高筒帽。内地傣族女性的服饰和边疆极为相似，但又有地域特征，常被其他民族称为"花腰傣""大袖傣"等。例如，云南省玉溪市新平的傣族妇女佩戴特制的花带系筒裙，长达丈余，故称"花腰傣"。她们的服饰大部分以黑色和红色为主，搭配紧身短褂长及上腰部，领口用细银泡拼成钻石图案，腰部用五六米的绣花腰带装饰，她们戴着一顶尖尖的"鸡枞"斗笠帽，帽檐向上翘起（如图12—18所示）。"花腰傣"是一种独具魅力的服饰，与晋宁石寨山、江川李家山出土的滇国青铜器上人物着装十分相同，并且在椎髻、短襟衣、筒裙等方面具有相同的特点，也表明两者是一脉相承的。

图12—18　花腰傣竹编尖顶鸡枞帽

第六节　瑶　族

一、帽子

瑶族服饰纹样具有神形结合、色彩对比强烈、构成有序且灵活等特征，同时还蕴含着丰富的文化意蕴，体现出延伸和充实、内敛和清秀、神秘和吉祥、崇拜和祈福。[1] 瑶族妇女的头饰很复杂，有的戴帽子，有的包头，有的椎髻，有的顶板，有的戴银质发钗等。广西龙胜县盘瑶妇女常戴三角帽。这种三角帽最初是用竹篾与麻藤制成的，然后用布覆盖，并经过精细地绑扎和刺绣制成。各个年龄段的妇女戴不同颜色的帽子。老妇人戴着青色的三角帽，寓

---

①成艺．瑶族服饰纹样的文化意蕴及在文创产品设计中的应用［J］．艺术品鉴，2024（02）：83—86.

意长青，长寿；中年妇女戴蓝色三角帽，象征风调雨顺、财运亨通；小女孩戴花布做成的三角帽，寓意鲜花盛开，前途光明。帽子可以绣各种各样的图形和花纹，比如：鲜花、动物、鸟兽、虫鱼、麒麟、龙凤等，但是不能绣老虎和豹子。其主要原因是，传说三角帽原本就是用来驱逐虎豹的。据说，盘瑶的祖先以前生活在深山密林中，那里人迹罕至，老虎和豹子经常出现，伤害牲畜。有一次，男人出去打猎，只剩下女人和孩子，可是这天晚上老虎闯进了寨子、扑开了门窗，当妇女们被惊醒后，她们使出浑身解数，用棍棒和锄头驱赶老虎，然而老虎非但没有被吓跑，反而更加凶猛地扑向她们，形势非常危急。这时，有一个勇敢的妇女急中生智，抓起火坑上的三脚架，重重扔向老虎，正好套住了虎头，老虎被这奇怪的东西吓坏，转身就跑了。三脚架挽救了妇女和儿童的生命，后来妇女们按照它的形状制作了三角帽，寓意逢凶化吉，大吉大利（如图 12—19 所示）。在早期，瑶族人民生产靠原始的采集和渔猎，生产水平低下，人们需要依赖自然界的资源，因此对于世间万物都怀有崇拜的心理。纹样的图案多取材于此，这些纹样生动地反映了瑶族人民的生活情趣和聪明才智，体现了瑶族人民对大自然的热爱与敬畏，具有强烈的艺术魅力。自然纹样和动物纹样便是自然崇拜和生殖崇拜等原始崇拜综合作用的结果，这些图案大多用点、线或几何折线构成抽象的动、植物形态。瑶族还有一些较为抽象的特殊图案是与传说和民族信仰相结合，较为典型的有盘王印、瑶王血手印等图案装饰。[1]

图 12—19　广西贺州瑶族女服

　　广西贺县盘瑶妇女也戴三角帽，然而她们的三角帽比龙胜的要高得多，也更壮观。她们的三角帽形似塔，一层叠一层，总共有十层以上。她们还认为，戴着这种帽子走进茂密的森林，走在草丛中，能够"打草惊蛇"，保护自己的安全。与之相反，金秀瑶族自治县的一些瑶族妇女喜欢戴小梯形的帽子，这种帽子也是用竹篾做成的，然后用白布包裹着，它比维吾尔族的花帽更小，只能戴在头顶上。在众多富丽堂皇的瑶族头饰中，确是独树一帜，独具魅力的一派。

---

①韩兆一．瑶族传统服饰纹样与色彩在服装设计中的应用［J］．艺术研究，2023（02）：83—85．

二、瑶族银饰

瑶族的银饰主要包含了项圈、吊牌、头簪、头钗、耳环、手钏、戒指等。由于地域和支系的原因，银饰样式也各不相同，各显其美。盘瑶头簪呈现出圆锥形，插在头顶；布努瑶族的头簪呈现扁平薄叶状，插在头前；女人大多都喜欢戴银耳环，中年妇女戴两到三对，垂到肩上。银手钏有三种形状：扁平的、圆形的、绳纹形的，男人和女人都可以戴。盘瑶、山子瑶、坳瑶、花篮瑶几个民族的妇女都喜欢戴圆柱形颈圈，少的戴一个，多的戴十几个。盘瑶妇女胸前佩戴还装饰了 8—16 块银牌，以此来和其他支系的妇女区分，并且在背上和胸前佩戴 4—6 枚银链。当女孩结婚时，她需要戴 0.5—2kg 的银饰。茶山瑶族妇女头上系 3 条弧形银板，重约 1kg（如图 12—20 所示）。

图 12—20　瑶族银饰

第七节　侗　族

侗族有南侗族和北侗族之分。南侗族服饰极为讲究，妇女善于编织刺绣，侗锦、侗布、挑花、刺绣等手工艺具有极为丰富的特点。女性穿无领大襟衣，衣襟与袖口均镶嵌精美的马尾绣片，主要以龙凤图案为主，另还有水云纹、花草纹等。下半身穿着短百褶裙，脚上穿着翘头花鞋，发髻上饰环簪、银钗、蟠龙舞凤银冠，佩戴多层银耳环与项圈、手镯与腰坠等各种银饰品。三江侗少数民族的女性穿长衫短裙，她们的长衫是大领对襟式，领襟、袖口都具有十分精美的刺绣，对襟不系扣，中间敞开，露出绣花围兜；下面穿着青布百褶裙与绣花裹腿、花鞋。此外，她们的头上还绾着大髻，并利用鲜花、木梳、银钗等进行装饰。洛香妇女在节日的时候穿着无领衣、围黑色裙，里面衬镶花边衣裙，并且在腰部扎一幅天蓝色围兜，身后垂青、白色飘带，配上红丝带。男性服饰大部分是青布包头、立领对襟衣、系腰带，外面罩一个无纽扣短坎肩，下身穿着长裤，裹绑腿，穿着草鞋或者裸足，衣襟等各处均有绣饰。

  侗族的马尾背扇属于一流绣品，它的造型古老、绣工精致，图案严谨，色彩富丽，能够最大化地展现侗族女子的聪慧以及精湛的技艺。平秋妇女十分注重头饰与银饰的装扮，她们极为擅长留长发，并利用红头绳扎发，将其盘在头上，然后包黑纱帕，并在脑后别银簪、银梳等，头戴银盘花、银头冠，耳吊金银环；领口两组银质纽扣对应排列，外加斜襟扣两组；脖子上戴五个大小不同的项圈；胸前佩戴五条银链和一个银锁来驱赶恶灵，手腕上有银手镯、四方镯等。在这些银饰中，雕刻的主要有龙、凤、鸟、虫、花等图案，均由当地工匠制作。这些装扮十分古朴繁杂，银光闪闪，叮当作响，给人一种充满活力的感觉（如图12—21所示）。

图12—21 侗族女子服饰

第八节 彝 族

  在旧时代，彝族等级观念严重，以戴金佩银为贵。银亮闪光的银头饰、领牌、戒指等，与色彩艳丽的服装交相辉映。彝族银饰与其他民族的银饰相比，无论在工艺种类、器形、风格上都有别于其他民族，其银饰图案多为自然花纹或民族图腾，外观璀璨夺目、制作工艺精湛别致，集传统、华丽、富贵的特征于一身。彝族青年贵族女子的银饰风格华美俊俏，中老年贵族妇女银饰风格典雅高贵，贵族男子佩戴的银饰则以威武富贵为多。同时彝绣是彝族人民充满文化内涵的民族文化资源，动物、植物、人文、天象和日常生活场景等各种彝绣题材，以独立式、连续式、角隅式、适合式和复合式的构图形式，灵活地运用在服装和装饰品上，体现了实用与装饰共融的统一性，展现了彝族人民独特的审美情趣。[①]

————————————

  ①谭梦月，余丹瑶，袁霞等.彝族服饰中刺绣图案构图特点［J］.纺织科技进展，2022（10）：41—44，53.

　　凉山的彝族同胞特别注重头饰艺术，流传至今，以独特的装扮形成了本民族独树一帜的头饰文化。"鸟美在羽，人美在头"成为彝族人民对传统头饰文化最好的诠释，彝族形态各异的头饰多取材于动植物、图腾、毕摩文化。彝族头饰中的银饰工艺品，特别以女性的头饰为美，银钗、银簪、银箍、银链、银泡钉，往往根据不同的头饰种类而做不同的装扮。彝族的头饰还反映出不同人的身份或地位。例如，彝族毕摩的银冠，上饰银神鸟，其外形端庄神圣、神秘华贵（如图12—22所示）。

图12—22　彝族土司夫人服

　　彝族男子头饰"天菩萨"，也称"指天刺"，是彝族传统头饰的特有习尚。男子在额前留一撮方块形头发，编成一两条小辫子，绾髻。发髻的外面以长至数丈的青布、蓝布包裹成美观的造型，错落有致，层层向上，在右前方扎成细长锥形，指向天空，一方面意味着彝族人对天的崇拜，另一方面也代表了彝族蓬勃向上的精神。

　　彝族儿童帽子有虎头帽与公鸡帽两种，童帽没有严格的女生、男生的区分，自小开始一直可以戴到上小学左右，美姑地区流行戴鸡冠帽，布拖等则佩戴虎头帽。鸡冠帽的造型犹如一只雄赳赳的公鸡，帽子前缘是鸡喙的样子，帽子后边有鸡尾巴，鸡的样子十分形象（如图12—23所示）。

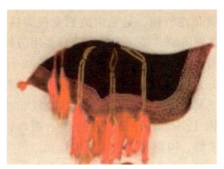

图12—23　彝族幼儿鸡冠帽

　　彝族少女15岁前，穿的是红白两色童裙，梳的是独辫。圣乍地区女青年戴红里青面双层绣花头帕；依诺地区是一二米蓝布折成数层顶于头上；所底地区是一长条青布，花线扎边，折戴头上。

彝族少女满 15 岁时,有的地方就要举行一种叫"沙拉洛"的仪式,意即换裙子、梳双辫、扯耳线,标志着该少女已经长大成人。彝族少女此时要穿中段是黑色的拖地长裙,单辫梳成双辫,戴上绣满彩花的头帕,把童年时穿耳的旧线扯下换上银光闪闪的耳坠。

彝族姑娘在婚前有戴鸡冠帽的习俗,其帽状如公鸡冠,故又被称为公鸡帽。鸡冠帽是用硬布剪成鸡冠形状,上面缀满了银泡钉。在彝族的传说中,很久以前,雄鸡曾救过一对青年男女,后来,彝族人便要未婚姑娘全都戴上鸡冠帽,既象征平安幸福,又寄寓着吉祥如意。更为有趣的是,彝族绚丽多姿的服饰花纹大都以"鸡冠牙"为图案。未成年的女孩帽两侧还绣有圆形或三角形的精美图案,成年后则没有。

彝族姑娘成婚后,发型和帽式都会随之改变,戴"沙帕瓦",彝语称为"来斯坡"。这时的妇女将发绾成髻盘于后脑,前额顶横放一块状如瓦片的黑绒布,发髻后用篾竹扎成椭圆形竹圈,面绷青纱,下有一长一短纱带。将额前的"沙帕瓦"缠紧,扎于脑后的发髻上即成。

中老年或生过孩子的妇女,以一块 1.6 米大小的黑布折为八角圆帽戴。圣乍、依诺、所底地区已婚妇女的包头式样又有所不同。所底的"俄苏八吉"帽,此帽做内衬的竹架圆形半径以子女多寡而定,最大的帽径有超过 50 厘米的,是一种十分独特的妇女布帽。彝族妇女包头被看作自由、幸福的象征。彝族成年的女性开始包头,头饰因不同地区、不同年龄而不尽相同。

过去凉山彝族大家庭中的管家妇的装束略异于其他女子:头戴方巾,上方高悬 30 平方厘米的青布延于肩背,随风飘曳。彝族在祭祀时通常衣着较为庄重,不着花衣,色彩以黑、蓝两色为主。彝族妇女丧服一般是黑布包头,旗袍样式的蓝布长衣衫三件,着蓝布鞋,白边百褶裙。

第九节 毛南族

毛南族的"顶卡花"也就是花竹帽,是毛南族妇女视为精美、珍贵的头饰品。走亲访友,田间劳作,帽不离身。防雨防晒,美化容颜,兼具实用与装饰两种功效。花竹帽是用当地特产的金竹和墨竹篾编织而成的,分里外两层,里层有 12 片主篾,360 片分篾,纵横交错,编织出多层花边。表层由 80 片主篾和 720 片分篾交织而成,更为精细。帽顶编出几十个蜂窝眼,里层衬以油莎皮纸及花布,使蜂窝眼与周围花纹相映衬。再用长篾穿紧边沿,就成了一顶精美的顶卡花(如图 12-24 所示)。花竹帽上缀以银饰,如银簪、银梳、银环,青、蓝色衣服外面也缀以银项圈、银麒麟、银牌、银纽扣。

图 12—24 毛南族花竹帽

关于顶卡花，毛南山乡流传着一个动人的传说：很久以前，一个汉族小伙子流落到毛南山乡，与当地的毛南族姑娘相爱。小伙子用竹篾编制了一顶小竹帽给心爱的姑娘戴上，作为爱情的信物。姑娘戴上这顶小帽更显得妩媚动人，秀丽可爱。小伙子乐不思蜀，决心留在毛南山乡与姑娘共度人生。花竹帽就这样流传下来，成了爱情的象征和幸福生活的标志。

第十节　裕固族

裕固族妇女的头饰别具特色。她们戴喇叭形红缨帽或用芨芨草编织的帽子（如图 12—25 所示）。红缨缀在帽顶，帽檐上缝两道黑色丝条边，前沿平伸，后沿微翘。它是为纪念本民族的一位女英雄而设计的。妇女婚前婚后的头饰不一样，婚前，前额戴"格尧则依捏"，即在一条长红布带上缀各色珊瑚珠，底边用红、黄、白、绿、蓝五色的珊瑚及玉石小珠穿成穗，垂挂前额。梳五条或七条辫子，把彩色丝绒线编在辫子里，扎在背后的腰带里。婚后戴长形的"头面"，即分左、右、后三个方位梳三条辫子，并系上镶有银牌、珊瑚、玛瑙、彩珠、贝壳等的饰物，每条"头面"分成三段，用金属环连接起来。除此之外，裕固族妇女还喜欢佩戴耳环、翡翠，或玉石手镯及银戒指等。

图 12—25 裕固族女服

第十一节　傈僳族

傈僳族起源于古代羌族部落，唐代南诏与吐蕃战争时期，史书中出现了顺蛮、施蛮、长裤蛮、栗粟蛮相关字眼，意味着傈僳先民从乌蛮系统中脱离，开始了本族文化探索。傈僳族年轻姑娘喜欢用缀有小白贝的红线系辫，已婚妇女则多喜欢头戴珠帽"额勒"。"额勒"是用珊瑚、料珠、海贝、小铜珠编织而成的精美头饰。制作方法是先选十几个直径约 2 厘米的白色海贝片，钻上小孔，用线平穿成一个能套住后脑的圆套子。海贝圈上半部分的贝片下面系上一个小铜珠，然后再将小铜珠横穿成串。这样便制成了一个以脑后海贝串、额前铜珠串为上下两边，以红白两色珊瑚、料珠串为中心的帘式、半月形珠帽，戴在头上正好能将头颅和两侧耳鬓罩住[①]。妇女们戴上"额勒"，头顶上的片片海贝如同银月高悬在上，下面的串珠，宛如众星捧月（如表 12-2 所示）。最下端的铜珠，嵌在前额，金光闪闪，给人一种华美、尊贵之感，这是傈僳族妇女必不可少的心爱之物。妇女习惯在前额打一种人字形状的叠式包头，头缠长两丈的黑布绕子。而年轻妇女的头饰打扮要分三层：底为黄色或蓝色，二层用花毛巾，三层为青包布。女子年幼时，头顶留三个尖角发，此后逐年增多，到 15 岁蓄满。头顶用羊毛织成的带子编成斗帽，傈僳语称"吾底"。维西傈僳族妇女一般裹头帕头巾，上面点缀珍珠、贝壳，与怒江妇女所戴的"额勒"帽不同。澜沧江一带的傈僳族妇女在额前戴一串齐眉粒珠，别具风采（如图 12-26 所示）。

图 12-26　傈僳族妇女头饰

傈僳族男子，喜欢穿麻布长衫或短衫，穿裤子，裤长及膝。有的人以青布包头，有的喜

---

①夏林翱，夏帆.怒江傈僳族服饰特征及创新设计［J］.时尚设计与工程，2023（06）：51-53.

欢蓄发辫于脑后。个别在社会上享有荣誉和尊严的人，则在左耳上挂一串大红珊瑚。有的人头戴瓜皮小帽或以青布包头，或不戴帽而喜蓄一绺发辫缠于脑后。头人及个别富庶人家的男子，则爱在左耳上戴一串大红珊瑚，以表示自家富有，在人们心目中和社会上享有的荣誉、尊严和地位。

表 12－2　少数民族冠饰图鉴表

图例	名称及来源	线描图
	彝族鸡冠帽 （中国民族博物馆藏）	
	毛南族花竹帽 （毛南族博物馆藏）	
	裕固族尖顶红缨帽 （肃南裕固族自治县民族博物馆藏）	
	傈僳族缀彩珠"额勒"帽 （民族文化宫博物馆藏）	

第十二节　哈尼族

　　哈尼族妇女的头饰，包含着帽子、发型及其装饰品。哈尼族妇女无论年龄大小都必须戴帽子，帽子主要是结婚前或未生育前的年轻妇女使用，可分为布帽和银泡帽，哈尼族语称之为"吴丛"。"吴丛"分为三类：帽子、头帕和包头。哈尼族妇女戴布帽的人主要是"碧约"姑娘。"碧约"姑娘的帽子是用青布做成的六角帽，顺着帽檐，用大银泡钉成多块三角形，中间相隔一定距离，形成上下交错的形状，正对额头上钉一个大的银币，显得朴素大方。

　　除此之外，哈尼族妇女还有打包巾和包头的习俗。哈尼族妇女一旦结婚生育之后，就要改变头饰。头帕用一块 60 厘米见方的黑布做成。使用的方法多种多样。戴包巾时会将一半缨子塞进包缝中，一半缨子垂到耳根，别有一番情趣。大部分人把头帕两角对折后，形成大的三角形，将三角形底边正对额头，两边的角向后脑方向折拢来，并互相扣稳，扎成一个三角形，戴在头上之后，脑后有一个尖尖的角；也有的折成板瓦状，覆盖于头上。包头用自制的土布，染黑之后折成 8－9 厘米宽，3 米左右长的布条带，或缝成 1 米左右的正方形夹层方巾，把两头对角折起来，一头对角用金线镶上正方形的方格，另一头用红色的毛线或丝线做成缨子做花边，从中对折线折成 10 厘米左右宽的条带。然后根据各自头的大小，整齐地缠形，将发辫拖到头上盘好之后，把包头或包巾戴在头上。哈尼族妇女一般都梳独辫垂于脑后。许多地方的哈尼族姑娘，在青少年时，对额前的刘海和鬓发有特别的修饰，剪得整齐，梳得平滑；一旦结婚成家，生儿育女之后，便把发辫盘于头上，用包头或头帕盖住（如图 12－27 所示）。

图 12－27　哈尼族女帽

第十三章 博物馆现存古代冠饰

第一节 东北地区

一、鎏金铜冠饰：辽宁博物馆（南北朝）

该冠饰高 38 厘米，宽 57 厘米，出土于吉林省集安市。公元 1 世纪前后的产物。它是用铜片裁接而成的，分为大小不同的两块。大的一块形状像一座山，中间有一支向上伸展，体形扁长，上半部分布满花纹，周围剪成了丝条，两侧向外延伸就像大鸟的翅膀，上面有许多铜丝缀小圆片。小块的上部被剪成五个三角形的牙齿，周围有两行刺点纹，也缀满了小的圆形叶子。此件饰于冠顶，威猛狞厉，具有民族特色（如图 13—1 所示）。

图 13—1 鎏金铜冠饰

二、金代花珠冠：黑龙江博物馆（金代）

这顶帽子是在金代齐国王墓葬中出土的，被称为"塞北的马王堆"。齐国王墓，为男女合葬竖穴土坑石椁木棺墓。棺材里躺着一位老人，留着长长的胡须，腰间插着一把玉柄短刀，两手各拿一块金块，身披 8 层 17 件衣服；女子为中年，头和脸裹黄丝织品，腰饰饰件，项戴玛瑙金丝链，身穿 9 层共 16 件。墓葬出土的文物不仅十分丰富、精美、保存良好，其中服饰的种类也多种多样，材料品种齐全，纺织工艺和生产工艺十分精湛，图案精美，在出土文物中尤为珍贵。总高 14 厘米，冠缘内径 17.5 厘米。冠面覆金线，内衬皂罗，表面覆以皂罗盘条小菊花为地，形成上、中、下三层莲花花瓣，每一层有 5 片莲花花瓣，每片莲花花瓣上都镶嵌着丝线和珍珠进行装饰，上层有 34－37 颗珍珠，中下层约 31 颗，总计 500 多颗珍珠。蓝色的黄彩蝶花罗额带包围着冠的下半部分，头冠里面有一个抹额，抹额围绕额头两圈，绑在脑后。它是由小菱形纹暗花罗缝制的，并排列成十字图案。冠背面用镂空的玉雕来装饰，并使用练鹊作为和平与安宁的寓意。冠后左右两侧各钉 8 竹节金环，将中空金环当作金钿寋，沿用了减少冠饰重量的工艺，还反映了金灭辽后追求奢侈的服饰（如图 13－2 所示）。

图 13－2　金代花珠冠

三、北燕金步摇冠：辽宁省博物馆（北燕）

北燕金步摇冠[①]高约 26 厘米、额饰长 7.1 厘米、宽 6.4－6.9 厘米。此为一笼在某种冠上的花饰。顶花六枝铆接在一个仰钵形座上，每枝缀金叶片，摇动便可响动。梁架处列金片十字形，片条上有两两相对的针孔，当作缀冠之用；额饰状如山形，正面以细金丝和致密的金粟颗粒贴焊成变形蝉纹图案及边框，空地处镂空，中上部嵌两枚灰石珠作蝉目。这是中国迄今发现的唯一一件步摇冠实物，弥足珍贵。这支金步摇出土于辽宁朝阳北票西官营子北燕冯素弗墓，现藏于辽宁省博物馆（如图 13－3 所示）。

---

①江楠．金步摇饰品的发现与研究［J］．草原文物，2012（02）：74－83.

图 13－3　北燕金步摇冠

第二节　华北地区

一、明代凤冠：中国国家博物馆、北京昌平定陵博物馆（明代）

1957 年出土于北京昌平县定陵。定陵出土四凤冠，包括三龙二凤、九龙九凤、十二龙九凤、六龙三凤，孝端和孝靖两位皇后各两冠。冠饰以龙、凤为主。龙为金丝焊接、镂空，充满立体感。凤凰则为翠鸟毛粘贴，色泽持久艳丽。冠饰使用的珍珠、宝石和重量均不相同。最多的凤冠有 128 颗宝石，最少的则有 95 块。最多的珍珠为 5449 颗，最少的为 3426 颗，最重的凤冠重 2905 克，最轻的凤冠重 2165 克。冠饰上镶嵌着龙、凤、花、翠云、翠叶和博鬓，这些部分首先分开制作，然后插入冠的套管，形成一个凤冠。前文已有详细的介绍，此处不再赘述。

二、绾发莲瓣玉冠：南京博物馆（宋代）

其出土于江苏吴县清代毕沅墓。冠整体高 9 厘米，材质为和田玉，形如莲花，两端插有和田碧玉发簪。《礼记》言"男子二十冠而字"，把头发拢起来加上发冠，并取一字，意味成人。毕沅是清代大藏家，这顶宋代玉冠是其收藏陪葬用的，那根碧玉簪玉冠的材质以及年份不符，应为毕沅自己添加的（如图 13－4 所示）。

图 13－4　绾发莲瓣玉冠

三、白玉莲瓣形发冠：首都博物馆（宋代）

玉冠是古代男子用来束发的工具，流行于唐代。此发冠的白玉质，有已出土锈斑。冠上刻着重叠的莲花瓣，彼此对称。正面底部有一个圆孔，和背面的圆孔相对，并配有一个白玉簪穿过。整件器物的线条圆润、打磨精细（如图13-5所示）。

图13-5　白玉莲瓣形发冠

四、明孝靖皇后凤冠：中国国家博物馆（明代）

明孝靖皇后凤冠[1]，是指明朝孝靖皇后所佩戴过的多个凤冠的统称。其中包括，十二龙九凤冠和三龙二凤冠等。孝靖皇后的一顶三龙二凤冠，冠上饰花丝金龙三条，翠凤两只，龙用金丝堆累工艺焊接，呈镂空状，十分富有立体感。用漆竹扎成帽胎，以丝帛为面料，凤以翠鸟羽毛贴饰，这种制作方法称点翠，能够使其颜色经久不变。除此之外，凤冠上还有翠云80片，珍珠3426颗，宝石95块，博鬓左右各三扇，凤冠总重2165克，约四斤三两重，凤冠是皇后在受册封朝会、谒庙等重大庆典时戴用的，平时戴用的是旁边的这件玉龙戏珠金簪，上面共镶宝石80块，珍珠107颗，簪顶有一蹲龙昂首翘尾，绿玉描金火珠与其相对，整体设计奇特，造型优美，为同类首饰中的精品。定陵出土凤冠共四顶，其中，属于孝端皇后的两顶，分别为九龙九凤冠和六龙三凤冠，属于孝靖皇后的两顶分别为十二龙九凤冠和三龙二凤冠，[2]分别出自四个随葬器物箱内，并各自储放在八角形朱漆匣内，但四匣均已残朽，凤冠上的饰物也散落许多，现在陈列的凤冠都是经过修复的（如图13-6所示）。

①罗涵，孔艳菊，刘岳等．明万历孝靖皇后凤冠镶嵌宝石的种属判定［J］．故宫博物院刊，2018（05）：146-157，163.

②王海侠．凤舞飞天，华夏衣冠中的凤［J］．今日中学生，2021（34）：28-30.

图 13-6　明孝靖皇后凤冠

五、马头鹿角形金步摇：中国国家博物馆（北朝）

1981 年内蒙古达尔罕茂明安联合旗出土，高 16.2 厘米，重约 70 克。步摇的基座为马头形，马头上分出呈鹿角形的枝杈，每根枝杈梢头卷成小环，环上悬一片金叶。马头和鹿角形枝杈上镶嵌珠饰。步摇是中国古代妇女的重要头饰之一，它多用金玉等材料制作，呈树枝形状，制作考究的则在树枝上缀有花鸟禽兽等装饰物。[①] 当佩戴者行走时，饰物随着步履的颤动而不停地摇曳，因此得名"步摇"。步摇最早出现于战国时期的文献中，魏晋时期成为常见的头饰。步摇不仅流行于中原地区，北方少数民族也十分喜爱。[②] 他们多以草原上常见的羊、马、鹿等动物形象作为主题纹饰，下图中这件马头鹿角金步摇就是北方游牧民族典型的装饰品（如图 13-7 所示）。

图 13-7　马头鹿角形金步摇

---

①马志飞. "狗头金"不简单的金疙瘩 [J]. 百科知识，2021（25）：22-26.

②曾义平. 初探首饰日用之中的价值旨归——以乌木首饰为例 [J]. 宝石和宝石学杂志（中英文），2021（01）：72-76.

六、鹿首金步摇冠：内蒙古博物院藏（西晋）

长 19.5 厘米、宽 14.5 厘米，重 91.6 克。鹿首金步摇冠是头部的装饰品。外形取材于鹿首，分为鹿首和鹿角两部分。鹿首刻画出了鹿的五官；鹿角由主根向上分枝，每个枝梢上挂一片桃形金叶。[1] 步摇冠兴起于汉代，晋代以后在慕容鲜卑中盛行。[2] 步摇，佩戴者走动时叶片摇摆，沙沙作响。公元前 1 世纪左右，步摇自西亚传入中国，经与中原汉式步摇相结合，流行于魏晋时期，尤在慕容鲜卑部最为盛行，后来流传至隋唐五代（如图 13—8 所示）。

图 13—8 鹿首金步摇冠

七、花树状金步摇：朝阳市博物馆馆藏文物（初燕国鲜卑族）

通高 16.3 厘米。基部为方形，四周各有两小孔，下部孔用以穿耳，上部孔均穿树枝。连接基部的树干呈椭圆花形，中部有花形镂孔。基部除两孔穿枝外，其余树枝均由树干延伸出去，均为圆形。树干四周分布十二个树枝。枝身缠绕为环，上穿桃叶金片，共 42 片。整体如一枝枝叶繁茂的扇状花树，设计精巧，为鲜卑贵族头饰（如图 13—9 所示）。

图 13—9 花树状金步摇

---

① 收藏家杂志社. 鹿首步摇冠 [J]. 收藏家，2019.

② 吴超明，唐静. 走进金色记忆——中国出土 14 世纪前金器特展撷菁 [J]. 收藏家，2019（04）：43—48.

八、高翅鎏金錾花银冠：内蒙古博物馆

高翅鎏金錾花银冠是在内蒙古陈国公主墓出土的，通长 30.8 厘米，通宽 27 厘米，通高 30.8 厘米。高翅冠是契丹贵族妇女专用的一种冠饰，冠顶缀饰一件鎏金原始天尊银造像，头顶花冠，高髻长须，身着宽袖长袍，双手捧物供于胸前，盘膝而坐，向后背光，像下为双重镂孔六吐形底座（如图 13－10 所示）。

图 13－10 高翅鎏金錾花银冠

九、辽代鎏金云头形龙凤银冠：平泉县博物馆

辽代鎏金云头形龙凤银冠（如图 13－11 所示），主题花纹为二龙戏珠。龙昂首翘尾，身披鳞甲，颈及四肢生鼍毛，是生三爪，形象生动。两条龙的后面各有一凤，展双翅，拖长尾，做飞翔状。龙凤间填云纹。龙凤及云朵均突出于银冠之上，具有高浮雕效果，十分醒目。银冠上下缘为一小绳边并与等距间有一对小孔。用以钉缀冠衬之用。整个图案以草叶纹为地，冠边缘压印凸起的如意形小云朵。银冠构思巧妙，主题明显，工艺高超。

图 13－11 辽代鎏金云头形龙凤银冠

冠高 7.4 厘米、长 10.6 厘米、宽 7.4 厘米。青玉，冠四面各雕双层重叠莲花瓣，冠顶部为椭圆形，向上拱起。一侧正中有一椭圆形孔，冠四面凸起，冠口部为椭圆形。冠里壁掏空，冠壁薄。冠两侧底部中央各穿透一圆孔，可供插簪固发（如图 13-12 所示）。

冠造型别致优美，构思奇巧，玉质温润，磨制光滑，雕琢精巧，技艺高超，掏膛技术达到很高水平，里壁也很光滑平整，边部有的仅 0.1 厘米，非常薄。虽为传世品，与 1970 年江苏省吴县灵岩山毕沅墓出土的宋代青玉莲瓣形发冠在造型上较为相似。

宋代男子有用玉冠束发的习俗。宋陶穀《清异录》载："士人暑天不欲露髻，则顶矮冠。"矮冠也称为小冠。莲瓣纹是古代传统的艺术题材。荷莲出污泥而不染，品性高洁，喻意君子之性。而这种纹饰的发冠深得士大夫们的喜爱，同时也是身份和地位的象征。在古代绘画中常能见到头戴玉冠的士人形象。

图 13-12　玉莲瓣形冠

第三节　西北地区

1972 年出土于内蒙古自治区杭锦旗阿鲁柴登地区。这是迄今为止发现的唯一的"胡冠"标本。鹰形金冠饰[1]主要是由鹰形冠顶和金冠两个部分组成的，鹰形冠顶高度为 7.3 厘米，重 192 克，金冠的直径为 16.5-16.8 厘米，重 1202 克。金质地，鹰的头颈为绿松石（如图 13-13 所示）。

---

①丁勇．鹰形金冠饰［J］．中国博物馆，2010（03）：74-75．

图 13－13　鹰形金冠饰

二、步摇冠金饰件复制品：乌兰察布博物馆（魏晋南北朝时期）

金步摇是鲜卑女冠上的一种装饰，走路时一步一摇晃，因此得名"步摇"。它的历史可以追溯到汉朝。唐代大诗人白居易的《长恨歌》中有这样的诗句："云鬓花颜金步摇，芙蓉帐暖度春宵。春宵苦短日高起，从此君王不早朝。"原藏于中国国家博物馆，1981 年在内蒙古达尔罕茂明安联合旗出土[①]（如图 13－14 所示）。

图 13－14　步摇冠金饰件复制品

三、巴尔虎部蒙古族妇女头饰：内蒙古博物院（元代）

这一头饰主要利用银、珊瑚、松石制成，长约 37.5 厘米、宽 50 厘米、直径为 19 厘米。头饰整体呈现出盘羊角形，并且在条形银饰上嵌有珊瑚、松石等宝石。造型十分独特，整套头饰上的纹饰保留了该时期的特色（如图 13－15 所示）。

---

①杨婧. 多民族文化背景下契丹族金银器纹饰的设计与审美意蕴 ［J］. 轻纺工业与技术，2020（08）：69－70.

图 13-15　巴尔虎部蒙古族妇女头饰

四、李倕冠饰：陕西考古博物馆（唐代）

复原后的李倕冠饰①，使用了包括金、银、珍珠、绿松石、铜、铁、紫晶、琥珀、玻璃、象牙、贝壳、玉石等各类材料十余种，采用了铸造、锤打、镏金、贴金、镶嵌、掐丝、金珠、平脱、彩绘等工艺，是唐代珠宝和工艺的集大成者。

冠饰分为上、下两部分。上部包裹发髻，由两个鎏金铜钗和多个金花钿组成，两件铜钗上各有一只展翅飞翔的金鸾鸟，上部铜钗的顶部还有一大一小两个重叠的心形金饰片；铜钗上还缠绕着几圈细金丝，金丝连接蓝水晶、红玛瑙珠和珍珠等饰件。下部戴在头上，只有从正面能看到的地方有所装点。装饰出一幅花鸟蝶舞的图案。头冠的下沿是一条横置的金框宝钿，双重莲瓣中间点缀着精致小巧的绿松石片，宝钿下垂吊着 42 枚玛瑙珍珠绿松石小花蕾，包裹着半球形的四叶鎏金铜片，雍容贵气，承载着大唐气象（如图 13-16 所示）。

图 13-16　李倕冠饰

①杨军昌，安娜格雷特·格里克，侯改玲.西安市唐代李倕墓冠饰的室内清理与复原［J］.考古，2013（08）：36—45，2.

五、金累丝嵌宝石双凤纹满冠：甘肃省博物馆（明代）

分心簪戴于髻正面中心，而满冠可成为后分心，簪戴于髻背面底部。金累丝嵌宝石双凤纹满冠长 13.2 厘米、宽 7 厘米，簪脚已失，可见整体呈山峦形，与分心一样，分两层，底层以极细的金丝盘绕成繁密的涡状卷草纹；上层中间的金片錾刻出如意云纹，两侧各有一金凤，其上镶嵌各种宝石。

满冠有个特点，造型类似山峦或笔架，中间高耸，两边逐渐降低，整体向后呈一定弧度的弯曲，这样的设计也许是为了更贴合髻。而背面有长簪脚，用以插入髻中。

不似现代女性的发型发饰，有诸多发挥的余地，而仅在髻方寸之间，也能如此精细，可见明代金银器的制作已经达到了前所未有的精细程度。此外，从这款分心和满冠也不难看出，明代以多色为美、以精微见长、以繁复为巧、以奢华为上的金饰制作风格（如图 13—17 所示）。

图 13—17　金累丝嵌宝石双凤纹满冠

六、辽代镂空凤鸟纹金冠：甘肃省博物馆藏（辽代）

金冠为高筒形状，由四片花瓣形金片拼合成圆筒形。正面居中錾刻火焰宝珠、两侧为两只展翅鸣叫的凤鸟。冠顶正中缀鎏金金翅鸟，双足踩在莲花座上，鸟尾巴高高翘起，展翅欲飞。根据文物特点及其他线索，可以推断金冠为辽代帝后所戴之冕，出土地应该是内蒙古自治区的大墓。2001 年征集，现藏于甘肃省博物馆。此金冠造型端庄、制作工艺复杂，造型优美，全国极为稀有，在西北地区的博物馆中仅此一件（如图 13—18 所示）。

图 13-18　辽代镂空凤鸟纹金冠

七、鎏金银冠：内蒙古考古研究所（辽代）

此鎏金银冠系用掐丝法以银丝编结，前面为如意卷云组合之帽屋，后为高起的卷云状双翼，并饰以锤揲朵花最底下是由一较宽银片制成的冠圈，上刻纤细绵密的如意云纹。此冠虽然也是用掐丝法编结而成，但并不如万历皇帝金丝冠那样精巧细腻，其银丝较粗，手工也较粗糙。冠顶上共有 20 朵圆形花作装饰，花形各异，但基本上以帽子正前方为中轴线呈对称排列。中部两侧各有一只似凤似鹰的大鸟展翅腾飞，其羽尾长大美丽。图案装饰繁多，过于冗杂，似有堆砌之感。其整体风格表现为古拙、质朴、粗犷。此冠具有鲜明的民族特色与时代风格，保存完好，为国宝级文物（如图 13-19 所示）。

图 13-19　鎏金银冠

第四节 西南地区

一、七凤三龙金冠：贵州博物馆（明代）

这两尊凤冠是在杨相墓中出土的，分别属于杨相的妻子张氏和侧室柳氏。原来它们已经被盗走，但被及时找回了。凤冠正面有一朵巨大的六瓣重瓣花，花形大并且丰满，顿时使凤冠显得雍容华贵。而重瓣花的周围，围绕着五只大凤，在左上方和右上方，是一对引人注目的凤凰。此外，在金凤冠的顶部，还环绕着一条蟠龙，而在凤冠的背面，则以牡丹花为中心，装饰着云头、有翅蝶、蝴蝶、弧带等精美的饰物。其主要部分都镶有纯净宝石，使得凤冠珠光宝气、价值连城（如图13－20所示）。这件金凤冠被称为七凤三龙金冠，而另外一顶金凤冠的形状与之相似，只是凤冠的数量少了2只，故称五凤三龙金冠。

图13－20 七凤三龙金冠

二、明金镶红蓝宝石冠：云南博物馆（明代）

冠形为半球形，由莲花花瓣形状的薄金片组成，内外四层重叠。冠面上镶有红、蓝、绿、白等各种颜色的宝石50余种。在冠饰的两边各有两个孔，利用四支金簪穿入冠内的发髻中，进行固定。宝石以其绚丽的色彩与黄金相辉映，使金冠更加富丽华贵。从工艺制造的角度来讲，金冠集锤揲、錾刻、镂空、镶嵌、焊接等多种工艺于一体，它最大化体现了明代金器制作的高超技术，也体现了明代王侯之物的奢华。明朝开国英雄沐英被朱元璋封为黔宁王，沐氏的儿孙们继承了"黔国公"的称号，他们的后代世世代代守着云南，一直到明朝末年，共12代。沐氏家族几代官吏，显赫一生，这顶金冠就是最好的证明（如图13－21所示）。

图 13—21 明金镶红蓝宝石冠

三、珊瑚巴珠：西藏博物馆（清代）

其长度为 55 厘米，利用红珊瑚的材质制作而成（如图 13—22 所示）。"巴珠"是卫藏地区成年女性最具有代表性与普遍性的头饰，并且流行于拉萨等地区，一般在重要的节庆活动时佩戴。巴珠是由珍珠、珊瑚、玛瑙、绿松石等珍贵珠宝串联组成，通常分为圆形、三角形、弓形。其中，三角形主要用于前藏一带；弓形与圆形流行于后藏一带。在历史上，巴珠的佩戴有十分严格的等级限制，家境富裕的女性才可以穿戴珊瑚巴珠，而珍珠巴珠因为品级较高，则只能给四品以上爵位的女性佩戴。

图 13—22 珊瑚巴珠

此巴珠呈三角形，是由大量的红珊瑚与绿松石间隔串联而成，红绿相间，色泽圆润，珠光宝气，十分奢华，具有十分鲜明的地域和民族特色，是拉萨地区的贵族女人佩戴的。戴这种巴珠时，相近两枝向前，一枝向后，然后把头发编成若干个辫子，又分成左、右两组，盘结住"巴珠"的两端。

四、壮族刺绣镶银饰男童帽：广西民族博物馆

　　壮族刺绣镶银饰男童帽，高 12 厘米，直径 17 厘米，壮族刺绣男童帽，帽顶有"冠"俗称"将军帽"。黑色棉布缝制，上有彩线缠枝花叶、蝴蝶、卷云等刺绣图案。帽顶可见一块绿绸布山字形立体绣片，绣片两面都有彩线蝴蝶图案。帽子正面饰 9 尊仿银罗汉形象帽饰和 12 枚银泡。帽后沿坠饰彩色线穗。此件男童帽以平绣施针，整体形象活泼可爱（如图 13—23 所示）。

图 13—23　壮族刺绣镶银饰男童帽

五、金凤冠：贵州省博物馆

　　金冠，高 29 厘米，宽 38 厘米。用金片砑花、金丝镂花，嵌红、蓝宝石，加银插针、银发胎等组合而成。正面居中为八瓣重台花一朵；左右为扇形重台花两朵；花上立有五只金凤，以弧形排列；花下有条形边饰一道。左右为扇，两侧有叶形花耳两朵。后面上端有蝶形花块一个；居中有大牡丹一朵；左右偏上有长茎带叶小花两朵；偏下有蝴蝶两只；左右伸出卷云头花翅两个；下方中间垂有弧形花边一条，弧形菱纹花边两条。凤冠内衬银质冠胎，外缀龙、凤、花、蝶等金饰，大到卷云头花翅，小及缨穗，精巧夺目，整个金冠上镶嵌有数百颗红绿宝石，以龙凤为核心进行组合，重重叠叠，花团锦簇，令人惊叹（如图 13—24 所示）。

图 13—24　金凤冠

第五节　华南地区

簪头长 7 厘米，宽 5.7 厘米，柄长 5.1 厘米，其重量为 70.7 克。簪身呈扁平尖细，该簪头为扇形花边点缀，中间镂空雕刻蝴蝶图案，四周填充藤叶和五瓣梅花图案，花边阴影处錾三角形图案和绳索图案。簪头下挂坠 8 条双环相套细链接三角形银牌饰件（如图 13－25 所示）。

图 13－25　壮族蝴蝶纹银发插

它长 26 厘米，宽 22.5 厘米，带长 75 厘米，重 164 克，以黑布为底色，五彩蝴蝶图案，花山形帽，后檐挂锦带两条。从右到左，上面写着繁体字："师门有道达三江，佛法无边通四海。"这顶帽子是贺州瑶族师公戴的，在当地也被称为"平天帽"（如图 13－26 所示）。师公的帽子戴得很讲究，在度戒的时候，应根据度戒的阶段佩戴平帽与鬼脸，通常搭配"三清鬼脸"（纸面具）。

图 13-26　瑶族挑花蝴蝶吊穗师公帽

三、水族马尾绣童帽：广西博物馆

　　水族一般分布在黔桂交界的龙江和都柳江上游。马尾刺绣是这个民族独特的传统手工艺。以马尾为主要原料，通过缠绕绣线制成固定框架图案，然后用各种丝线填充固定图案的空隙。并通过拼接、装订和镶边"金线"等工序完成。被誉为刺绣"活化石"的水族马尾绣技艺于 2006 年被国务院批准列入第一批国家非物质文化遗产名录。

　　此水族马尾绣童帽是二级文物收藏。这是一顶平顶圆绣帽，顶红边暗。刺绣图案主要分布在帽顶，主要有花、蝴蝶、马尾绣图案。冠上饰有立体的蝴蝶形银饰和四个圆形镂空凿银饰片。正面镶边有几个镶有钉子的银罗汉，冠耳有麒麟形银饰，后缘有各种银铃挂饰。此马尾绣童帽制作工艺复杂，刺绣精美，具有富贵吉祥、驱邪避凶的寓意，寄予了父母对孩子健康成长的美好愿望，拥有较强的立体感和艺术感（如图 13-27 所示）。

图 13-27　水族马尾绣童帽

四、仫佬族绣花童帽：广西博物馆

仫佬族绣花童凉帽直径为 13.0 厘米，高 7.5 厘米，收藏于广西博物馆。帽子是棉布制作的，圆形，没有顶部。额上红棉底绣有黄、粉、蓝、绿的花、蝴蝶、瓜纹图案，取"瓜瓞绵延"之意，寄寓祈求儿孙兴旺、幸福美好的祝愿。刺绣图案的中间饰以黄、白、粉布立体花卉。下缘镶白底、红花、绿叶织锦带。造型独特，设计简洁，寓意丰富，色彩艳丽，刺绣精致（如图 13－28 所示）。

图 13－28　仫佬族绣花童帽

五、公主高翅鎏金银冠：广东省博物馆（辽代）

女式高翅鎏金银冠，出土于辽陈国公主驸马合葬墓。金冠为高筒式，圆顶，冠口双层，外鎏金，内侧可见为银片制造。冠体用四块圭形薄银片拼成圆筒状，可看出接合的痕迹。冠的正面镂孔并錾刻花纹，正中为一个火焰宝珠，左右两侧各有一只长尾飞凤。冠的两立翅还錾刻一只凤鸟，长尾下垂，周围饰有卷云纹。翅及冠箍周边錾有卷草纹。冠顶后部錾刻变形云纹。冠顶上部原有一鎏金银造像，出土时失落于旁[①]（如图 13－29 所示）。

图 13－29　公主高翅鎏金银冠

①张景明．论辽代金银器在社会生活与风俗习惯中的体现［C］//大连大学人文学院，中国先秦史学会．中国古代社会与思想文化研究论集——全国首届东周文明学术研讨会论文集．哈尔滨：黑龙江人民出版社，2004.

六、现代黎族哈方言志强人婴儿帽：海南省博物馆

口径 12.5 厘米，高 11 厘米，重 43 克。黎族哈方言志强人传统婴儿装饰品，收藏于海南省博物馆。以棉线织造而成，饰有红、黄、蓝三色的人纹图案（如图 13－30 所示）。

图 13－30　现代黎族哈方言志强人婴儿帽

七、漆缅纱冠：湖南省博物院

漆缅纱冠，俗称乌纱帽。出土时盛放在油彩双层长方漆奁内，应是墓主人生前的官帽。三号墓的墓主人为第一代轪侯利苍之子，生前曾是一位带兵的将领。漆缅纱冠可能是当时武职官员所戴的武冠。这种纱冠对后世的影响深远。如明代文武百官所戴乌纱帽，就是外蒙乌纱。因此，也可以说这件纱冠是我国迄今所见最早的乌纱帽实物。

漆缅纱冠的编织工艺可能有两种方法：一种是织工先将左斜经线和右斜经线分成两组开合交替一上一下编织而成；另一种是利用织纱罗的织机织造。织物编好后，将其斜覆在模型上，辗压出初具簸箕状轮廓的帽形，再加嵌帽框的固定线，然后在经纬线上反复多次涂刷生漆。由于它编成后，菱形的网孔分布均匀，如同丝织品中平纹织物纱，所以称之为缅。甘肃武威磨嘴子 62 号新莽墓也出土过漆缅纱冠，它戴在男尸头上，周围裹细竹筋，头顶用竹圈架支撑，内衬帻（一种类似头巾的冠饰），是武官戴用的完整实例（如图 13－31 所示）。

图 13－31　漆缅纱冠

第六节　华东地区

一、萧后冠饰：扬州博物馆（唐代）

在 2013 年，扬州发现了隋炀帝与萧皇后的陵墓，成为当年最关键的考古发现之一。萧皇后墓最吸引人的部分是一个腐蚀严重但完好保存下来的冠饰[①]，它被搬回实验室，由陕西文物保护研究所进行清理和修复。通过两年时间的清理，在 2016 年 9 月正式召开了新闻发布会，宣传修复工作，并在扬州展出萧氏凤冠。隋炀帝与萧皇后，生于梁朝。隋炀帝被杀后，萧皇后流落至叛军、东突厥。唐贞观四年（630 年），她回到长安，在她去世以后被唐太宗利用皇后的礼仪与隋炀帝一同葬于扬州。墓中的冠应为初唐贞观所制，是一种非常罕见的唐代后妃礼服冠实物（如图 13—32 所示）。

图 13—32　萧后冠饰

二、裴氏冠饰：陕西历史博物馆（唐代）

裴氏冠饰出土于唐代阎识微夫妇墓。在 2014 年陕西省文物保护研究院对其残件进行了清理和修复。根据相关记载，这是继唐高祖第五代孙女李倕冠饰后，考古学家修复的第二件中国唐代贵族女性冠饰。从结构来看，"裴氏冠饰"出土的部件较为完整，但是散落开来，考古人员根据碎片，结合文献和其他材料进行修复。裴氏冠饰的表面都是一些花朵，而花朵由花柄、花托、花蕊三部分组成，花柄是用直径 0.5 毫米的铜丝敲打而成，花托由 0.2 毫米的鎏金铜箔片制成，花蕊为玻璃制作（如图 13—33 所示）。

---

①王永晴，王尔阳．隋唐命妇冠饰初探——兼谈萧后冠饰各构件定名问题［J］．东南文化，2017（02）：78—86．

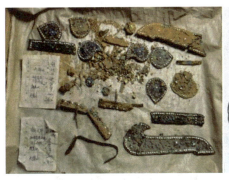

图 13－33　裴氏冠饰

三、青玉发冠：杭州宋代玉器艺术馆（宋代）

玉冠呈花朵形，整料掏空，四周各刻双层叠瓣，内大外小，边沿翻转，下部口边为椭圆形，中空，前后各有一个孔可插发笄，顶部各有一个扁孔。此器掏膛均匀纤薄，既方便束发又减轻了重量。可系带固定玉笄（如图 13－34 所示）。

图 13－34　青玉发冠

四、玛瑙发冠：江西博物馆（明代）

冠的形状随官阶的高低而不同。1969 年，上海陆深墓出土的白玉冠因墓主等级较低而无梁。1979 年，江西省南城县明益宣王墓出土的玛瑙发冠，由于墓主是明朝的分封藩王，等级较高，因此它的顶部琢雕七梁（如图 13－35 所示）。

图 13－35　玛瑙发冠

根据《中国历代职官沿革史》中明代品官章服简表，记载如下："一品，七梁，玉；二品，六梁，犀；三品，五梁，金花；四品，四梁，素金；五品，三梁，银钑花；六品，二梁，素银；七品，二梁，素银；八品，一梁，乌角；九品，一梁，角。按其规定，冠上的梁数应是表示王公大臣的品级。"[1]

五、唐代公主李倕冠饰：扬州博物馆

这件宝物是唐朝李倕公主的冠饰。李倕是唐高祖李渊五代孙女，2001 年考古人员在西安发现李倕墓，当时棺木已朽，尸骨尚存。这顶头冠在头颅遗骸上，冠饰及服饰配饰由大量不同材质的零散小件构成，出土时材质保存状况极差且层位复杂，对其分别整体提取至实验室进行清理并逐层提取，其复杂的结构得以完整揭示并复原。墓志铭显示，墓主为唐代公主李倕，字淑娴，高祖李渊第五代的后裔，在开元（736 年）因病去世，年仅 25 岁。冠饰由绿松石、琥珀、珍珠、红宝石、玻璃、贝壳、玛瑙、金、银、铜、铁等材质制成。在众多的金饰下，还有翡翠鸟鲜艳的蓝色羽毛，色彩艳丽，极其奢华，令人震撼（如图 13—36 所示）。

据陕西省考古研究院修复方案负责人介绍，冠饰整体重 800 余克，高度为 42 厘米，总共 370 多个零件。其实际数量大于 400 多件，已经风化了许多。

图 13—36　唐代公主李倕冠饰

六、琥珀束冠：南京市博物馆（明代）

长 6.7 厘米、宽 3.2 厘米、高 3.7 厘米，南京太平门外板仓徐佛墓出土，冠用整块血红色琥珀雕刻而成，色泽艳丽，光亮透明，冠呈半月形，中空，后部高于前部，上部饰五道直梁，两侧各穿一小孔，对插圆头金簪一副，以固定琥珀冠，五梁冠的形制与徐俌官职相符，是一件实用用束发冠。1977 年南京太平门外板仓徐俌墓出土。冠琥珀质，簪金质。束发冠

①吴洁.江西益宣王墓出土琥珀七梁发冠赏析［J］.文物天地，2020（10）：89—91.

系古代男人戴在头上作束发用。为考古发掘中不可多得的珍品（如图 13－37 所示）。

图 13－37　琥珀束冠

七、鎏金银发冠：江西省博物馆（明代）

鎏金银发冠直径 7.2 厘米、高 5 厘米，重 48.6 克。于 1964 年江西省南城县益藩罗川王族墓出土。鎏金银发冠用银皮锤压而成，顶部饰五道竖状凸起梁，近沿处有两道凸起的弦纹组成的边框，左右两边各穿一孔（如图 13－38 所示）。

图 13－38　鎏金银发冠

八、明七梁云纹紫金冠：浙江省博物馆

通高 11.4 厘米，帽口长 14.6 厘米，宽 11.5 厘米。全部用粗细金丝编织，顶后端有二个凸起的耳朵，下端有插金簪的三个小孔。金丝从上往下编织，中间没有接头（如图 13－39 所示）。

图 13－39　明七梁云纹紫金冠

表 13－1　部分博物馆现存古代冠饰图鉴表

名称及朝代	图例	来源	线描图	说明
金代花珠冠（金代）		黑龙江博物馆		总高 14 厘米，冠缘内径 17.5 厘米。冠面覆金线，内衬皂罗，表面覆以皂罗盘条小菊花为地，形成上、中、下三层莲花花瓣。
绾发莲瓣玉冠（宋代）		南京博物馆		其出土于江苏吴县清代毕沅墓。冠整体高 9 厘米，材质为和田玉，形如莲花，两端插有和田碧玉发簪。
鹿首步摇冠（西晋）		内蒙古博物院		长 19.5 厘米、宽 14.5 厘米、重 91.6 克。鹿首金步摇冠是头部的装饰品。外形取材于鹿首，分为鹿首和鹿角两部分。
鎏金云头形龙凤银冠（辽代）		平泉县博物馆		辽代鎏金云头形龙凤银冠，主题花纹为二龙戏珠。

名称及朝代	图例	来源	线描图	说明
金镶红蓝宝石冠（明代）		云南博物馆		冠形为半球形，由莲花花瓣形状的薄金片组成，内外四层重叠。冠面上镶有红、蓝、绿、白等各种颜色的宝石50余种。
壮族蝴蝶纹银发插（民国）		广西博物馆		簪头长7厘米、宽5.7厘米、柄长5.1厘米，其重量为70.7克。簪身呈扁平尖细，该簪头为扇形花边点缀，中间镂空雕刻成蝴蝶图案，四周填充藤叶和五瓣梅花图案，花边阴影处镌三角形图案和绳索图案。

结　论

中国冠饰设计具有悠久的历史和深厚的文化底蕴。自古以来，冠饰在中国文化中扮演着重要的角色，不仅是一种装饰品，更是身份和社会地位的象征。中国的冠饰设计受到了传统文化、宗教信仰和地域特色的影响，呈现出多样化的风格和形式，反映了当时社会的等级制度和礼仪文化。我们通过对历史文献和考古资料的研究，可以看到中国冠饰设计在不同历史时期的演变和变化。冠饰的历史沿革及其演变的过程，从一个侧面反映了人类社会的政治、经济、文化，也反映了一个民族的形象水平。因此，冠饰在人类文化史上始终反映着社会的交替、进步与繁荣，在人类生活中占据着举足轻重的位置。

通过对中国冠饰的研究，可以保护我国优秀传统文化。近些年来，亚洲其他国家进行了文化申遗工作，将很多中国传统文化占为己有，这令研究者们倍感惋惜。中国的传统文化博大精深，但有些传统文化没有得到很好的传承和保护，而对冠饰史的研究可以通过寻找相关史实，使得中国传统文化得到很好的延续和继承，进而将其普及亚洲各国乃至世界，这对我国的优秀传统文化输出及树立大国形象有着非同一般的作用。中国冠饰设计的研究，也可以看到其中所蕴含的中国古人的智慧。各种冠饰的制作及应用，冠饰与妆容、服饰的巧妙搭配，对于现代人也有着很重要的启发。冠饰也是一种中国元素的典型代表，在现代的冠饰设计中可以借鉴利用，形成有中国特色的冠饰设计体系。通过中国冠饰设计研究，可以了解各时期的风俗习惯和审美情趣，每种现象背后都有着它的本质内涵，同时我们可以关注正在消逝的传统文化。建立完善的中国传统冠饰设计体系，提升影视作品中冠饰造型的还原度，增加冠饰造型的可信度，给观者传递正确的历史史实，使得普通观众对传统冠饰文化有正确的认识，从而增强民族自信心和自豪感。

本课题运用历史研究法、田野调查法与文献资料相结合的方法，了解中国冠饰的历史和现状，对调查对象形成全面、客观的印象后，挖掘现象背后蕴含的习俗和审美特点。本课题运用跨学科研究法，综合运用服装学、历史学、民俗学等多学科的理论、方法和成果，从整体上对传统中国冠饰设计进行综合研究，从而得出一个较为全面的研究成果。

党的二十大报告进一步强调了文化自信和文化创新的重要性，这对中国冠饰设计的发展提出了新的要求。设计师们在创作过程中，不仅要深入挖掘和研究冠饰的历史演变，还要积极吸收世界各国的优秀文化元素，将其与现代设计理念相结合，创造出既有中国特色又具有国际视野的冠饰作品。

　　中国冠饰设计作为中国传统文化的瑰宝，不仅承载着深厚的历史文化内涵，也展现了独特的审美风格。它不仅仅是一种简单的装饰品，更是中华民族文化自信和创造力的象征。随着文明互鉴的理念深入人心，中国冠饰设计在继承传统的基础上，更加注重与世界文化的交流与融合，展现出更加开放和包容的姿态。随着社会的发展和时尚潮流的不断变化，中国冠饰设计也在不断地与时俱进，探索与现代生活相融合的新路径。设计师们尝试将传统工艺与现代材料和技术相结合，使得冠饰设计既保留了传统文化的精髓，又符合现代人的审美需求和生活方式。通过这样的创新实践，中国冠饰设计不仅能够更好地传承和弘扬中华优秀传统文化，还能够在全球范围内展示中国文化的独特魅力，推动中国设计走向世界，为构建人类命运共同体贡献中国智慧和中国方案。

参 考 文 献

[1] 李学勤．春秋左传正义［M］．北京：北京大学出版社，2004.

[2] 王梦鸥，注译．礼记今，注今，译上［M］．天津：天津古籍出版社，1987.

[3] （汉）许慎撰，说文解字注［M］．（清）段玉裁，注．上海：上海古籍出版社，1981.

[4] （汉）刘安等．淮南子［M］．（汉）高诱，注．上海：上海古籍出版社，1989.

[5] （南朝宋）范晔撰．后汉书［M］．北京：中华书局，2007.

[6] （元）陈澔注．礼记［M］．金晓东，校点．上海：上海古籍出版社，2016.

[7] 贺涛评点．仪礼［M］．贺氏家刻．

[8] 高雨青．宋代女性冠饰研究［D］．郑州大学，2016.

[9] 朱维铮．《中国经学史基本丛书》第一册《白虎通义》卷十，上海：上海书店出版社，2012.

[10] 赵宗乙．淮南子，译注（下）［M］．孟庆祥等，译注．哈尔滨：黑龙江人民出版社，2003.

[11] 张文修．礼记［M］．北京：北京燕山出版社，1995.

[12] 崔高维校点．周礼［M］．沈阳：辽宁教育出版社，1997.

[13] 华梅等．中国历代《舆服志》研究［M］．北京：商务印书馆，2015.

[14] （北宋）沈括．梦溪笔谈［M］．景菲，编译；支旭仲主编．西安：三秦出版社，2018.

[15] （清）张廷玉等．明史1－38卷［M］．王天有等，标点．长春：吉林人民出版社，1995.

[16] 马晨雅．唐代发饰纹样艺术特征提取与设计研究［D］．陕西科技大学，2022.

[17] 管彦波．民族头饰发生的社会基础与思维基础［J］．中南民族学院学报（哲学社会科学版），1996（2）：50－53.

[18] 李芽．大汶口墓葬人物服饰形象复原研究［J］．南都学坛，2016，36（4）：21－27.

[19] 陈华文．"断发文身"：一种古老的成人礼俗及其标志的遗存［J］．民族研究，1994（1）：60－67.

[20] ［晋］陈寿．三国志·魏志·武帝纪［M］．［宋］裴松之，注．北京：中华书局，2011.

[21] 刘利，译注．左传·哀公七年．北京：中华书局，2007.

[22] ［东汉］赵晔/崔冶，译．《吴越春秋》卷二．北京：中华书局，2023.

[23] ［东汉］班固．《汉书》之《陆贾传》．北京：中华书局，2012.

[24] ［汉］司马迁著/杨燕起，译注．史记·三十世家·吴太伯世家．长沙：岳麓书社，2021.

[25] ［西汉］刘安，著/陈广忠，译．淮南子·原道训．北京：中华书局，2023.

[26] ［汉］郑玄，注/［唐］孔颖达正义/吕友仁，整理．《礼记正义》卷十二《王制》．上海：上海古籍出版社，2008.

[27] ［唐］房玄龄，著．《晋书》卷九十七《四夷传》．北京：中华书局，1996.

[28] ［梁］萧子显，撰/王仲荦，点校/景蜀慧，修订．南齐书·魏虏传．北京：中华书局，2017.

[29] ［北宋］司马光，撰．《资治通鉴》．北京：中华书局，2011.

[30] 宇文懋昭撰．《大金国志》卷三十九《男女冠服》．北京：中华书局，2011.

[31] 郑思肖/延平武王郑成功/延平文王郑经．《心史·大义略叙》．北京：世界书局股份有限公司，2008.

[32] ［唐］司马贞．史记索引．广雅书局，清光绪十九年（1893）.

[33] ［唐］孔颖达，撰/郑同，整理．周易正义．北京：九州出版社，2020.

[34] 彭林．仪礼．北京：中华书局，2022.

[35] ［东汉］刘熙．释名．北京：中华书局，2016.

[36] 刘莉．商代的日常服饰文化［D］．河北师范大学，2007.

[37] 杜金鹏．略论新干商墓玉、铜神像的几个问题［J］．南方文物，1992（02）：49－54，19.

[38] 黄剑华．三星堆服饰文化探讨［J］．四川文物，2001（02）：3－12.

[39] ［西汉］司马迁．史记［M］．北京：中华书局，2006.

[40] ［唐］魏徵．隋书·五代史志［M］．北京：中华书局，1997.

[41] ［后晋］刘昫等．旧唐书·舆服志［M］．北京：中华书局，1975.

[42] ［宋］欧阳修/宋祁．新唐书·舆服志［M］．北京：中华书局，1975.

[43] 黄裳．妆台记［M］．北京：中国社会科学出版社，1997.

[44] 褚春元．论西周初期艺术创作上"质野情浓"的艺术精神［J］．云南社会科学，2008（02）：149－153.

[45] 李海军，荣洪文．古代中国早期政治制度的特点表述商榷［J］．中学政史地（高中文综），2015（Z2）：51－52.

[46] 沈玥岑．西周音乐教育形态研究［D］．四川师范大学，2012.

[47] 孙娜．先秦美学中的视觉思维研究［D］．中国海洋大学，2015.

[48] 程勇真．《夏商周美学思想研究》文本审美特征分析［J］．佳木斯职业学院学报，2022，38（12）：61－63.

[49] 杨英. 先秦帝王冕冠设计的文化性及艺术性研究 [D]. 湖南工业大学，2008.

[50] 戴庞海. 先秦冠礼研究 [D]. 郑州大学，2005.

[51] 王子今. 秦汉时期的历史特征与历史地位 [J]. 石家庄学院学报，2018，20（04）：42—48.

[52] 李茜. 秦汉时期朱雀艺术符号研究 [D]. 湖南工业大学，2012.

[53] 鄢彬彬. 从秦汉时期的雕塑艺术略论秦汉时期的审美差异 [J]. 芒种，2012，422（23）：225—226.

[54] 罗理婷. 秦汉首饰发展史的研究及对现代首饰设计的指导与应用 [D]. 中国地质大学，2007.

[55] 韩如月. 汉代服饰审美文化研究 [D]. 山东师范大学，2019.

[56] 魏秀. 我国秦汉时期服饰的审美特征探讨 [J]. 西部皮革，2018，40（02）：10.

[57] [晋] 陈寿. 三国志 [M]. 北京：中华书局，1959.

[58] 周均平. 壮丽：秦汉审美文化的审美理想 [J]. 河南社会科学，2011，19（02）：166—172.

[59] 沈从文. 中国古代服饰研究 [M]. 北京：商务印书馆，2011.

[60] 周锡保. 中国古代服饰史 [M]. 北京：中央编译出版社，2011.

[61] 崔圭顺. 中国历代帝王冕服研究 [M]. 上海：东华大学出版社，2008.

[62] 贾玺增. 中国古代首服研究 [D]. 东华大学，2007.

[63] 魏亚丽. 西夏帽式研究 [D]. 宁夏大学，2014.

[64] [清] 钱泳. 履园丛话·丛话二十四·杂记下 [M]. 北京：中华书局，1979.

[65] [宋] 范晔. 后汉书 [M]. 北京：中华书局，1965.

[66] [汉] 应劭. 汉官仪 [M]. 北京：中华书局，1936.

[67] 周均平. 秦汉审美文化宏观研究 [M]. 北京：人民出版社，2007.

[68] 孙机. 汉代物质文化资料图说 [M]. 北京：文物出版社，1990.

[69] 杨海涛. 金珰、步摇冠耀首　鲜卑与东晋南朝的金银器 [J]. 大众考古，2018（12）：38—43.

[70] 周文. 金珰冠饰研究 [D]. 南京大学，2014.

[71] 罗富诚，谢红. 金博山冠饰探析 [J]. 服装学报，2022，7（03）：262—267.

[72] 王彦. 从武氏祠汉画像石看汉代冠饰 [J]. 装饰，2004（01）：33—36.

[73] 秦杨. 从艺术遗存分析汉代的服饰特点 [D]. 杭州师范大学，2009.

[74] 黄能馥，陈娟娟. 中国服饰史 [M]. 上海：上海人民出版社，2014.

[75] [清] 宋翔凤. 尚书大传·略说 [M]. 济南：济南出版社，2018.

[76] 李秀珍. 秦汉武冠初探 [J]. 文博，1990（05）：293—296，292.

[77] 余洁. 商代头饰与发式研究 [D]. 郑州大学，2013.

[78] 袁珂. 中国神话传说 [M]. 北京：人民教育出版社，2019.

[79] [清] 徐珂. 清稗类钞 [M]. 北京：中华书局，2010.

[80]［清］嵇璜，刘墉．续通典［M］．杭州：浙江古籍出版社，1983．

[81]［汉］刘歆．西京杂记［M］．北京：中国书店，2019．

[82]何潇．魏晋南北朝妇女妆饰审美观［J］．山东省农业管理干部学院学报，2010，27（04）：138—139．

[83]贾权忠．中国通史第3卷［M］．沈阳：辽海出版社，2020．

[84]江冰．魏晋南北朝服饰文化论略［J］．南昌大学学报（人文社会科学版），1991，22（2）：76—80．

[85]任继愈，主编；戴钦祥，陆钦，李亚麟，著．中国古代服饰［M］．北京：中共中央党校出版社，1991．

[86]张承宗，陈群．中国妇女通史·魏晋南北朝卷［M］．杭州：杭州出版社，2010．

[87]李芽．中国古代首饰史第3册［M］．南京：江苏凤凰文艺出版社，2020．

[88]王恩厚．争奇斗异话发式［J］．文史知识，1993（09）：29—33．

[89]高强．谈魏晋南北朝时期发式的美感［J］．艺术教育，2010，198（01）：143．

[90]刘颖娜．佛学文化影响下的魏晋南北朝服饰［J］．中国民族博览，2016（01）：185—186．

[91]叶向春．美术视域下唐代服饰艺术探讨［J］．纺织报告，2021，40（12）：115—116．

[92]张艳清．基于唐代服饰图案的设计表达研究［J］．艺术品鉴，2021（17）：70—71．

[93]缪良云．中国衣经［M］．上海：上海文化出版社，2000．

[94]周鹏．唐代服饰纹样在现代服装设计中的创新应用——以女性服饰为例［J］．纺织报告，2020（09）：61—62，74．

[95]（宋）司马光：《资治通鉴》卷一百九十八《唐纪十四》［M］．北京：中华书局，1956．

[96]张煦．唐阎识微夫妇墓出土女性冠饰复原研究．陕西师范大学，2014．

[97]（元）脱脱等．辽史［M］，北京：中华书局，1974．

[98]黄震云．辽代的文化观念和文学思想［J］．民族文学研究，2003（02）：55—61．

[99]沈从文．古人的文化［M］．北京：中华书局，2014．

[100]陆游．老学庵笔记［M］．李剑雄，刘德全，点校．北京：中华书局，1979．

[101]扬眉剑舞．从花树冠到凤冠——隋唐至明代后妃命妇冠饰源流考［J］．艺术设计研究，2017（01）：20—28．

[102]得臣．麈史．四库全书子部［M］．杂家类085，页603下栏，页604上栏，上海：商务印书馆，1986．

[103]佚名．宣和遗事［M］．上海：上海古籍出版社，1990．

[104]李焘．续资治通鉴长编［M］．北京：中华书局，1993．

[105]徐梦莘．三朝北盟会编（卷116）［M］．北京：中华书局，1974．

[106]樵川樵叟．庆元党禁［M］．北京：中华书局，1985．

[107]田泽君．论元代姑姑冠的形态类型与文化内涵［J］．中国宝玉石，2020

（05）：43－49.

[108] 李志常．长春真人西游记［M］．石家庄：河北人民出版社，2001.

[109] 袁巍．陕西关中民间美术审美取向探究［J］．文学教育（中），2011（02）：100－101.

[110] 周汛，高春明．中国衣冠服饰大辞典［M］．上海：上海辞书出版社，1996.

[111] 曾慧．满族服饰文化研究．［D］．沈阳：辽宁民族出版社，2010.

[112] 中国第一历史档案馆：（清代档案史料丛编第五辑咸丰四年）穿戴档［M］．北京：中华书局，1990.

[113] 宗凤英．清代宫廷服饰［M］．北京：紫禁城出版社，2002.

[114] 曾慧．清代文献《穿戴档》中的冠饰研究［J］．装饰，2018（07）：126－127.

[115] 潘耀．"汉官威仪"见真章——从明代孔雀纹补服说起［J］．文教资料，2014（07）：64－65.

[116] 潘耀．从泰州出土服饰管窥明代冠服制［J］．东方收藏，2011（09）：48－50.

[117] 尤璐，潘翀．民国时期服饰与国民形象探究［J］．湖南包装，2021（03）：53－55.

[118] 陈华丽，吴世刚．民国时期"文明新装"的演变及成因［J］．辽宁丝绸，2023（03）：51，61.

[119] 中国第二历史档案馆藏．《服制》，全宗号1002，案卷号639，1912.

[120] 胡玥，张竞琼．民国时期帽子的西化进程［J］．武汉纺织大学学报，2017（04）：38－43.

[121] 朱彦民．殷墟玉石人俑与三星堆青铜人像服饰的比较［C］．四川省广汉市政府，中国殷商文化学会．夏商周文明研究·五——殷商文明暨纪念三星堆遗址发现七十周年国际学术研讨会论文集．北京：社会科学文献出版社，2000.

[122] 李佳．周朝皮弁服形制及意义溯源［J］．大众文艺，2022（18）：201－203.

[123] 孙机．中国古舆服论丛［M］．北京：文物出版社，1993.

[124] 崔荣荣．中国古代冠帽浅析［J］．饰，1999（01）：31－32.

[125] 张琛，弓太生．承唐启宋的五代十国幞头形制及其成因［J］．丝绸，2023（11）：146－158.

[126] 李泽辉，朱凌轩，钟安华．略论唐朝时期外来服饰对汉服饰的影响［J］．浙江纺织服装职业技术学院学报，2020（01）：42－45.

[127] 孙文政．辽代服饰制度考［J］．北方文物，2019（04）：87－92.

[128] 郝学峰，刘佳．元代蒙古族服饰的文化艺术特征［J］．轻纺工业与技术，2017（06）：80－81.

[129] 季旭昇．说文新证［M］．福州：福建人民出版社，2010.

[130] 曹逸心．神性与幻象：三星堆鸟图腾的文化内涵［J］．中国美术研究，2023（04）：16－24.

[131] 黄雪寅．鲜卑冠饰与中国古代冠帽文化［J］．内蒙古文物考古，2002（01）：

75—79.

[132] 王维堤. 中国服饰文化：图文本 [D]. 上海：上海古籍出版社，2001.

[133] 宋玉婷，陈艺方. 基于德与礼的思想看古今冠帽的审美变化 [J]. 美与时代（上），2020（09）：91—93.

[134] [东晋] 王嘉，撰/王兴芬，译. 拾遗记 [M]. 北京：中华书局，2022.

[135] [晋] 崔豹等. 中华古今注 [M]. 北京：商务印书馆，1956.

[136] [北宋] 陈旸，撰/张国强，点校. 乐书 [M]. 郑州：中州古籍出版社，2019.

[137] [唐] 李商隐.《李商隐散文集》《宜都内人》卷. 虚阁网.

[138] [明] 叶子奇撰. 草木子 [M]. 北京：中华书局，1959.

[139] [南宋] 赵珙. 蒙鞑备录. 中华典藏.

[140] 乾隆二十九年. 钦定四库全书荟要 [M]. 长春：吉林出版集团，2005.

[141] 魏徵.《隋书》卷八十一列传第四十六《东夷传》. [M]. 北京：中华书局，1997.

[142]（汉）郑玄. 尚书大传 [M]. 北京：商务印书馆，1937.

[143] 张霄霄. 契丹民族服饰研究综述 [J]. 西部皮革，2023，45（19）：149—151.

[144] 张南峭. 论语 [M]. 郑州：河南人民出版社，2019.

[145] 雷文广. 明代翼善冠形制特征、演变及其传播 [J]. 丝绸，2022，59（05）：145—152.

[146]（法）塞诺博（C. Seignobos），著，陈健民，译. 中古及近代文化史 [M]. 上海：商务印书馆，1935.

[147]（美）罗伯特·哈罗. 世界民间服饰 [M]. 黄晓敏，黄桂珊，译. 上海：上海文艺出版社，1993.

[148] 孙运飞，殷广胜. 国际服饰（上）[M]. 北京：化学工业出版社，2012.

[149] 丁颖. 非洲风格的流行分析与现代时装设计研究 [D]. 青岛大学，2017.

[150] 张竞琼，曹彦菊. 外国服装史 [M]. 上海：东华大学出版社，2018.

[151] 李家丽，郑广泽. 帽与冠——分析中西方帽饰文化 [J]. 外国文艺，2019（08）：58—59.

[152] 高启安.“红帽子”考略 [J]. 西北民族研究，1989（1）：100—105.

[153] 李黔滨. 苗族头饰概说——兼析苗族头饰成因 [J]. 贵州民族研究，2002，22（4）：49—55.

[154] 骆惠珍. 新疆维吾尔族花帽的文化审视 [J]. 新疆社会科学，1998（3）：72—75.

[155] 祖木来提·阿里木. 吐鲁番花帽研究 [D]. 新疆师范大学，2012.

[156] 阿不来提·马合苏提. 维吾尔小花帽的地区分类与相互比较 [J]. 装饰，2014（03）：75—76.

[157] 成艺. 瑶族服饰纹样的文化意蕴及在文创产品设计中的应用 [J]. 艺术品鉴，2024（02）：83—86.

[158] 韩兆一. 瑶族传统服饰纹样与色彩在服装设计中的应用 [J]. 艺术研究, 2023 (02): 83—85.

[159] 谭梦月, 余丹瑶, 袁霞等. 彝族服饰中刺绣图案构图特点 [J]. 纺织科技进展, 2022 (10): 41—44, 53.

[160] 夏林翾, 夏帆. 怒江傈僳族服饰特征及创新设计 [J]. 时尚设计与工程, 2023 (06): 51—53.

[161] 江楠. 金步摇饰品的发现与研究 [J]. 草原文物, 2012 (02): 74—83.

[162] 罗涵, 孔艳菊, 刘岳等. 明万历孝靖皇后凤冠镶嵌宝石的种属判定 [J]. 故宫博物院刊, 2018 (05): 146—157, 163.

[163] 王海侠. 凤舞飞天, 华夏衣冠中的凤 [J]. 今日中学生, 2021 (34): 28—30.

[164] 马志飞. "狗头金"不简单的金疙瘩 [J]. 百科知识, 2021 (25): 22—26.

[165] 曾义平. 初探首饰日用之中的价值旨归——以乌木首饰为例 [J]. 宝石和宝石学杂志 (中英文), 2021 (01): 72—76.

[166] 吴超明, 唐静. 走进金色记忆——中国出土 14 世纪前金器特展撷菁 [J]. 收藏家, 2019 (04): 43—48.

[167] 丁勇. 鹰形金冠饰 [J]. 中国博物馆, 2010 (03): 74—75.

[168] 杨婧. 多民族文化背景下契丹族金银器纹饰的设计与审美意蕴 [J]. 轻纺工业与技术, 2020 (08): 69—70.

[169] 杨军昌, 安娜格雷特·格里克, 侯改玲. 西安市唐代李倕墓冠饰的室内清理与复原 [J]. 考古, 2013 (08): 36—45, 2.

[170] 张景明. 论辽代金银器在社会生活与风俗习惯中的体现 [C] //大连大学人文学院, 中国先秦史学会. 中国古代社会与思想文化研究论集——全国首届东周文明学术研讨会论文集 [N]. 哈尔滨: 黑龙江人民出版社, 2004.

[171] 王永晴, 王尔阳. 隋唐命妇冠饰初探——兼谈萧后冠饰各构件定名问题 [J]. 东南文化, 2017 (02): 78—86.

[172] 吴洁. 江西益宣王墓出土琥珀七梁发冠赏析 [J]. 文物天地, 2020 (10): 89—91.